战略性新兴领域"十四五"高等教育系列教材

# 二氧化碳捕集原理与技术

主　编　孙志明　刘　波　刁琰琰

参　编　袁　方　张香平　鲁保旺　张瑞锐　赖枫鹏　钟栋梁　王　涛

主　审　张锁江

U0331449

机械工业出版社

CHINA MACHINE PRESS

本书系统介绍了二氧化碳捕集基本原理与技术，共分为7章。第1章从二氧化碳排放现状与气候变化出发，引入碳中和与碳中和技术、二氧化碳捕集技术基础概念与发展趋势；第2章介绍了二氧化碳的吸收、吸附及膜分离理论；第3章介绍了二氧化碳吸收技术；第4章介绍了二氧化碳吸附技术；第5章介绍了二氧化碳膜分离与膜吸收技术；第6章介绍了集中排放二氧化碳捕集技术；第7章介绍了极稀浓度二氧化碳捕集技术。

本书可作为碳储科学与工程、化学工程、环境工程、石油工程技术、采矿工程、矿物加工工程等专业及相近专业的教学用书，也可供相关领域从事二氧化碳捕集的工程技术人员、企业和政府从事碳减排管理等工作的技术人员阅读参考。

本书配有教学大纲、授课 PPT、课后思考题参考答案、模拟试卷、视频等教学资源，免费提供给选用本书的授课教师，需要者请登录机械工业出版社教育服务网（www.cmpedu.com）注册后下载。

**图书在版编目（CIP）数据**

二氧化碳捕集原理与技术 / 孙志明，刘波，刁琰琰主编. -- 北京：机械工业出版社，2024. 11. --（战略性新兴领域"十四五"高等教育系列教材). -- ISBN 978-7-111-76961-3

I. X701.7

中国国家版本馆CIP数据核字第2024GY8513号

机械工业出版社（北京市百万庄大街22号　邮政编码100037）

策划编辑：李　帅　　　　　　责任编辑：李　帅　舒　宜
责任校对：郑　雪　丁梦卓　　封面设计：马若濛
责任印制：刘　媛

三河市宏达印刷有限公司印刷

2024年12月第1版第1次印刷

184mm×260mm·13印张·305千字

标准书号：ISBN 978-7-111-76961-3

定价：45.00 元

电话服务　　　　　　　　　　　网络服务

客服电话：010-88361066　　　机　工　官　网：www.cmpbook.com
　　　　　010-88379833　　　机　工　官　博：weibo.com/cmp1952
　　　　　010-68326294　　　金　书　网：www.golden-book.com
**封底无防伪标均为盗版**　　　机工教育服务网：www.cmpedu.com

# 系列教材编审委员会

顾　　　问：谢和平　彭苏萍　何满潮　武　强　葛世荣

　　　　　　陈湘生　张锁江

主 任 委 员：刘　波

副主任委员：郭东明　王绍清

委　　　员：（排名不分先后）

　　　　　　刁琰琰　马　妍　王建兵　王　亮　王家臣

　　　　　　邓久帅　师素珍　竹　涛　刘　迪　孙志明

　　　　　　李　涛　杨胜利　张明青　林雄超　岳中文

　　　　　　郑宏利　赵卫平　姜耀东　祝　捷　贺丽洁

　　　　　　徐向阳　徐　恒　崔　成　梁鼎成　解　强

# 丛书序一

面对全球气候变化日益严峻的形势，碳中和已成为各国政府、企业和社会各界关注的焦点。早在 2015 年 12 月，第二十一届联合国气候变化大会上通过的《巴黎协定》首次明确了全球实现碳中和的总体目标。2020 年 9 月 22 日，习近平主席在第七十五届联合国大会一般性辩论上，首次提出碳达峰新目标和碳中和愿景。党的二十大报告提出，"积极稳妥推进碳达峰碳中和"。围绕碳达峰碳中和国家重大战略部署，我国政府发布了系列文件和行动方案，以推进碳达峰碳中和目标任务实施。

2023 年 3 月，教育部办公厅下发《教育部办公厅关于组织开展战略性新兴领域"十四五"高等教育教材体系建设工作的通知》（教高厅函〔2023〕3 号），以落实立德树人根本任务，发挥教材作为人才培养关键要素的重要作用。中国矿业大学（北京）刘波教授团队积极行动，申请并获批建设未来产业（碳中和）领域之一系列教材。为建设高质量的未来产业（碳中和）领域特色的高等教育专业教材，融汇产学共识，凸显数字赋能，由 63 所高等院校、31 家企业与科研院所的 165 位编者（含院士、教学名师、国家千人、杰青、长江学者等）组成编写团队，分碳中和基础、碳中和技术、碳中和矿山与碳中和建筑四个类别（共计 14 本）编写。本系列教材集理论、技术和应用于一体，系统阐述了碳捕集、封存与利用、节能减排等方面的基本理论、技术方法及其在绿色矿山、智能建造等领域的应用。

截至 2023 年，煤炭生产消费的碳排放占我国碳排放总量的 63% 左右，据《2023 中国建筑与城市基础设施碳排放研究报告》，全国房屋建筑全过程碳排放总量占全国能源相关碳排放的 38.2%，煤炭和建筑已经成为碳减排碳中和的关键所在。本系列教材面向国家战略需求，聚焦煤炭和建筑两个行业，紧跟国内外最新科学研究动态和政策发展，以矿业工程、土木工程、地质资源与地质工程、环境科学与工程等多学科视角，充分挖掘新工科领域的规律和特点、蕴含的价值和精神；融入思政元素，以彰显"立德树人"育人目标。本系列教材突出基本理论和典型案例结合，强调技术的重要性，如高碳资源的低碳化利用技术、二氧化碳转化与捕集技术、二氧化碳地质封存与监测技术、非二氧化碳类温室气体减排技术等，并列举了大量实际应用案例，展示了理论与技术结合的实践情况。同时，邀请了多位经验丰富的专家和学者参编和指导，确保教材的科学性和前瞻性。本系列教材力求提供全面、可持续的解决方案，以应对碳排放、减排、中和等方面的挑战。

本系列教材结构体系清晰，理论和案例融合，重点和难点明确，用语通俗易懂；融入了编写团队多年的实践教学与科研经验，能够让学生快速掌握相关知识要点，真正达到学以致用的效果。教材编写注重新形态建设，灵活使用二维码，巧妙地将微课视频、模拟试卷、虚拟结合案例等应用样式融入教材之中，以激发学生的学习兴趣。

　　本系列教材凝聚了高校、企业和科研院所等编者们的智慧，我衷心希望本系列教材能为从事碳排放碳中和领域的技术人员、高校师生提供理论依据、技术指导，为未来产业的创新发展提供借鉴。希望广大读者能够从中受益，在各自的领域中积极推动碳中和工作，共同为建设绿色、低碳、可持续的未来而努力。

谢和平

中国工程院院士

深圳大学特聘教授

2024 年 12 月

2015 年 12 月，第二十一届联合国气候变化大会上通过的《巴黎协定》首次明确了全球实现碳中和的总体目标，"在本世纪下半叶实现温室气体源的人为排放与汇的清除之间的平衡"，为世界绿色低碳转型发展指明了方向。2020 年 9 月 22 日，习近平主席在第七十五届联合国大会一般性辩论上宣布，"中国将提高国家自主贡献力度，采取更加有力的政策和措施，二氧化碳排放力争于 2030 年前达到峰值，努力争取 2060 年前实现碳中和"，首次提出碳达峰新目标和碳中和愿景。2021 年 9 月，中共中央、国务院发布《中共中央 国务院关于完整准确全面贯彻新发展理念做好碳达峰碳中和工作的意见》。2021 年 10 月，国务院印发《2030 年前碳达峰行动方案》，推进碳达峰碳中和目标任务实施。2024 年 5 月，国务院印发《2024—2025 年节能降碳行动方案》，明确了 2024—2025 年化石能源消费减量替代行动、非化石能源消费提升行动和建筑行业节能降碳行动具体要求。

党的二十大报告提出，"积极稳妥推进碳达峰碳中和""推动能源清洁低碳高效利用，推进工业、建筑、交通等领域清洁低碳转型"。聚焦"双碳"发展目标，能源领域不断优化能源结构，积极发展非化石能源。2023 年全国原煤产量 47.1 亿 t、煤炭进口量 4.74 亿 t，2023 年煤炭占能源消费总量的占比降至 55.3%，清洁能源消费占比提高至 26.4%，大力推进煤炭清洁高效利用，有序推进重点地区煤炭消费减量替代。不断发展降碳技术，二氧化碳捕集、利用及封存技术取得明显进步，依托矿山、油田和咸水层等有利区域，降碳技术已经得到大规模应用。国家发展改革委数据显示，初步测算，扣除原料用能和非化石能源消费量后，"十四五"前三年，全国能耗强度累计降低约 7.3%，在保障高质量发展用能需求的同时，节约化石能源消耗约 3.4 亿 t 标准煤、少排放 $CO_2$ 约 9 亿 t。但以煤为主的能源结构短期内不能改变，以化石能源为主的能源格局具有较大发展惯性。因此，我们需要积极推动能源转型，进行绿色化、智能化矿山建设，坚持数字赋能，助力低碳发展。

联合国环境规划署指出，到 2030 年若要实现所有新建筑在运行中的净零排放，建筑材料和设备中的隐含碳必须比现在水平至少减少 40%。据《2023 中国建筑与城市基础设施碳排放研究报告》，2021 年全国房屋建筑全过程碳排放总量为 40.7 亿 t $CO_2$，占全国能源相关碳排放的 38.2%。建材生产阶段碳排放 17.0 亿 t $CO_2$，占全国的 16.0%，占全过程碳排放的 41.8%。因此建筑建造业的低能耗和低碳发展势在必行，要大力发展节能低碳建筑，优化建筑用能结构，推行绿色设计，加快优化建筑用能结构，提高可再生能源使用比例。

面对新一轮能源革命和产业变革需求，以新质生产力引领推动能源革命发展，近年来，中国矿业大学（北京）调整和新增新工科专业，设置全国首批碳储科学与工程、智能采矿工程专业，开设新能源科学与工程、人工智能、智能建造、智能制造工程等专业，积极响应未来产业（碳中和）领域人才自主培养质量的要求，聚集煤炭绿色开发、碳捕集利用与封存等领域前沿理论与关键技术，推动智能矿山、洁净利用、绿色建筑等深度融合，促进相关学科数字化、智能化、低碳化融合发展，努力培养碳中和领域需要的复合型创新人才，为教育强国、能源强国建设提供坚实人才保障和智力支持。

为此，我们团队积极行动，申请并获批承担教育部组织开展的战略性新兴领域"十四五"高等教育教材体系建设任务，并荣幸负责未来产业（碳中和）领域之一系列教材建设。本系列教材共计 14 本，分为碳中和基础、碳中和技术、碳中和矿山与碳中和建筑四个类别，碳中和基础包括《碳中和概论》《碳资产管理与碳金融》和《高碳资源的低碳化利用技术》，碳中和技术包括《二氧化碳转化原理与技术》《二氧化碳捕集原理与技术》《二氧化碳地质封存与监测》和《非二氧化碳类温室气体减排技术》，碳中和矿山包括《绿色矿山概论》《智能采矿概论》《矿山环境与生态工程》，碳中和建筑包括《绿色智能建造概论》《绿色低碳建筑设计》《地下空间工程智能建造概论》和《装配式建筑与智能建造》。本系列教材以碳中和基础理论为先导，以技术为驱动，以矿山和建筑行业为主要应用领域，加强系统设计，构建以碳源的降、减、控、储、用为闭环的碳中和教材体系，服务于未来拔尖创新人才培养。

本系列教材从矿业工程、土木工程、地质资源与地质工程、环境科学与工程等多学科融合视角，系统介绍了基础理论、技术、管理等内容，注重理论教学与实践教学的融合融汇；建设了以知识图谱为基础的数字资源与核心课程，借助虚拟教研室构建了知识图谱，灵活使用二维码形式，配套微课视频、模拟试卷、虚拟结合案例等资源，凸显数字赋能，打造新形态教材。

本系列教材的编写，组织了 63 所高等院校和 31 家企业与科研院所，编写人员累计达到 165 名，其中院士、教学名师、国家千人、杰青、长江学者等 24 人。另外，本系列教材得到了谢和平院士、彭苏萍院士、何满潮院士、武强院士、葛世荣院士、陈湘生院士、张锁江院士、崔愷院士等专家的无私指导，在此表示衷心的感谢！

未来产业（碳中和）领域的发展方兴未艾，理论和技术会不断更新。编撰本系列教材的过程，也是我们与国内外学者不断交流和学习的过程。由于编者们水平有限，教材中难免存在不足或者欠妥之处，敬请读者不吝指正。

刘波

教育部战略性新兴领域"十四五"高等教育教材体系

未来产业（碳中和）团队负责人

2024 年 12 月

# 前　言

二氧化碳捕集、利用与封存（简称为 CCUS）技术是助力碳中和目标实现的重要技术路径，其中二氧化碳捕集技术是基础和前提，也是成本最高、能耗最大的部分。本书立足于国家"双碳"目标，依托战略性新兴领域"十四五"高等教育系列教材建设，面向碳储科学与工程新工科专业教材建设需求，重点突出碳中和思维的培养和交叉学科的特色，聚焦碳捕集技术的新发展及行业对创新人才的培养需求。

本书主要应用于 CCUS 相关技术领域的教学工作，其相应的课程"二氧化碳捕集原理与技术"是碳储科学与工程专业的核心专业课程。本着强化专业基础、重点突出、少而精与学科交叉的教学原则，考虑碳捕集领域相关技术正处于快速发展期，本书着重介绍了二氧化碳捕集的相关基本概念与原理，从而促进学生对本领域整体科学概念的建立与基本理论的掌握。

本书在概述碳中和含义与碳中和技术、二氧化碳捕集技术基础概念与发展趋势的基础上，重点介绍了二氧化碳吸收、吸附及膜分离理论基础，系统介绍了二氧化碳吸收技术、二氧化碳吸附技术、二氧化碳膜分离与膜吸收技术、集中排放二氧化碳捕集技术及典型极稀浓度二氧化碳捕集技术等相关工艺、原理与装备，内容丰富，理论与实用性强，前后内容整体优化组合，融为一体。本书的编写力求深入浅出、简明扼要、图文并茂，本书可作为碳中和相关专业学习的教材或参考资料。

本书由中国矿业大学（北京）、重庆大学、中国地质大学（北京）、国家能源集团北京低碳清洁能源研究院、胜利油田、中国石油大学（北京）、中国科学院过程工程研究所等单位长期在碳捕集领域进行教学、科研的骨干，在总结多年教学、科研经验的基础上联合编写。全书分为 7 章，由孙志明统稿。

由于编者水平有限，错误或不足之处在所难免，敬请读者批评指正。

编　者

# 目　录

## 1.1 二氧化碳排放与气候变化

### 1.1.1 二氧化碳排放引起的全球行动

世界经济的高速发展以及全球化石燃料的大量燃烧，导致全球气候变暖，生态环境日益恶化，严重影响着人类的生存和发展。气候科学家们普遍认为产生这一现象主要是由于温室气体（简称为 GHG）的大量排放。这些气体在大气中形成一层屏障，吸收地球表面辐射中

绿色抉择：博弈、牺牲、责任（上）　　绿色抉择：博弈、牺牲、责任（下）

的红外线，从而引起全球气候变暖。2000—2022 年全球能源相关温室气体的排放量如图 1-1 所示。二氧化碳（$CO_2$）是最主要的温室气体，相较于 2021 年，2022 年 $CO_2$ 的排放量增长了 321Mt，其排放主要来源于煤炭、石油、天然气等化石燃料的燃烧及其他工业生产过程。

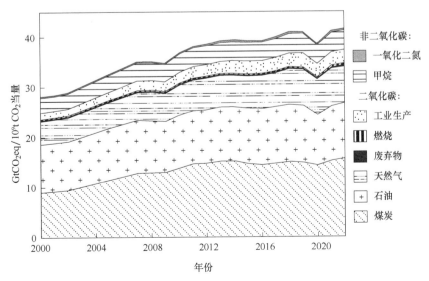

图 1-1　2000—2022 年全球能源相关温室气体的排放量

蒸汽机和内燃机的发明使得煤炭和石油成为工业化国家主要的能源，尤其是在第二次世界大战之后，工业化国家的经济迅速发展，以化石燃料为主的一次能源消费量和 $CO_2$ 排放量也迅速增加。近年来，随着科技的不断进步，清洁能源在工业化发达国家能源结构中所占的比重越来越高，煤炭、石油等化石燃料所占比重呈下降趋势。发达国家的 $CO_2$ 排放量开始下降，而一些发展中国家的工业和经济发展速度很快，其化石燃料消费量和 $CO_2$ 排放量还在不断增加。温室气体对气候的影响具有全球性和长期性，与经济发展、能源利用之间存在着密切关系。为缓解气候变化对人类造成灾难性的影响，全球展开了一系列积极行动。二氧化碳排放引起的全球行动如图1-2所示。

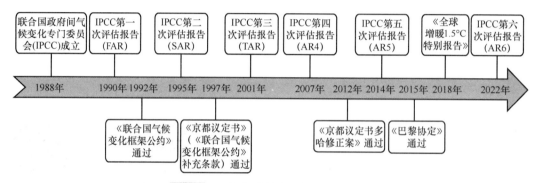

**图 1-2** 二氧化碳排放引起的全球行动

1992年6月在巴西里约热内卢召开了联合国环境与发展会议，会议缔约了《联合国气候变化框架公约》，并于1994年3月21日正式生效，这是世界上第一个为全面控制 $CO_2$ 等温室气体排放，应对气候变暖给人类经济和社会带来不利影响的国际公约，也是国际社会在应对全球气候变化问题上进行国际合作的一个基本框架。

1997年12月，149个国家和地区的代表在日本东京召开了《联合国气候变化框架公约》第3次缔约方会议，大会通过了旨在限制发达国家温室气体排放量以抑制全球变暖的《京都议定书》。在该议定书中，首次为发达国家规定了具有法律约束力的 $CO_2$ 等温室气体减排目标，并引入了以联合履约（Joint Implementation，简称为JI）、排放贸易（Emissions Trading，简称为ET）和清洁发展机制（Clean Development Mechanism，简称为CDM）为核心的"京都机制"。《京都议定书》规定：以1990年为基准年，第一期承诺时间为2008—2012年，主要发达国家排放的 $CO_2$ 等六种温室气体的排放量应平均减少5.2%，而发展中国家缔约方有义务提出增强吸收源的吸收强度、提高能源利用效率的详细方案。

2007年12月，《联合国气候变化框架公约》第13次缔约方大会在印度尼西亚巴厘岛举行。会议最后通过了"巴厘岛路线图"，其主要内容包括：大幅度减少全球温室气体排放量，未来的谈判应考虑为所有发达国家（包括美国）设定具体的温室气体减排目标；发展中国家应努力控制温室气体排放增长，但不设定具体目标；为了更有效地应对全球变暖，发达国家有义务在技术开发和转让、资金支持等方面，向发展中国家提供帮助；在2009年年底之前，达成接替《京都议定书》的旨在减缓全球变暖的新协议。

根据"巴厘岛路线图"的规定，2009 年 12 月，《联合国气候变化框架公约》第 15 次缔约方会议在丹麦首都哥本哈根召开。来自 192 个国家的谈判代表对《京都议定书》一期承诺到期后的后续方案，即 2012—2020 年的全球减排协议进行了谈判，会议最后达成了不具法律约束力的《哥本哈根协议》。此协议具有以下特点：维护了《联合国气候变化框架公约》和《京都议定书》确立的"共同但有区别的责任"原则，坚持了"巴厘岛路线图"的授权，坚持并维护了《联合国气候变化框架公约》和《京都议定书》"双轨制"的谈判进程；在"共同但有区别的责任"原则下，最大范围地将各国纳入了应对气候变化的合作行动；在发达国家提供应对气候变化的资金和技术支持方面取得了积极的进展；在减缓行动的测量、报告和核实方面，维护了发展中国家的权益，根据联合国政府间气候变化专门委员会（IPCC）第四次评估报告的观点，提出了将全球平均温升控制在工业革命以前 2℃ 的长期行动目标。

2007 年，我国正式公布了《中国应对气候变化国家方案》，明确了到 2010 年中国应对气候变化的具体目标、基本原则、重点领域及政策措施。2009 年 11 月，我国宣布到 2020 年单位国内生产总值 $CO_2$ 排放量比 2005 年下降 40%～50%，非化石能源占一次能源消费的比重达到 15% 左右，森林面积、森林蓄积量分别比 2005 年增加 4000 万 $hm^2$ 和 13 亿 $m^3$。

2015 年 12 月，在巴黎气候变化大会上通过新的全球气候变化协定——《巴黎协定》，协定的主要目标是把全球平均气温较工业化前水平升高控制在 2℃ 以内，并为把升温控制在 1.5℃ 以内而努力。

2018 年 10 月，IPCC 在《全球增暖 1.5℃ 特别报告》中提出，将全球变暖限制在 1.5℃ 需要社会各方进行快速、深远和前所未有的变革。与全球变暖限制在 2℃ 相比，限制在 1.5℃ 对人类和自然生态系统有明显的益处，同时可确保社会更加可持续和公平。

2020 年 9 月 22 日，习近平主席在联合国大会一般性辩论上向全世界宣布，中国将提高国家自主贡献力度，采取更加有力的政策和措施，二氧化碳排放力争于 2030 年前达到峰值，努力争取 2060 年前实现碳中和。

## 1.1.2　二氧化碳排放引起的气候变化及影响

温室气体导致的气候变化并不是简单地导致全球气温一致增高，而是在整体气温增高的同时出现经常性气候异常。近几年发生的气候变化，包括气候变暖、海平面上升、降水量变化、极端天气事件频发等对农业、水资源、生态系统、人类健康、工业、人居环境和社会均造成了严重影响。

与气候一起变化：发展（上）　　与气候一起变化：发展（下）

**1. 气候变暖**

1906—2005 年的地表平均温度上升 0.74℃（波动范围为 0.56～0.92℃），比 IPCC 第三次评估报告（TAR）给出的每年 0.6℃（波动范围为 0.4～0.8℃）要高得多。20 世纪地球表面温度升高发生在两个时期：1910—1945 年及 1976 年之后。尽管地球表面温度普遍升高，升幅依然存在地域差异，其中北半球较高纬度地区温度升幅较大，在过去的 100 年中，北极温度升高的速率几乎是全球平均速率的两倍。1961年以来的观测表明，全球海洋平均温度升高已影响到至少3000m的深度，海洋已经吸收的热量占气候系统增加热量的80%以上，并且这一趋势还将持续。同时，日间温度和夜间温度都在上升，但夜间温度上升比日间温度快，从而缩小了昼夜温差。据IPCC预测，到2100年地表平均气温将上升1.4~5.8℃，升温的趋势在高纬度地区更明显。

**2. 海平面上升**

基于测潮仪的记录，全球平均海平面在20世纪上升了10~20cm，海平面上升的主要是冰川融化进入大海所致，另外由于温度升高引起的海水热膨胀也是一个原因。据IPCC统计，1961—2003年，全球平均海平面以每年1.8mm（波动范围为1.3~2.3mm）的平均速率上升，其中1993—2003年全球平均海平面以每年大约3.1mm（波动范围为2.4~3.8mm）的速率上升。自1993年以来，海洋热膨胀对海平面上升的贡献率占57%，而冰川和冰帽溶解对海平面上升的贡献率大约为28%，其余的贡献率则归因于极地冰盖的消融。

**3. 降水量变化**

温室效应的增加对水循环产生重要影响，不仅引起了蒸发、干旱的增加，还在其他区域带来过大的降水量。相比于气候变暖，降水量变化的影响地域差异性更大。1900—2005年，北美和南美东部、欧洲北部、亚洲北部和中部降水量显著增加，而在萨赫勒、地中海、非洲南部、亚洲南部部分地区降水量减少。由于降水量变化的地域差异性，难以得到全球平均降水量的变化值。但是，据IPCC预计，高纬度地区的降水量增加，而大多数副热带大陆地区的降水量可能减少，到2100年减幅高达20%，这也给区域的水资源变化带来了严重影响。20世纪70年代以来，全球受干旱影响的面积持续扩大，IPCC预计，到21世纪中叶，在高纬度地区（和某些热带潮湿地区）年江河径流量和可用水量会有所增加，而在中纬度和热带的某些干旱区域将会减少，尤其在许多半干旱地区（如：地中海流域、美国西部、非洲南部和巴西东北部），水资源将因气候变化而减少。

**4. 极端天气事件频发**

极端天气事件如干旱、强降雨、洪水、暴风雪等发生的频率在迅速增高。世界气象组织2003年7月指出，随着全球表面温度的继续升高，极端天气发生的频率可能会增加。IPCC则认为，20世纪70年代以来，人类影响已经促使全球朝着旱灾面积增加和强降水事件频率上升的趋势发展，在一些总降水量保持不变甚至下降的区域，如亚洲东部，强降雨事件的频率也在增加，间接表明这些区域降水次数的减少。干旱或强降雨的经常发生常伴随厄尔尼诺现象或拉尼娜现象，这种趋势近年变得尤为明显。

## 1.2 二氧化碳的排放

### 1.2.1 大气中 $CO_2$ 的平均浓度

煤、石油及天然气等资源从地壳中被开采出来，通过燃烧以满足交通、取暖、电力、石化等生产过程的需求，与自然界通过碳循环将二氧化碳（$CO_2$）固定的过程相比，该过程产

生的 $CO_2$ 的速度更快且量更大，导致大气中 $CO_2$ 浓度迅速增加。大气中 $CO_2$ 的平均浓度变化如图 1-3 所示，由于人类消耗化石燃料和土地利用的变迁，$CO_2$ 浓度从第一次工业革命前低于 $280\times10^{-6}$ 上升至 2023 年的 $419\times10^{-6}$，并在向前推的 10 年中，$CO_2$ 的浓度以每年 $2.3\times10^{-6}$ 左右的速度持续上升。若不加以控制，预计到 2050 年，空气中的 $CO_2$ 浓度将超过 $500\times10^{-6}$。

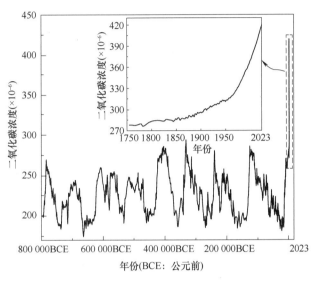

图 1-3　大气中 $CO_2$ 的平均浓度变化

## 1.2.2　不同行业的 $CO_2$ 排放

1990—2020 年不同行业 $CO_2$ 排放量如图 1-4 所示。全球 $CO_2$ 的排放主要集中在电力和热能、运输、制造和建筑等行业，其中电力及热能行业是 $CO_2$ 排放最为主要的行业。$CO_2$ 的年排放量从 1990 年的 86.1 亿 t 持续增加至 2020 年 151.1 亿 t，这是由于在发电及供热的过程中释放的大量 $CO_2$。运输及制造和建筑行业也是全球 $CO_2$ 排放的高耗能行业。在运输行业，主要是由于汽车、卡车、摩托车、航空及航运业燃烧汽油、柴油等燃料产生大量的 $CO_2$。在建筑行业中 $CO_2$ 的排放主要是由建筑材料在生产和运输中所致，如水泥在生产过程中的煅烧过程会释放大量的 $CO_2$。而我国 $CO_2$ 排放量主要集中在电力和热能、逸散性排放、工业及运输等行业，其中电力和热能的年排放量从 1990 年的 7.4 亿 t 快速增加至 2020 年的 56.8 亿 t。另外，值得注意的是逸散性排放的 $CO_2$ 量较多，这主要是由于我国 $CO_2$ 排放源是分散的，对 $CO_2$ 排放的监管力度仍有待加强。

许多工业化国家正逐步转变能源消费结构，实现由化石能源消费向清洁能源消费的转变，降低对化石能源的依赖，促进减排技术的研发和应用，积极探索和推广 $CO_2$ 捕集和封存技术，进而减少因利用化石燃料导致的 $CO_2$ 排放量增加，减缓全球气候变化的速度。然而，由于资源分布和技术水平的制约，随着发展中国家电气化水平的提高和经济的发展，至 21 世纪中叶，电力、工业和交通运输业等仍将是主要的 $CO_2$ 排放源。

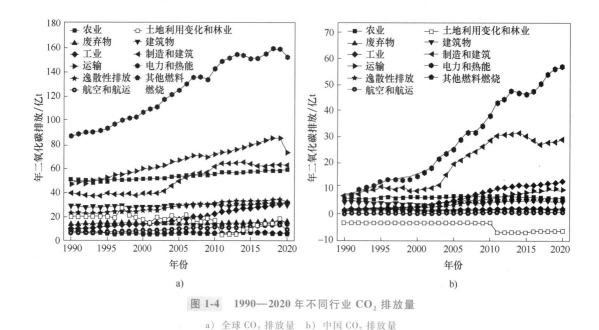

图 1-4　1990—2020 年不同行业 $CO_2$ 排放量

a）全球 $CO_2$ 排放量　b）中国 $CO_2$ 排放量

## 1.3　碳中和与碳中和技术

碳中和技术是指通过吸收和移除大气中的 $CO_2$ 来抵消排放的过程，从而在全球尺度上实现净零碳排放。碳中和的实现意味着排放的 $CO_2$ 量与从大气中移除的 $CO_2$ 量达到平衡，从而可以有效遏制气候变化并实现全球气温增幅控制的目标。

### 1.3.1　碳中和目标的演进

碳中和概念经历了一个较长时间的演变过程。此概念最早由环保人士倡导，问世于 20 世纪 90 年代末

绿色抉择：低碳、　绿色抉择：低碳、
后天、迷宫（上）　后天、迷宫（下）

期，后获得越来越多民众支持，由一个前卫概念发展成大众概念。早期碳中和运动基本局限于民间和企业层面，虽然遭到一些质疑和反对，但总体上唤起了越来越多的民众对气候变化问题和碳减排的重视。《联合国气候变化框架公约》（1992 年）、《京都议定书》（1997 年）和《巴黎协定》（2015 年）三个应对气候变化的重要国际法律文件奠定了国际社会有关温室气体减排的法律基础、基本框架和路线图。迄今，全球已有 140 多个国家和地区提出了不同程度的碳中和目标。

我国政府积极应对气候变化，先后四次提出相关国际承诺。我国碳中和演进时间见表 1-1。对比近两次承诺，由"2030 年左右二氧化碳排放达到峰值并争取尽早达峰"更新为"力争于 2030 年前达到峰值"，并首次提出了"努力争取 2060 年前实现碳中和"。由于我国规划碳达峰到碳中和的时间仅 30 年，远小于欧盟等发达经济体 50~70 年过渡期，因此预计碳中和目标也将对碳达峰的峰值形成牵制。

表 1-1　我国碳中和演进时间

| 时间 | 主要承诺 |
| --- | --- |
| 2007 年 6 月 | 提出 2010 年目标：单位国内生产总值能源消耗比 2005 年降低 20%左右；力争使可再生能源开发利用总量在一次能源供应结构中的比重提高到 10%左右；煤层气抽采量达到 100 亿立方米；力争使工业生产过程的氧化亚氮排放稳定在 2005 年的水平上；努力实现森林覆盖率达到 20% |
| 2009 年 12 月 | 提出 2020 年目标：实现单位国内生产总值二氧化碳排放比 2005 年下降 40%~45%；非化石能源占一次能源消费的比重达到 15%左右；森林面积和蓄积量分别比 2005 年增加 4000 万公顷和 13 亿立方米 |
| 2015 年 6 月 | 提出 2030 年目标：二氧化碳排放 2030 年左右达到峰值并争取尽早达峰；单位国内生产总值二氧化碳排放比 2005 年下降 60%~65%；非化石能源占一次能源消费比重达到 20%左右；森林蓄积量比 2005 年增加 45 亿立方米左右 |
| 2020 年 9 月和 12 月 | 更新 2030 年目标：二氧化碳排放力争于 2030 年前达到峰值，单位国内生产总值二氧化碳排放将比 2005 年下降 65%以上；非化石能源占一次能源消费比重将达到 25%左右；森林蓄积量将比 2005 年增加 60 亿立方米；风电、太阳能发电总装机容量将达到 12 亿千瓦以上<br>提出 2060 年目标：努力争取 2060 年前实现碳中和 |

## 1.3.2　碳中和技术体系概述

碳中和技术体系主要包括三种策略：碳减排、碳零排、碳负排。

**1. 碳减排**

碳减排就是减少 $CO_2$ 等温室气体的排放量。主要任务是降低能源消费强度，降低碳排放强度，控制煤炭消费，倡导节能（提高工业和居民的能源使用效率）和引导消费者行为。主要措施包括在生产方面使用节能设备，在消费方面采用节能家电、能源梯级利用、发展循环经济、垃圾分类、选择比较低碳的出行方式等。例如，埃克森美孚公司在安特卫普的炼油厂利用高效热电联产装置生产电力和工业蒸汽，大幅提高了能源利用效率，$CO_2$ 排放量减少约 20Mt/a，相当于 9 万辆汽车一年的 $CO_2$ 排放量。这充分说明建造高效热电联产装置是减少碳排放的有效途径。此外，通过优化操作可将炼油厂能源利用效率提高 10%~30%。如科威特国家石油公司通过严格的能源供求模型计算发现，在不明显增加支出的情况下，炼油厂可减排 $CO_2$ 约 57.890kt/a；土耳其 Tupras 公司通过热集成利用和高效能源回收将燃料消耗减少了 20%；陶氏化学公司利用 AspenTech 公司的高级过程控制和数字双模型优化技术，减少了 10%的碳排放。

**2. 碳零排**

碳零排即采用风能、水能、光能、生物质能源等无二氧化碳排放的一次能源。碳零排关键技术包括开发新型太阳能、风能、地热能、海洋能、生物质能、核能等零碳电力技术，以及机械能、热化学、电化学等储能技术，加强高比例可再生能源并网、特高压输电、新型直流配电、分布式能源等先进能源互联网技术研究；开发可再生能源/资源制氢、储氢、运氢和用氢技术，以及低品位余热利用等零碳非电能源技术；开发生物质利用、氨能利用、废弃物循环利用、非含氟气体利用、能量回收利用等零碳原料/燃料替代技术；开发钢铁、化工、建材、石化、有色等重点行业的零碳工业流程再造技术。

**3. 碳负排**

碳负排意味着从大气中去除二氧化碳，或封存比排放量更多的二氧化碳。碳负排技术主要包括二氧化碳制成化学品、二氧化碳制成燃料、微藻的生产、混凝土碳捕集、提高原油采集率、生物能源的碳捕捉和存储、硅酸盐岩石的风化和矿物碳化、植树造林、土壤有机碳和土壤无机碳、农作物的秸秆烧成木炭还田等。2021 年，《教育部关于印发〈高等学校碳中和科技创新行动计划〉的通知》（教科信函〔2021〕30 号）指出，加快碳减排、碳零排和碳负排关键技术攻关。其中，碳负排关键技术主要包括加强二氧化碳地质利用、二氧化碳高效转化燃料化学品、直接空气二氧化碳捕集、生物炭土壤改良等。

从碳负排技术的功能来看，碳负排技术可分为以下三种类型：一是，碳资源化利用技术，指生产过程中以二氧化碳为原材料，生产、制造碳基产品，且生产工艺无其他碳排放，或有碳排放但排放量小于碳消耗量的碳利用技术；二是，生物炭固碳技术，指将二氧化碳固化在生物炭中，再重新施于土壤中实现数百年稳定固碳的技术；三是，生态碳汇技术，指通过大自然活动，将二氧化碳固化在生态系统中的天然碳汇技术。不同类型的碳负排技术可以应用到不同的碳治理场景之中。

## 1.4 二氧化碳捕集技术基础概念

二氧化碳捕集与封存技术（CCS）是指将 $CO_2$ 从相关排放源中分离出来，然后将其运输到封存地点，并将 $CO_2$ 与大气长期隔离的过程。二氧化碳捕集、利用与封存技术（CCUS）则是在 CCS 基础上增加了 $CO_2$ 利用环节。其中，二氧化碳捕集技术是 CCUS 技术发展的基础和前提，也是 CCUS 技术中成本最高、能耗最大的主要组成部分。

### 1.4.1 二氧化碳捕集的定义

二氧化碳捕集技术指利用吸收、吸附、膜分离、低温分馏、富氧燃烧等方式将不同排放源的 $CO_2$ 进行分离和富集的技术。二氧化碳捕集旨在从工业排放、能源生产或其他 $CO_2$ 排放源中捕获和分离 $CO_2$，并将其集中储存、运输或用于其他目的。捕集后的 $CO_2$ 可以用于多种行业，如饮料工业、食品保存、尿素制造、水净化、提高石油采收率、水泥生产和聚合物合成等。

### 1.4.2 二氧化碳捕集方式

二氧化碳捕集方式主要包括燃烧前捕集、富氧燃烧捕集、燃烧后捕集和直接空气捕集。

**1. 燃烧前捕集**

燃烧前捕集技术是指在燃料燃烧前将 $CO_2$ 从燃料或者燃料变换气中进行分离的技术，所需处理气体压力高、$CO_2$ 浓度高、杂质少。燃烧前捕集技术的主要原理是通过利用化石固体燃料或其他原料（如生物质，天然气等）与氧气、水蒸气在气化反应器中分解生成 CO 和

$H_2$ 混合气，经冷却后，送入催化转化器中，进行催化重整反应，生成以 $H_2$ 和 $CO_2$ 为主的水煤气或燃料气，再对其采用物理或化学工艺进行 $CO_2$ 分离，达到燃烧前脱碳的目的。在此过程中，产生的以 $H_2$ 和 $CO_2$ 为主的混合气的气体压力很高，并且 $CO_2$ 的浓度很高，很容易对 $CO_2$ 进行捕集，同时剩下的 $H_2$ 可以作为燃料供后续使用。燃烧前 $CO_2$ 捕集原理如图 1-5 所示。

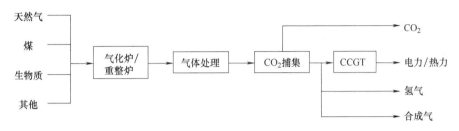

**图 1-5** 燃烧前 $CO_2$ 捕集原理

燃烧前捕集技术主要应用于以气化炉、联合循环燃气轮机（Combined Cycle Gas Turbine，简称为 CCGT）为基础的整体煤气化联合循环（Integrated Gasfication Combined Cycle，简称为 IGCC）技术中。IGCC 是一种将煤炭气化与联合循环发电厂相结合的发电技术。与传统的化石燃料燃烧发电厂相比，IGCC 技术将气化技术与燃气轮机/蒸汽轮机联合循环装置相结合或耦合，以更高效、更环保的方式发电，并且该技术的对 $CO_2$ 捕集效率高、成本低，同时对其他污染物的控制力有较大的操作空间。然而，IGCC 发电技术仍是一项新兴发电技术，面临许多问题和挑战，如成本比传统蒸汽循环发电系统高、技术完善度偏低、流程可靠性差等。原则上，无论是采用气体、液体还是固体燃料，燃烧前捕集系统的技术途径均较为类似，都需要脱除从燃料中带入的杂质以及多余的碳元素。燃料转化成的合成气首先净化，脱除其中杂质，然后与水蒸气反应生成氢气和二氧化碳。氢气和二氧化碳的分离可以采用成熟的吸收-解吸方法，还可以采用反应分离一体化系统，例如天然气重整和膜分离一体化系统、水汽变换核膜分离一体化系统。多数研究认为，燃烧前捕集系统相对无 $CO_2$ 捕集系统的装置来讲，成本增加较小，比燃烧后捕集更具有竞争力。当前影响燃烧前捕集实施的主要因素仍是运行成本问题，如何更好地用于大规模的发电、制氢和多联产系统是其进一步规模化应用的关键。

**2. 富氧燃烧捕集**

富氧燃烧捕集（又称为燃烧中碳捕集）技术是指燃料在纯氧或富氧条件下进行燃烧，这样燃烧更充分，产生的 $CO_2$ 的浓度高，便于进行 $CO_2$ 的分离或直接封存与利用。富氧燃烧技术最早是由 Abraham 于 1982 年提出，目的是产生 $CO_2$，以提高石油采收率（Enhanced Oil Recovery，简称为 EOR）。随着对环境气候的深度认识和科技技术的发展，富氧燃烧技术具有捕集成本较低和易规模化等优势，被认为最具潜力的有效减排 $CO_2$ 的新型燃烧技术之一。燃煤富氧燃烧碳捕集原理如图 1-6 所示。燃煤富氧燃烧碳捕集系统主要包含空气分离装置（ASU）、烟气净化系统（FGCD）、压缩纯化装置（CPU）等。富氧燃烧碳捕集技术涉及燃料在纯氧或富氧（约 98%）状态中燃烧，而不是以氮气为主的空气，去除氮气能够减少能量需求，使燃料气体达到正确的燃烧温度，同时富氧燃烧过程使燃烧更完全，其燃烧后的混合气体主要为 $CO_2$ 和 $H_2O$，其中 $CO_2$ 的浓度可以达到 90% 以上。

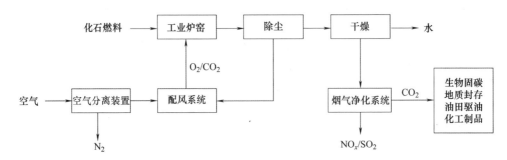

**图 1-6**　燃煤富氧燃烧碳捕集原理

由于富氧燃烧需要高浓度氧气氛围，流程增设了空气分离装置，这使整个系统运行成本有所增加。同时，富氧燃烧会改变燃烧特性，导致烟气辐射换热特性以及脱硫脱硝特性等发生变化，这对富氧燃烧炉、烟气净化系统等提出了更高的要求。此外，富氧燃烧技术对已建成的燃煤电站兼容性较差，使其主要应用于新规划的燃煤电站。

**3. 燃烧后捕集**

燃烧后捕集技术是指从电厂燃烧后的烟气中分离和捕集 $CO_2$，主要应用对象是常规的煤粉（Pulverized Coal，简称为 PC）电站。该技术工艺成熟，原理简单，与已建成的煤粉电站有较好的兼容性。它的主要缺点：由于燃烧后烟气中的 $CO_2$ 会被氮气稀释，浓度在 15% 以下，这将导致碳捕集过程的能耗较大，集成碳捕集工艺后电厂的发电效率一般会下降 9%~15%，整体捕集成本较高。但该方法可以在不改变原有燃烧方式的基础上进行改造，固定投资相对较少，捕集系统更为独立灵活，因此成为我国的燃煤电厂碳捕集技术主要选择。燃烧后二氧化碳捕集系统将主要应用于燃煤和燃气电站。基于吸收法的燃烧后二氧化碳捕集技术已逐步商业化，其中胺吸收法是当前最广泛的选择。燃烧后捕集技术当前主要用于生产食品级 $CO_2$，单套装置的规模可达到 600~800t $CO_2$/天。

**4. 直接空气捕集**

直接空气捕集（Direct Air Capture，简称为 DAC）$CO_2$ 技术是指利用吸附/吸收剂直接从空气中捕集 $CO_2$ 技术。DAC 技术与其他碳捕获方法不同，因为它直接从大气中捕获 $CO_2$，而不是从源头捕获二氧化碳，例如从燃煤发电厂、工业烟道等大型 $CO_2$ 排放源中捕获。直接空气捕集技术基本工艺流程如图 1-7 所示，主要流程包含：①直接空气吸收：DAC 系统吸收大气中约 0.04% 的 $CO_2$，以及氮气和氧气等其他气体；②碳捕获：捕获的空气通过化学介质或过滤器，选择性地与 $CO_2$ 分子结合，将其从空气中分离出来；③释放 $CO_2$：捕获的 $CO_2$ 随后从吸附剂中释放出来，形成浓缩的 $CO_2$ 流动相；④储存或利用：浓缩的 $CO_2$ 可以储存在地下的地质构造中（碳封存），或用于各种 $CO_2$ 利用工业流程（如生产合成燃料或材料）。

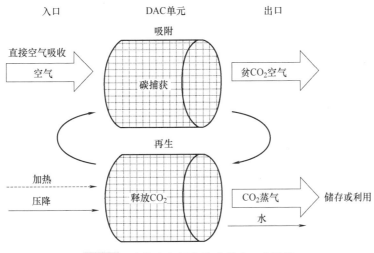

**图 1-7**　直接空气捕集技术基本工艺流程

# 1.5　二氧化碳捕集技术发展趋势

### 1.5.1　燃烧前捕集技术

　　经过多年的运行，IGCC 发电技术积累了丰富的运行经验，但也面临着诸多问题，使得部分已规划的项目被搁置或推迟。未来，IGCC 趋于向多联产、多原料方向发展。一方面，通过优化整合气化和发电装置，将气化装置合成气产品用于炼油和化工生产，并结合发电为炼油和化工过程供冷、供热、供电；另一方面，结合炼油、化工生产中副产的石油焦、渣油等作为气化原料，降低发电成本。IGCC 发电项目 $CO_2$ 捕集应当与多联产相结合，充分利用内部蒸汽、电能等公用工程资源，降低整体成本，并通过提高捕集过程 $H_2$ 纯化能力，为炼化和化工生产提供高品质 $H_2$。

### 1.5.2　富氧捕集技术

　　制氧过程是富氧燃烧技术应用的瓶颈，低投资成本、低操作能耗的制氧技术仍然是重要发展方向；富氧燃烧过程生成的 $CO_2$ 需要部分循环再次送入燃烧炉，以此来控制燃烧炉温度。烟气循环会造成烟气中 $SO_x$ 等污染物富集。如果直接使用传统脱硫技术，高浓度 $CO_2$ 也会被碱液吸收，增加了废弃物排放和操作成本，需要考虑与之配套的净化技术。未来，应当加强低能耗和低成本制氧、稳定放大富氧燃烧器、酸性气体共压缩、空分系统-锅炉系统-压缩纯化系统耦合优化、加压富氧燃烧技术等方面加强研发，降低捕集成本，推动规模化应用。

### 1.5.3　燃烧后捕集技术

　　燃烧后捕集技术需要开发吸收性能好、腐蚀性低的新型吸收剂，还应开发解吸能耗低的设备和吸收工艺。对于吸附分离法，为了进一步提高 $CO_2$ 捕集性能，有必要对吸附材料进行改性，并考虑多种吸附技术的优化组合。对于膜分离法，则应进一步开发先进的新型膜材料来提高 $CO_2$ 分离效率，同时不断加强工业试验研究。

## 1.5.4 空气捕集技术

吸附/吸收剂是 DAC 技术的核心，吸附/吸收剂的吸附/吸收与再生性能决定了 DAC 的最终应用效果与成本，也是 DAC 技术大规模商业化应用的瓶颈。因此需进一步开发成本低、吸附性能高、循环稳定性好的 DAC 吸附/吸收剂，同时开发适用于 DAC 技术的过程强化技术，设计可充分发挥吸附/吸收剂 DAC 性能的空气接触器等关键装备，以实现吸附/吸收快速装载与卸载。

## 思 考 题

1. $CO_2$ 排放引起的气候变化有哪些？这些气候变化各造成了什么影响？

2. 国际社会应对 $CO_2$ 排放都提出了哪些政策？

3. $CO_2$ 捕集方式主要有哪些？

4. 什么是 IGCC 技术？

5. 什么是 DAC 技术？它的原理是什么？

6. 什么是富氧燃烧技术？它的原理是什么？

7. 请简述二氧化碳捕集技术的发展趋势。

# 第**2**章
# 二氧化碳吸收、吸附及膜分离理论

## 2.1 二氧化碳吸收理论

### 2.1.1 吸收过程

吸收分离法是当前国际上采用的 $CO_2$ 分离捕集的主要方法之一。由于该方法设备投入成本较低、分离效果好、运行稳定，并且技术相对成熟，已在化工、食品等行业得到了广泛应用。吸收法的基本原理是利用 $CO_2$ 和其他各种气体组分在吸收剂中具有不同溶解度并易于解吸的特点，选用合适的吸收剂选择性地将混合气体中的 $CO_2$ 在一定的条件下进行吸收，然后改变操作条件，使吸收溶液中的 $CO_2$ 解吸。$CO_2$ 被收集起来，解吸后的吸收剂循环利用。吸收法富集 $CO_2$ 的传质过程属于扩散传质，是在气、液两相之间进行的。气相是由被吸收的 $CO_2$ 和不被吸收或难以吸收的气体组成的，液相则是指液体吸收剂。在吸收过程中，被吸收的 $CO_2$ 从气相主体经界面传递到液相主体。根据 $CO_2$ 被吸收剂吸收的机理与特性，吸收过程可分为物理吸收和化学吸收两种类型。

在物理吸收中，$CO_2$ 和吸收剂之间没有显著的化学反应，热效应也较小。吸收过程是 $CO_2$ 从气相主体经相界面扩散到液相主体的过程。$CO_2$ 在液相中主要呈游离状态，与溶剂的结合力很微弱。同时当外界条件改变时，溶入液相中的 $CO_2$ 会解吸逃逸出去。物理吸收 $CO_2$ 的最大吸收量取决于操作条件下 $CO_2$ 在吸收剂中的溶解度。吸收速率则主要取决于 $CO_2$ 从气相主体传递到液相主体的扩散速率。

化学吸收与物理吸收不同之处在于 $CO_2$ 和吸收剂之间存在明显的化学反应，热效应较大。$CO_2$ 在溶液中主要是以它和吸收剂的化学反应产物的形式存在。只有在吸收剂溶液加热到反应产物分解温度以上时，$CO_2$ 才能从溶液中解吸逸出。化学吸收的最大吸收量取决于操作条件下 $CO_2$ 在吸收剂中的溶解度和化学反应的平衡关系。其吸收速率主要取决于 $CO_2$ 气体从气相主体传递到液相主体的扩散速率和 $CO_2$ 与吸收剂中活性组分的化学反应速率。

吸收法富集 $CO_2$ 的另一重要过程是解吸，它将所吸收的 $CO_2$ 从吸收溶液中分离出来的过程。吸收和解吸是吸收法富集 $CO_2$ 不可缺少的两个过程。解吸过程的传质方向与吸收过程的传质方向相反，即 $CO_2$ 由液相主体向气相传递，其结果是将 $CO_2$ 从吸收剂中分离出来，使吸收剂得以再生。由于解吸是吸收的逆过程，因此吸收的理论和解吸的理论是相似的，仅是传质方向不同而已。

## 2.1.2 物理吸收原理

物理吸收过程的特征：$CO_2$与液体溶剂不发生明显的化学反应，过程一般采用水、有机溶剂（不与溶解的气体反应的非电解质）及有机溶剂的水溶液作为吸收溶剂。例如，在氨肥工业中经常应用的利用水脱除$CO_2$和用低温甲醇脱除$CO_2$就是典型的物理吸收分离过程。物理吸收所形成的溶液中，若所含溶质浓度为某一数值，在一定条件下（如温度、总压），平衡蒸气中溶质的蒸气压也为一定值。吸收的推动力是气相中溶质的实际分压与溶液中溶质的平衡蒸气压之差。

一般地，按照溶液理论，不能按纯组分的性质来预测其溶解度。溶解度主要取决于吸收过程中的稀溶液的热力学性质。以下给出溶液理论的一些基本规律，以便根据最少量的试验数据来计算物理吸收时的气体溶解度。

**1. 气体溶解度与压力的关系**

在溶液中的气体摩尔分数不大（较确切地说是$x \rightarrow 0$，无限稀释的溶液中）、压力不高（$p \rightarrow 0$）的条件下，可用亨利定律描述，即

$$K_{亨} = \frac{p_i}{x_i} \tag{2-1}$$

式中　　$K_{亨}$——亨利系数；

　　　　$p_i$——气体$i$在溶液上方的分压；

　　　　$x_i$——气体$i$在溶液中的摩尔分数。

亨利定律仅适用于理想溶液。事实上，所有的稀溶液都近似于理想溶液，都可以应用亨利定律获得相应的平衡数据，借以判断传质过程的方向、极限及计算传质推动力的大小。对于难溶气体，亨利定律有足够的正确性；对于易溶气体，该定律仅适用于较低浓度的情况。当$p \neq 0$时，压力对在溶液中低浓度气体溶解度的影响可描述为

$$\ln \frac{f_2}{x_2} = \ln K_{2,亨} + \frac{\bar{v}_2}{RT}(p - p_1^0) \tag{2-2}$$

式中　　$f_2$——在溶液面上的气体逸度；

　　　　$\bar{v}_2$——在无限稀释溶液中气体的分摩尔体积；

　　　　$R$——气体常数，$R = 8.314 J/(mol \cdot K)$；

　　　　$T$——温度；

　　　　$p_1^0$——纯溶剂的饱和蒸气压。

混合气体组分的逸度计算公式为

$$RT \ln f_2 = RT \ln p y_2 + \int_0^p (\bar{v}_2 - v_0) dp \tag{2-3}$$

式中　　$y_2$——气相中溶质的摩尔分数；

　　　　$\bar{v}_2$——在气相中组分的分摩尔体积；

$v_0$——理想气体的摩尔体积。

实际上，大部分净化过程是在压力不超过 $30 kgf/cm^2$（约 2.94MPa）下进行的。当压力升高至 2.94MPa 时，则偏离了亨利定律，偏差在 10%~30% 范围内。

在气体溶解度相当大，以及在溶液中有其他杂质（如各种溶解的气体、水、盐类）时，必须考虑溶液组分变化对溶解度的影响。一般情况下，气体溶解度与气体在溶液中浓度（$x_2$ 小，但不等于 0）和当 $p_2$ 低时在稀释溶液中的第三组分浓度的关系可表述为

$$\ln K_{物} = \frac{p_2}{x_2} + a x_2 + b x_3 + \cdots \tag{2-4}$$

式中　$K_{物}$——物理溶解度系数。

$a$、$b$ 与溶液组成无关，一般由试验数据确定。在计算气体溶解度时，当溶液中的气体有很高的浓度和压力时，应引入式（2-1）和式（2-3）的校正值。实际上，吸收常常涉及一些溶于混合溶剂所形成的气体溶液。如果是非电解质的混合物，假如已知由组分 1、2、3 所组成的 3 个二元系统 1-2、2-3 与 1-3 的平衡数据，那么对三元系统的计算常常不需要三元系统 1-2-3 的平衡数据。

**2. 气体溶解度与温度的关系**

气体溶解度与温度的关系可用热力学方程式来近似地描述，即

$$\ln K_{2,亨} = A - \frac{\Delta H}{RT} \tag{2-5}$$

式中　$A$——试验常数；

$\Delta H$——气体溶解后溶液的焓与原有溶液组分焓之差，即气体溶解热。

如果在气体与液体混合时溶液被加热，则 $\Delta H < 0$。在有限的温度范围内，溶解热 $\Delta H$ 的大小是不变的；在更广泛的温度范围内，则必须考虑温度对 $\Delta H$ 的影响。可进行修正，即

$$\ln K_{亨} = A + \left(\frac{\Delta C_p}{R}\right) \ln T - \frac{\Delta H}{RT} \tag{2-6}$$

式中　$\Delta C_p$——溶液与原有组分的热容量差。

溶解度随温度而变化的符号和速度与溶解热 $\Delta H$ 有关。在物理吸收时，气体分子与溶剂分子不产生强的相互作用，因此溶解热不大，一般不大于 16.76kJ/mol。相应地，气体溶解度与温度间的关系比较小。

气体的溶解度与溶液组分的伦纳德-琼斯势（Lennard-Jones potential）参数间存在一定的联系。在无限稀释溶液中的气体溶解度表示为

$$\lg \alpha = a + b \sqrt{\varepsilon_{0.2}/k} \tag{2-7}$$

$$a = -\frac{3 \varepsilon_{0.1}/k}{2.3 T}, \quad b = \frac{6 \sqrt{\varepsilon_{0.1}/k}}{2.3 T} \tag{2-8}$$

式中　　　$\alpha$——Benson 溶解度系数，当 $p = 760mmHg$，$T = 273K$ 时单位溶液中溶解的气体数；

$a$、$b$——通过试验数据拟合得到的系数，通常用于表示溶解度系数的线性关系；

$k$——Boltzman 常数；

$\varepsilon_{0.1}/k$、$\varepsilon_{0.2}/k$——溶剂与气体的伦纳德-琼斯势方程式参数。

某些气体与液体的伦纳德-琼斯势参数见表 2-1。

表 2-1 伦纳德-琼斯势参数

| 气体或液体 | $\varepsilon_0/k/K$ | 气体或液体 | $\varepsilon_0/k/K$ | 气体或液体 | $\varepsilon_0/k/K$ |
| --- | --- | --- | --- | --- | --- |
| 氦 | 10.22 | 氙 | 231.0 | 四氯化碳[①] | 322.7 |
| 氖 | 32.8 | 乙炔 | 231.8 | 乙醇[①] | 362.6 |
| 氢 | 59.7 | 一氧化二氮 | 232.4 | 己烷[①] | 399.3 |
| 氮 | 71.4 | 丙烷 | 237.1 | 苯[①] | 412.3 |
| 一氧化碳 | 91.7 | 丙烯 | 298.9 | 二硫化碳[①] | 467.0 |
| 氩 | 93.3 | 硫化氢 | 301.1 | 醋酸[①] | 469.8 |
| 氧 | 106.7 | 氯 | 316.0 | 甲醇[①] | 481.8 |
| 氧化氮 | 116.7 | 二氧化硫 | 335.4 | 乙基醋酸[①] | 521.3 |
| 甲烷 | 148.6 | 氧硫化碳 | 336.0 | 丙酮[①] | 560.2 |
| 氪 | 178.9 | 氯化氢 | 344.7 | 丙醇[①] | 576.7 |
| 二氧化碳 | 190.0 | 氨 | 558.3 | 水[①] | 809.1 |
| 乙烷 | 215.7 | 环己烷[①] | 297.1 | | |
| 乙烯 | 224.7 | 二乙醚[①] | 313.8 | | |

① 为液体。

### 3. 物理吸收法特点

物理吸收法适合于具有较高的 $CO_2$ 分压、净化度要求不太高的情况，再生吸收液时通常不需加热，仅用降压或气提便可实现。总体上，该方法工艺简单，操作压力高，但是 $CO_2$ 回收率较低；另外，吸收前一般需对气体进行预处理，例如，化石燃料烟气中的硫化物和氮氧化物气体，均会对 $CO_2$ 物理吸收过程有较大影响，必须先行脱除。$CO_2$ 物理吸收法的发展已有相当长的时间，并且仍有不少新的工艺正在提出和应用。在工业上常用的吸收剂有低温甲醇、N-甲基吡咯烷酮、聚二乙醇二甲醚和水等，一般用于处理气体中 $CO_2$ 含量高的工艺过程，如合成氨生产过程。

## 2.1.3 化学吸收原理

化石燃料排放烟气中的 $CO_2$ 含量一般在 3%～15% 之间，烟气量巨大，使用物理吸收法难以满足大量化石燃料烟气中 $CO_2$ 温室气体的经济性减排要求。当前，一些研究者针对电厂烟气 $CO_2$ 捕集工艺，提出采用单乙醇胺（MEA）、空间位阻胺、钾碱与氨水等溶液进行液相脱除，以上过程均属于化学吸收。在化学吸收时，溶解在液体中的气体分子与吸收剂的活性组分起反应，在溶液温度升高时所生成的化合物被分解并释出起始的组分。

在化学吸收时，气体的溶解度与气体的物理溶解度、化学反应的平衡常数、反应时化学当量比等因素有关。此外，化学吸收剂溶液在很多情况下是强或弱的电解质，因此稀溶液理论方程式对此不适用。气体在化学吸收剂中溶解度的特点是在压力升高时溶解度不是均匀地增大，压力越高，溶解度提高得越慢（按照化学吸收剂的消耗程度）。在该情况下，气体溶解度与其分压的关系比物理吸收更复杂，不可能用以上引用的方程式来描述。

在以下假设条件下的平衡是化学吸收时最简单的一种气液平衡：①在溶液中只进行一种化学反应；②组分的活度系数与组成无关，而在最简单的情况下等于 1；③气体的物理溶解度 $x_物$ 比化学溶解度 $x_化$ 小很多，也即总的溶解度可表示为

$$x = x_物 + x_化 \approx x_化 \tag{2-9}$$

在假设条件下，化学反应方程式可表示为

$$nA + mB = kC + lD + \cdots \tag{2-10}$$

或

$$A + \frac{m}{n}B = \frac{k}{n}C + \frac{l}{n}D + \cdots \tag{2-11}$$

式中　　$A$——被溶解的气体；

$B$——化学吸收剂；

$C$、$D$——反应过程中的产物；

$n$、$m$、$k$、$l$——化学计量系数。

根据假设条件②，可用反应组分的浓度来表述平衡常数。假设平衡时，物质 $A$ 反应掉 $x\text{mol}$，化学试剂 $B$ 的起始浓度为 $[B_0]$，则

$$K_p = \frac{\left(\frac{k}{n}x\right)^{k/n}\left(\frac{l}{n}x\right)^{l/n}\cdots}{x_\varphi\left([B_0] - \frac{m}{n}x\right)^{m/n}} = i\frac{x^h}{x_\varphi([B_0] - jx)^j} \tag{2-12}$$

$$i = (k/n)^{k/n}(l/n)^{l/n}\cdots$$

$$h = (k + l + \cdots)/n$$

式中　　$K_p$——反应平衡常数；

$x_\varphi$——与平衡浓度有关的修正因子；

$i$、$j$、$h$——与溶解的气体和化学吸收剂反应时化学计量比有关的系数。

系数 $h$ 是 $1\text{mol}$（离子）参加反应的气体生成的反应产物总摩尔数（或离子数）。同样，系数 $j$ 是 $1\text{mol}$（离子）溶解气体反应的化学吸收剂的摩尔数（离子数）。如果第一个条件是正确的，则系数 $i$，$j$，$h$ 是整数。

利用物理溶解的气体的平衡常数，可将式（2-12）转化为气相平衡条件的方程式，即

$$x_物 = \frac{p_A}{K_物} = \frac{p_A}{K_亨}$$

则

$$p_A = K_物\frac{ix^h}{K_p([B_0] - jx)^j} = K\frac{x^h}{([B_0] - jx)^j} \tag{2-13}$$

式中　　$p_A$——气体分压。

在这些假设条件下，$K$ 的大小只与温度有关，并且说明了包括气-液的物理平衡和溶解的气体与化学吸收剂的化学平衡的气-液平衡的特征。因为

$$K_物 = A_1 e^{-\Delta H_1/RT}$$

$$K_p = A_2 e^{-\Delta H_2/RT} \tag{2-14}$$

式中　　$A_1$——与气体溶解时的物理平衡常数 $K_物$ 相关的指前因子；

　　　　$A_2$——与气体溶解时的化学平衡常数 $K_p$ 相关的指前因子；

　　$\Delta H_1$、$\Delta H_2$——气体溶解时与化学反应时的热熔的变化。

则

$$K = i \frac{K_物}{K_p} = (A_1 - A_2) e^{-\Delta H/RT} \tag{2-15}$$

式中　　$\Delta H$——在伴随有化学反应的气体溶解时热熔的总变化。

引入化学吸收剂的利用率 $\eta = x/[B_0]$（饱和度，反应的进行程度），则式（2-13）可写为

$$p_A = K \frac{(\eta[B_0])^h}{([B_0] - j\eta[B_0])^j} = K[B_0^{h-j}] \frac{\eta^h}{(1-j\eta)^j} \tag{2-16}$$

这样，在化学吸收时，在气液平衡方程式中引入的常数不少于 3 个。这些常数可用独立的方法来测定（基于有关反应平衡的机理和常数的数据，以及在吸收剂中气体的物理溶解度数据），或直接从处理气体在此系统中化学溶解度的试验数据而取得。

从式（2-13）与式（2-16）可知，当 $K$ 与 $[B_0]$ 值相等时，过程的化学计量对平衡线曲率的影响很大。所以，$h$ 值高（$h>1$）的化学吸收剂，在降低压力时再生较差，但对在精细净化与起始气体的分压低时则是有利的。

由式（2-13）可见，在溶液中气体浓度 $x$ 相同的条件下，化学吸收剂的浓度 $[B_0]$ 增大，将导致溶液面上的气体分压降低。但是如式（2-16）所示，在同一 $\eta$ 值时，按照系数 $h-j$ 的符号，化学吸收剂浓度的影响可以是不同的。

当 $x \to 0$ 时，式（2-13）可写为

$$p_A = \frac{iK_亨}{K_p} \frac{x^h}{[B_0^j]} = K_化 x^h \tag{2-17}$$

则式（2-16）可变换为

$$p_A = K[B_0^{h-j}] \eta^h \tag{2-18}$$

由式（2-18）可得出，在化学吸收时，当 $x \to 0$ 的情况下，只有当 $h=1$，也即从 1mol（离子）参加反应的气体生成 1mol（离子）的反应产物时，亨利定律仍然适用。在很多情况下，试验数据可以很好地用式（2-13）的形式来描述，在式中引入的系数 $i$、$h$ 和 $j$ 为整数。在较复杂的条件下，当在吸收过程中进行两个或几个连续的或平行的反应时，系数 $i$、$h$ 和 $j$ 可能是分数，并同 $x_化$ 有关。但在所有情况下，它们的物理意义仍然是不变的，而且反映了反应组分间的化学计量关系。

只有在考虑了 $K_物/K_p$ 与溶液组成的关系时，才可利用式（2-13）进行精确的计算，因为在式（2-12）与式（2-13）中，对真实溶液不应当引入溶液组分的浓度，而应当引入

$a_物$、$a_B$、$a_C$、$a_D$ 不同化学物质的活度。真实溶液的方程式为

$$K_{p,T} = \frac{\left(\dfrac{k}{n}a_C\right)^{k/n}\left(\dfrac{l}{n}a_D\right)^{l/n}}{a_物(a_B)^{m/n}} \tag{2-19}$$

式中　$K_{p,T}$——平衡的热力学常数。

因为 $a_i = \gamma_i x_i$，则有

$$p_A = \frac{K_物 i}{K_p} \frac{x_化^h}{([B_0]-jx)^j} \frac{\gamma^{k/n}\gamma^{l/n}}{\gamma_B^j} = \frac{K_物 K_\gamma}{K_p} \frac{x_化^h}{([B_0]-jx)^j} \cdots \tag{2-20}$$

$$K_\gamma = \frac{\gamma^{k/n}\gamma^{l/n}}{\gamma_B^j}$$

式中　$a_i$——$i$ 物质的活度；

$\gamma_i$——$i$ 物质的活度系数；

$x_i$——物质的摩尔分数。

对式（2-13）与式（2-20）所做的比较表明，当溶液各组分活度系数的变化是相互补偿的时候，即当 $\gamma \neq 1$ 而 $K_\gamma$ 也可以是一个常数值时，这两个计算式可以是一致的。$K_物$ 与 $x$ 和 $B$ 的关系也在化学吸收时对气体溶解度有附加影响，即

$$K_物 = K_亨 \mathrm{e}^{(ax+bB)} \tag{2-21}$$

气-液系统的平衡与压力、温度的关系曲线如图 2-1 所示。各种化学（曲线 1 与曲线 2）与物理（曲线 3 与曲线 4）吸收剂溶液面上溶解气体的分压与气体溶解度的特性关系曲线如图 2-1a 所示。气体压力与温度的特性（定性的）关系曲线（在溶解度恒定时）如图 2-1b 所示。

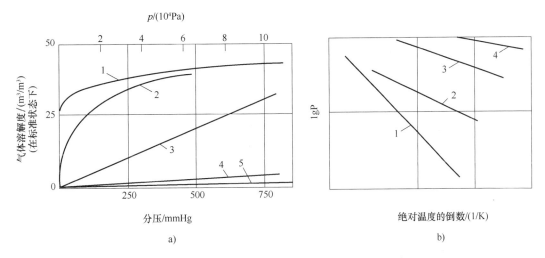

**图 2-1　气-液系统的平衡与压力、温度的关系曲线**

a）气体溶解度与分压的关系　b）液面上气体分压与绝对温度倒数的关系

1—在 20℃时，$CO_2$ 在 2.5 当量溶解度的乙醇胺溶液中（化学吸收）　2—在 60℃时，$CO_2$ 在 25% $K_2CO_3$+10%二乙醇胺溶液中（化学吸收）　3—在 25℃时，乙炔在二甲基甲酰胺中（物理吸收）　4—在 25℃时，$CO_2$ 在碳酸丙烯酯中（物理吸收）　5—在 20℃时，$CO_2$ 在水中（物理化学吸收）

在化学吸收剂实际上与被吸收的物质完全反应后（$j\alpha \rightarrow 1$），气体的溶解度只是靠物理吸收，才随压力增大而继续上升。与物理吸收不一样，在化学吸收时溶解热 $\Delta H$ 很大，可高达 $83.3 \sim 125.8 \text{kJ/mol}$；相应地，溶解度与温度的关系很大。气体溶解度越小，摩尔溶解热就越大，因此在再生的溶剂中的气体溶解度低时，溶液面上的气体压力随温度的降低而急剧减少。与物理吸收相比，化学吸收可以达到更精细的净化，因此精细净化时采用化学吸收更为有效。化学吸收剂的吸收容量一般与压力的关系不大。因此，当气体杂质溶解度不大时采用化学吸收剂就更为有利。从以上所述情况得出：进行化学吸收剂再生的最好方法主要是提高温度，而不是降低压力。后者对"强"的化学吸收剂（即当 $\Delta H$ 和 $K_p$ 值最大时）最为正确。随着 $\Delta H$ 和 $K_p$ 值的减小，化学吸收剂的性质接近于物理化学吸收剂，工艺配置的特点也相应地改变。

## 2.2 二氧化碳吸附理论

### 2.2.1 吸附过程

在固体表面上的分子力处于不平衡或不饱和状态时，固体颗粒会将与其接触的气体或液体溶质吸引到其表面，从而使其残余力得到平衡，这种在固体表面进行物质浓缩的现象，称为吸附。气体吸附是利用多孔性的固体颗粒，将一种或几种气体组分吸附在固体颗粒表面，将有害气体净化及分离，其中用于吸附的固体颗粒称为吸附剂，被吸附的气体分子称为吸附质。气体吸附的原理是在不同温度、压力等操作条件下，利用多孔固体颗粒对吸附气体性质、化学反应性质、吸附质传质速率的不同来净化与分离气体的方法。气体吸附技术由于成本低、脱附效率高、富集功能强等优点，也可用于 $CO_2$ 的间接捕集，可将混合气体中的 $CO_2$ 与其他气体组分（如 $N_2$、$O_2$、$SO_2$ 等）选择性分离，从而达到吸附 $CO_2$ 的目的。

当气体与固体表面接触时，固体表面上气体的浓度高于气相主体浓度的现象称为气体吸附现象。固体表面上气体浓度随时间延长而增大的过程，称为吸附过程，而在固体表面上气体浓度随时间延长而减少的过程，称为脱附过程。当吸附与脱附过程的速率相等时，固体表面上气体浓度不随时间而改变，这种动态平衡称为吸附平衡，此时固体表面将同时存在吸附和脱附现象。吸附速率和吸附平衡的状态与温度及压力有关，当在恒定温度下进行的吸附过程称为等温吸附，而在恒定压力下进行的吸附过程称为等压吸附。吸附过程是非均相过程，一相为流体混合物，另外一相为固体吸附剂，当气体分子从气相吸附到固体表面时，分子的吉布斯自由能会降低，与未被吸附前相比，分子的熵也将降低。因此，吸附过程必然是一个放热的过程，所放出的热被称为该物质在此固体表面上的吸附热。

根据吸附过程中吸附气体分子与固体表面吸附时的结合力不同，可将吸附分为物理吸附和化学吸附。物理吸附是通过吸附质分子与固体吸附剂分子之间分子作用力，即主要是范德华力（Van der Waals Force）的作用下产生的吸附。化学吸附是通过吸附分子与固体吸附剂表面间的化学作用，即电子交换与转移、原子重排、化学键的形成或破坏而产生的吸附。由于物理吸附和化学吸附的作用力本质不同，在吸附热、吸附速率、吸附活化能、吸附温度、吸附选择性等方面表现出一定差异。物理及化学吸附的特性比较见表 2-2。

表 2-2　物理及化学吸附的特性比较

| 特性 | 物理吸附 | 化学吸附 |
|---|---|---|
| 吸附推动力 | 范德华力 | 化学键力 |
| 吸附热 | 接近凝聚热，4~40kJ/mol | 接近化学反应热，40~800kJ/mol |
| 吸附速率 | 不需要活化，受扩散控制，速率快 | 需经活化，克服能垒，低温速率慢，高温速率快 |
| 活化能 | 约等于凝聚热 | 大于或等于化学吸附热 |
| 温度 | 低于或接近吸附质沸点 | 取决于活化能，高于气体沸点 |
| 选择性 | 选择性差 | 有选择性，与吸附质和吸附剂的特性有关 |
| 吸附层数 | 多层 | 单层 |
| 可逆性 | 可逆 | 可逆或不可逆 |
| 吸附态光谱 | 吸附峰的强度变化或波数位移 | 出现新的特征吸收峰 |

## 2.2.2　物理吸附原理

### 1. 作用力和吸附能

物理吸附主要与范德华力（范德华力也被称为分散-排斥力）和静电力有关，主要源于极化、偶极、四极和更高极等的相互作用。范德华力可出现在各种系统中，而静电力则只在带有电荷的系统中出现，如沸石、金属有机骨架化合物以及带有表面官能团和表面缺陷的吸附剂等。两个隔离系统之间的分散-排斥力可通过考虑它们之间每种相互作用及其固有势能来评估。例如，距离为 $r$ 的两个隔离系统，因色散力而产生的引力势能 $\Phi_D$ 为

$$\Phi_D = -\frac{A_1}{r^6} - \frac{A_2}{r^8} - \frac{A_3}{r^{10}} \tag{2-22}$$

式中　$A_1$、$A_2$、$A_3$——常数。

第一、二、三项分别代表瞬时诱导偶极、诱导偶极-诱导四极，以及诱导四极-诱导四极等相互作用。当两个系统相互靠近时，会出现短程斥力能 $\Phi_R$，$\Phi_R$ 与系统的有限尺寸有关，可用半经验公式表示为

$$\Phi_R = -\frac{B}{r^{12}} \tag{2-23}$$

通常，忽略更高阶色散能对总分散-排斥能的影响，总分散-排斥能公式就可精简为著名的伦纳德-琼斯势函数（Lennard-Jones potential），即

$$\Phi_{LJ} = 4\varepsilon\left[\left(\frac{\sigma}{r}\right)^{12} - \left(\frac{\sigma}{r}\right)^6\right] \tag{2-24}$$

在式（2-24）中，力常数 $\varepsilon$ 和 $\sigma$ 是温度、压力和物质种类的函数。在用伦纳德-琼斯势函数计算两个不同系统之间的相互作用势能时，其参数可用平均值代替，更具体地说，常数 $\varepsilon$ 可取两个系统的几何平均值，而 $\sigma$ 则可取它们的算术平均值，计算如下：

$$\begin{cases} \varepsilon_{12} = \sqrt{\varepsilon_1 \varepsilon_2} \\ \sigma_{12} = \dfrac{1}{2}(\sigma_1 + \sigma_2) \end{cases} \tag{2-25}$$

除分散-排斥能外，带电荷的系统（如金属有机骨架化合物和沸石）中还存在静电力。在带电荷的系统中，界面附近存在重要的电场，额外的能量贡献来自于电场极化（$\Phi_P$）、电场偶极（$\Phi_\mu$）和电场梯度-四极矩（$\Phi_Q$）等相互作用，其计算公式为

$$\begin{cases} \Phi_P = -\dfrac{1}{2}\alpha E^2 \\ \Phi_\mu = -\mu E \\ \Phi_Q = \dfrac{1}{2}Q\dfrac{\partial E}{\partial r} \end{cases} \tag{2-26}$$

式中　$E$——电场强度；

　　　$\alpha$——极化度；

　　　$\mu$——偶极矩；

　　　$Q$——四极矩。

偶极矩

四极矩的定义为

$$Q = \frac{1}{2}\int q(\rho,\theta)(3\cos^2\theta - 1)\rho^2 \mathrm{d}V \tag{2-27}$$

在式（2-27）中，$q(\rho,\theta)$ 为点 $(\rho,\theta)$ 上的局部电荷密度，在整个系统内包括作为系统中心的原点，对局部电荷密度进行积分即得到四极矩。带电荷的系统如沸石和金属有机骨架化合物，其总的势能为分散-排斥能和静电作用能之和，即

$$\Phi = \Phi_D + \Phi_R + \Phi_P + \Phi_\mu + \Phi_Q + \Phi_S \tag{2-28}$$

式中　$\Phi_S$——高覆盖率界面上，吸附质-吸附质相互作用对能量的贡献。

伦纳德-琼斯势函数的参数可通过量子化学的理论计算得到，也可通过试验对理想气体状态方程的偏差进行分析得到。理想气体状态方程基于第二维利系数 $B(T)$，其表达式为

$$\frac{P\widetilde{V}}{RT} = 1 + \frac{B(T)}{\widetilde{V}} + \frac{C(T)}{\widetilde{V}^2} + \cdots \tag{2-29}$$

式（2-29）是著名的维利状态方程（Virial Equation of State），$B(T)$ 代表它与理想气体状态方程的第一个偏差；$\widetilde{V}$ 是摩尔体积，含了气体分子对的相互作用导致的与理想气体状态的偏差。两个轴对称分子（分子 1 和分子 2）的电荷分布如图 2-2 所示，$\xi$ 是分子 1 和分子 2 轴平面与它们中心线之间的角度。分子 1 和分子 2 的相互作用势能 $\mu_{12}$ 可由式（2-22）和式（2-23）相加得到，也可按伦纳德-琼斯势函数式（2-24）计算得到。如果 $\mu_{12}$ 是两个轴对称分子之间的相互作用势能，则 $B(T)$ 的经典统计力学表达式为

$$B(T) = \frac{N_A}{4}\int_0^\infty R^2\mathrm{d}R\int_0^\pi \sin\theta_1\mathrm{d}\theta_1\int_0^\pi \sin\theta_2\mathrm{d}\theta_2\int_0^{2\pi}\mathrm{d}\xi(1 - \mathrm{e}^{-\mu_{12}/kT}) \tag{2-30}$$

式中　$N_A$——阿伏加德罗常数。

**图 2-2**　两个轴对称分子的电荷分布（箭头方向为偶极方向）

伦纳德-琼斯势函数的参数也可通过试验即测试气体的传输特性如黏度和热导来获得。有效的分离行为是通过 $CO_2$ 与界面的优先相互作用发生，而这种相互作用的差异则由界面极性或反应性所决定。多孔且孔相互连通的固体颗粒具有大的比表面积，这是进行大体积气体分离所必须具备的条件，典型的吸附剂材料如金属有机骨架化合物，其比表面积为 $500 \sim 6200 m^2/g$。除直接的表面接触外，有效的分离行为也可基于混合气体中各组分气体在吸附剂中扩散速率的不同而进行，组分气体扩散速率的差异主要因其分子量或动力学直径不同而产生。值得指出的是，吸附除可分离混合气体中的 $CO_2$ 外，还可选择性分离其他组分气体。典型的混合气体其组分包括 $N_2$、$O_2$ 和 $CH_4$，由于 $CO_2$ 的四极矩较上述气体均大，导致其反应性较强，易于成为选择性捕集的目标。常见气体的动力学性能和静电性能见表 2-3。这些性能参数可作为气体能否通过吸附或在吸附剂床中扩散而分离的判断标准。$CO_2$ 的动力学直径与大多数组分气体相似，这就意味着仅凭分子大小的差异很难将 $CO_2$ 和 $N_2$ 分开。偶极矩、四极矩和极化度三个参数则在一定程度上反映了 $CO_2$ 的反应性。值得指出：$CO_2$ 的四极矩比大多数气体大，因此，可利用沸石吸附剂将 $CO_2$ 从 $N_2$ 中高效分离。此外，在烟气中还有摩尔体积占 $8\% \sim 10\%$ 的蒸汽，从表 2-3 可看出，蒸汽具有非常大的偶极矩，但 $CO_2$ 不具有，这也是沸石类和金属有机骨架化合物吸附剂对 $CO_2$ 的选择性很难高于水的原因。这些体系中的吸附机理主要是基于电荷的选择性。

表 2-3　常见气体的动力学性能和静电性能

| 分子 | 动力学直径/nm | 偶极矩/D | 四极矩/($10^{-40}C \cdot m^2$) | 极化度/($10^{-24}cm^3$) |
|---|---|---|---|---|
| $CO_2$ | 0.330 | 0 | -13.71, -10.0 | 2.64, 2.91, 3.02 |
| $N_2$ | 0.364 | 0 | -4.91 | 0.78, 1.74 |
| $O_2$ | 0.346 | 0 | -1.33 | 1.57, 1.77 |
| $H_2O$ | 0.280 | 1.85 | 6.67 | 1.45, 1.48 |
| $SO_2$ | 0.360 | 1.63 | -14.6 | 3.72, 3.89, 4.28 |
| NO | 0.317 | 0.16 | -6.00 | 1.7 |
| $NO_2$ | 0.340 | 0.316 | 未知 | 3.02 |
| $NH_3$ | 0.260 | 1.47, 5.10 | -7.39 | 2.22, 2.67, 2.81 |
| HCl | 0.346 | 1.11, 3.57 | 13.28 | 2.63, 2.94 |
| CO | 0.376 | 0.11, 0.37 | -8.33, -6.92 | 1.95, 2.19 |

（续）

| 分子 | 动力学直径/nm | 偶极矩/D | 四极矩/($10^{-40}$C·m$^2$) | 极化度/($10^{-24}$cm$^3$) |
|---|---|---|---|---|
| $N_2O$ | 0.317 | 0.16，0.54 | −12.02，−10.0 | 3.03，3.32 |
| Ar | 0.340 | 0 | 0 | 1.64，1.83 |
| $H_2$ | 0.289 | 0 | 2.09，2.2 | 0.81，0.90 |
| $CH_4$ | 0.380 | 0 | 0 | 2.6 |

注：$1D = 3.3×10^{-30}$C·m。

**2. 吸附等温线**

在恒定温度下，平衡吸附量取决于气体的压力，随着压力的增加，吸附量增大。恒温下吸附量随压力而变化的曲线称为等温吸附曲线。等温吸附曲线可以反映固体表面及内部的吸附特性，从而确定出固体吸附剂的比表面积、孔体积及孔径分布。国际纯粹与应用化学联合会（简称为 IUPAC）对孔径的分类见表 2-4。微孔的吸附机理与直径大于 2nm 的孔不同，在微孔中，吸附受 $CO_2$ 与界面的相互作用所支配，同时孔壁-孔壁相互作用在吸附过程中也起着重要的作用。在介孔中，流体与流体之间的相互作用显得尤为重要，它可导致毛细发生冷凝现象，孔中的冷凝是指气体在低于其主体流体饱和压力的情况下形成类液相的现象。在大孔中，流体-孔壁的相互作用影响较小，在给定的温度和压力下，孔中流体的密度与其体密度相等。

表 2-4 IUPAC 对孔径的分类

| 类型 | 孔径/nm |
|---|---|
| 微孔 | <2 |
| 介孔 | 2～50 |
| 大孔 | >50 |

1985 年，IUPAC 对吸附等温线的分类如图 2-3 所示。Ⅰ型等温线一般由微孔吸附剂产生，为可逆等温线，仅限于单层吸附或者非常少分子层的吸附。该等温线在低压区域处气体吸附量有快速增长的现象，主要归因于微孔填充；随后等温吸附线出现水平或近水平平台，表明微孔已经充满，没有或几乎没有进一步的吸附发生，最后达到饱和压力时，可能出现吸附质凝聚现象。对于Ⅰ型等温线的材料来说，孔径的大小会导致等温线产生一定的差异，其中Ⅰ（a）为孔径尺寸小于 1nm 的微孔材料；Ⅰ（b）型为微孔材料及孔径尺寸小于 2.5nm 的介孔材料。Ⅱ型等温线由非孔或大孔吸附剂产生的，为多层吸附，B 处的拐点表示单层吸附已完成，而多层吸附即将开始。Ⅲ型等温线的特征曲线向特征压力轴凸出，这种等温线在非孔或大孔固体上发生弱的气-固相互作用时出现，一般不常见。Ⅳ型等温线常发生在介孔吸附剂上，具有典型的滞后回线，这归因于孔中的毛细冷凝现象。等温线上初始阶段的平台特征与Ⅱ型等温线类似，它们均表示此阶段为单层吸附；而第二个平台则代表多层吸附的上限；等温线出现滞后是因为孔中发生大量不可逆冷凝所致。Ⅴ型等温线同时表现出了冷凝和

滞后现象；第一阶段的吸附现象与Ⅲ型等温线类似，该阶段，流体-界面的相互作用较弱；第二阶段的吸附现象与Ⅳ型等温线类似，该阶段，远离孔表面的流体-流体相互作用起着显著的作用。Ⅵ型等温线代表了一种逐步吸附过程，吸附过程中存在"气-液-固"和"公度-无公度"等连续的二维相变，氩气和氪气于77K时在石墨表面吸附，属于上述情况。

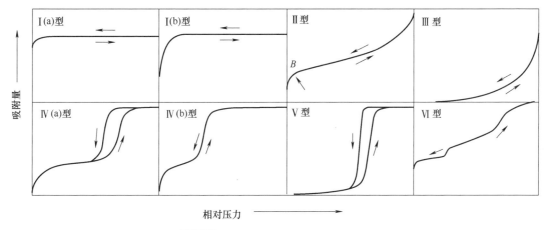

**图 2-3　IUPAC 对吸附等温线的分类**

### 3. 回滞环

脱附曲线是剩余吸附量对压力的曲线，如果脱附是完全的，那么吸、脱附曲线完全重合，如果脱附是不完全的，也就是剩余的吸附量大于相同压力时的吸附量时，脱附曲线就会滞后于吸附曲线，一般当相对压力下降至 0.4bar 以下时，滞后现象消失，吸附、脱附曲线又重合到一起，因此形成回滞环。回滞环产生的原因归结为孔的作用，如果吸附剂被吸附到孔中时，阻力比较小，吸附过程容易进行，当压力下降时，脱附出来阻力较大，则脱附不完全，要到更低的压力下才能脱附出来，这就产生回滞环，回滞环的形状与孔的结构有关。吸附等温线的回滞环类型如图 2-4 所示。

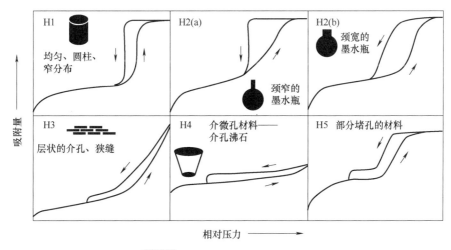

**图 2-4　吸附等温线的回滞环类型**

**4. 吸附等温方程**

（1）朗缪尔（Langmuir）方程　朗缪尔方程式是朗缪尔在20世纪初推导出的等温吸附理论公式。吸附理论假定：①吸附仅是单分子层的；②气体分子在吸附剂表面上吸附与脱附呈动态平衡；③吸附剂表面性质均匀，被吸附的分子之间相互不受影响；④气体的吸附速率与该气体在气相中的分压成正比。根据上述假设，可推导出朗缪尔方程式，即

$$\theta = \frac{ap}{1+ap} \tag{2-31}$$

式中　$\theta$——吸附质对吸附剂表面的覆盖率；

$p$——气体分压；

$a$——吸附系数，是吸附作用的平衡常数。

朗缪尔等方程的另一种形式为

$$V = \frac{V_m ap}{1+ap} \tag{2-32}$$

式中　$V_m$——单分子层覆盖满（$\theta=1$）时的吸附量；

$V$——气相分压$p$下的吸附量。

当压力很低或吸附很弱时，$ap \ll 1$，式（2-32）变为$V = V_m ap$。由朗缪尔方程式得到的结果与许多试验现象相吻合，它能够解释许多试验结果。因此，它仍是常用的、基本的方程式。但在很多体系中，朗缪尔等方程不能在比较大的$\theta$范围内与试验结果相吻合。

（2）弗罗因德利希（Freundlich）方程

$$q = \frac{x}{m} = kp^{\frac{1}{n}} \tag{2-33}$$

式中　$q$——被吸附气体的质量与吸附剂质量的比值；

$p$——平衡时的气体分压；

$m$——吸附剂的质量；

$x$——被吸附气体的质量。

$k$、$n$——经验常数，在一定温度下，对一定体系而言是常数，$k$和$n$随温度变化而变化。

对（2-33）取对数，即

$$\ln q = \ln k + \frac{1}{n} \ln p \tag{2-34}$$

以$\ln q$对$\ln p$作图可得一条直线，由直线斜率和截距可获得$k$及$n$的试验值。弗罗因德利希方程式只是一个经验式，它所适用的$\theta$范围比朗缪尔方程式的要大些，可用于未知组成物质的吸附，如有机物或矿物油的脱色，通过试验来确定常数$k$与$n$。有资料认为它在高压范围内不能很好地吻合试验值。

（3）BET方程　由于朗缪尔的单分子层吸附理论及其等温方程对中压和高压物理吸附不能很好地吻合，在其基础上发展了BET理论。它除了接受朗缪尔理论的几条假定，即固体表面是均匀的，被吸附分子不受其他分子影响，吸附与脱附在吸附剂表面达到动态平衡等以外，还认为在吸附剂表面吸附了一层分子以后，由于范德华力的作用还可以吸附多层分子，但第一层与以后的各层有不同：①多层吸附中，除第一层是吸附质分子与固体表面分子

间作用，发生了松懈的化学反应外，其余各层则是相同分子间的范德华力作用；②第一层吸附热类似于反应热，其余各层的吸附热约等于它的液化热；③吸附过程中，不等上一层饱和就可以进行下一层吸附，各吸附层间存在着动态平衡。同一层分子之间无任何影响，吸附层次可以是无限的。吸附达平衡后，吸附总量 $V$ 为

$$V = V_m \frac{Cp}{(p_0 - p)\left[1 + (C-1)\dfrac{p}{p_0}\right]} \tag{2-35}$$

式中　$V$——压力为 $p$ 时的吸附总量；

　　　$V_m$——吸附剂表面为单分子层铺满时的吸附量；

　　　$p_0$——实际温度下气体的饱和蒸气压；

　　　$C$——气体有关的常数。

为了使用方便，式（2-35）可以改写为

$$\frac{p}{V(p_0 - p)} = \frac{1}{V_m C} + \frac{(C-1)p}{V_m C p_0} \tag{2-36}$$

或

$$\begin{cases} V = \dfrac{V_m C x}{1-x} \cdot \dfrac{1}{1+(C-1)x} \\ x = \dfrac{p}{p_0} \end{cases} \tag{2-37}$$

以 $\dfrac{p}{V(p_0 - p)}$ 对 $\dfrac{p}{p_0}$ 作图，可得斜率为 $\dfrac{C-1}{V_m C}$、截距为 $\dfrac{1}{V_m C}$ 的直线，由此可得 $V_m$ 与 $C$ 之值，并可进一步计算出吸附剂的比表面积。很多试验证明，当比压 $p/p_0$ 在 0.05 ~ 0.35 范围内时，BET 公式是比较准确的。当气体的分压很小（$p \ll p_0$），除了第一层外各层的吸附均可忽略不计时，$C \gg 1$，则式（2-36）可变为

$$\frac{p}{V p_0} = \frac{1}{V_m C} + \frac{p}{V_m p_0} = \frac{1}{V_m}\left(\frac{p_0 + Cp}{C p_0}\right) \tag{2-38}$$

整理后，可得

$$\frac{V}{V_m} = \frac{\dfrac{C}{p_0}p}{1 + \dfrac{C}{p_0}p} \tag{2-39}$$

若将 $\dfrac{C}{p_0}$ 记为 $a$，$\dfrac{V}{V_m}$ 记为 $\theta$，则式（2-39）具有式（2-31）的形式，说明 BET 式在低压下可以与朗缪尔等温式一致。

## 2.2.3　化学吸附原理

在化学吸附过程中，有共价键形成，这就增加了一种可能性，即共价键形成过程中所释放的热可能影响吸附剂的吸附。无纲量参数蒂勒模数（Thiele modulus）$\phi$ 或 Jittner 模数被专

门用来描述孔中反应与扩散的相对速率，蒂勒模数定义式为

$$\phi = R_p \sqrt{\frac{k}{D_e}} \tag{2-40}$$

式中　$R_p$——吸附剂颗粒的半径；

　　　　$D_e$——有效扩散系数；

　　　　$k$——本征反应速率常数，它与表面速率常数 $k_s$ 相关，即 $k = sk_s$，其中 $s$ 为每单位体积吸附剂颗粒的表面积。

蒂勒模数可从微孔颗粒壳元素的稳态质量平衡的微分方程推导得到：

$$\frac{d^2c}{dr^2} + \frac{2}{r}\frac{dc}{dr} = \frac{k}{D_e}c \tag{2-41}$$

假设有效扩散系数与浓度无关，将式（2-40）代入式（2-41），就可把式（2-41）转化成无纲量的形式，即

$$\frac{d^2C}{dR^2} + \frac{2}{R}\frac{dC}{dR} = \frac{R_p^2 k}{D_e}C = \phi^2 C \tag{2-42}$$

在式（2-42）中，$C = c/c_0$，$R = r/R_p$，$\phi$ 为蒂勒模数。当边界条件为 $r = R_p \rightarrow R = 1.0$；$c = c_0 \rightarrow C = 1.0$；$r = 0 \rightarrow R = 0$，$dc/dr = dC/dR = 0$，可得到一个相对简单的解，即

$$C(R) = \frac{c(r)}{c_0} = \frac{\sinh(\phi R)}{R\sinh\phi} \tag{2-43}$$

扩散物浓度取决于它在孔中的扩散深度。为研究扩散对反应速率的影响，我们将孔中的平均反应速率与无扩散影响时平均反应速率的比值定义为有效因子。若从数学的角度讲，有效因子 $\eta$ 定义式为

$$\eta = \int_{R=0}^{R_p} \frac{4\pi R_2 C(R)\,dR}{\left(\frac{4}{3}\pi R_p^3\right)c_0} \tag{2-44}$$

将式（2-43）代入式（2-44）并进行积分，可得

$$\eta = \frac{3}{\phi}\left(\frac{1}{\tanh\phi} - \frac{1}{\phi}\right) \tag{2-45}$$

当蒂勒模数较小时，有效因子接近 1，导致颗粒浓度随深度的变化较小，意味着反应速率受动力学控制而非扩散控制。当蒂勒模数较大时，反应物浓度在颗粒表面显著降低，在颗粒中心则接近零，导致反应速率受扩散限制。由式可看出，蒂勒模数与颗粒的半径成正比，因此，颗粒越大（$\phi \rightarrow \infty$），扩散对吸附行为的影响就越显著，而颗粒越小（$\phi \rightarrow 0$），反应对吸附行为的影响则越显著。在物理吸附过程中，由于吸附机理不受活化能控制，因此，颗粒内的扩散阻力在吸附过程中起着重要作用。

## 2.2.4　吸附热力学

在吸附过程中的热效应称为吸附热。物理吸附过程的热效应相当于气体凝聚热，其值较小，在 4~40kJ/mol 范围内；化学吸附过程的热效应相当于化学键能，其值较大，在 40~800kJ/mol 范围内。固体在等温、等压条件下吸附气体是一个自发过程，$\Delta G < 0$，气体从三维运动变成吸附态的二维运动，熵减少，$\Delta S < 0$，$\Delta H = \Delta G + T\Delta S$，$\Delta H < 0$。因此，吸附是放热过

程，但是人们习惯上把吸附热都取为正值。

**1. 吸附热的分类**

（1）积分吸附热　在等温条件下，一定量的固体吸附一定量的气体所放出的热，用 $Q$ 表示。积分吸附热实际上是各种不同覆盖度下吸附热的平均值。

（2）微分吸附热　在吸附剂表面吸附一定量气体 $q$ 后，再吸附少量气体 $dq$ 时放出的热 $dQ$ 用公式表示吸附量为 $q$ 时的微分吸附热为 $\left(\dfrac{\partial Q}{\partial q}\right)T$。

**2. 吸附热的测定**

（1）直接用试验测定　在高真空体系中，先将吸附剂脱附干净，然后用精密的量热计测量吸附一定量气体后放出的热量。这样测得的是积分吸附热。

（2）从吸附等量线求算　在一组吸附等量线上求出不同温度下的 $\left(\dfrac{\partial Q}{\partial q}\right)T$ 值，再根据克劳修斯-克莱贝龙方程，可得

$$\left(\frac{\partial \ln p}{\partial T}\right)_q = \frac{Q}{RT^2} \tag{2-46}$$

式中　$Q$——某一吸附量时的等温吸附热，近似地看作微分吸附热；

$\quad\quad p$——气体压力；

$\quad\quad T$——吸附温度；

$\quad\quad R$——通用气体常数。

（3）色谱法　用气相色谱技术测定吸附热。

## 2.2.5　吸附动力学

**1. 孔中扩散行为**

吸附法从混合气体中捕集 $CO_2$ 时，为达到最佳的吸附容量和吸附活性，吸附剂往往需要具有较高的表面积，这进一步要求吸附剂在微孔或介孔范围内具有非常丰富的孔结构。基于各种扩散机理的传输在孔中进行，而扩散机理又取决于孔径。因此，理解这些扩散机理对 $CO_2$ 吸附剂的设计显得尤为必要。将孔分为微孔、介孔和大孔主要是根据控制每种孔吸附机理的作用力不同而区分的。在微孔中，表面作用力是最主要的，流体颗粒即使在孔的中心也逃不脱表面作用力场的作用。在介孔中，毛细管作用力变得越来越重要。而大孔则对吸附剂的吸附容量几乎不起作用，仅在主体流动的传输过程中起主要作用。由于流体分子的大小与微孔大小相当，因此，空间位阻（Steric Hindrance）在微孔的吸附过程中也起着重要作用，它使流体的扩散变成一个活化的过程。在此过程中，相邻势阱（Potential Well）所对应的流体分子在一定活化能的作用下可吸附在界面上。在介孔中，努森扩散（Knudsen Diffusion）起着主要作用，流体-界面的相互作用较流体-流体的相互作用发生得更频繁，即使在介孔中，表面扩散和毛细作用可能同时影响着流体的传输。对较大的孔而言，孔表面的作用相对较小，流体颗粒之间的相互作用发生的频率远大于流体与界面的相互作用，所以大孔中的扩散主要是体扩散或分子扩散机理。

圆柱孔模型有助于分析各种扩散机理，但必须注意，真实的孔系统主要由连通孔形成的任意取向的三维网络结构组成，除具有微晶有序结构的物质，如金属有机骨架化合物和沸石外，这些连通孔在形状、直径和取向上都各不相同。微孔中的传输主要受表面扩散控制，并受流体颗粒在孔中的空间位阻影响。介孔和大孔中的扩散机理主要包括分子扩散、努森扩散和泊肃叶流（Poiseuille Flow）。当孔的直径大于流体颗粒的平均自由程时，扩散分子间的相互作用大于分子与孔壁之间的相互作用，因此，降低了边界效应对传输的影响。在该情况下，圆柱孔的扩散系数必定与分子扩散系数 $D_m$ 相同。在介孔中，平均自由程与孔的直径相当，导致流体颗粒与孔壁之间的碰撞增加。当流体颗粒撞击孔壁时，孔表面原子或分子与组成流体颗粒的原子或分子之间存在能量交换，以致流体颗粒从孔表面以任意方向回弹。在该情况下，努森扩散和分子扩散可忽略不计，因为流体颗粒与孔壁之间的动量交换远大于流体颗粒之间的动量交换。在温度 $T$ 下，半径为 $r$ 的孔中，流体颗粒的努森扩散系数 $D_K$ 与流体分子量 $M$（单位为 g/mol）的关系可近似表示为

$$D_K = 9700r\sqrt{\frac{T}{M}} \tag{2-47}$$

很显然，努森扩散与压力无关（因为其扩散机理不取决于分子碰撞），而仅与温度有一定的关系。二元混合气体（A 和 B）在中孔的过渡区中扩散时，流体颗粒之间，以及流体颗粒与孔壁之间的动量交换同时起作用。以下的公式表示总扩散系数 $D$、努森扩散系数及来自各组分气体分子的扩散系数 $D_{AB}$ 之间的关系：

$$\frac{1}{D} = \frac{1}{D_K} + \frac{1}{D_{AB}}\left[1 - y_A\left(1 + \frac{N_B}{N_A}\right)\right] \tag{2-48}$$

式中    $D_{AB}$——流体 A 在流体 B 中的扩散系数；

$y_A$——流体 A 的摩尔分数；

$N_A$、$N_B$——流体 A 和流体 B 的扩散通量。

在稀释气体中，当 $y_A$ 较小时，式（2-48）可精简为

$$\frac{1}{D} = \frac{1}{D_K} + \frac{1}{D_{AB}} \tag{2-49}$$

如果在圆柱孔中存在压力梯度，就必定存在层流，即泊肃叶流，其扩散系数为

$$D_{Pois} = \frac{pr^2}{8\mu} \tag{2-50}$$

式中    $p$——压力；

$\mu$——流体黏度。

在较大的孔中，泊肃叶流非常重要，但在更高的压力下，泊肃叶流对总扩散系数的贡献将更大。例如，在 10atm（1atm = 101.3kPa）压力下，一个 20nm 的孔中，泊肃叶流对总扩散系数的贡献将占 37%。在中孔中，毛细冷凝现象也能影响扩散。由于表面张力的作用，流体在孔中的平衡蒸气压力低于其本体中的平衡蒸气压力，这样就导致孔中冷凝现象的发生。在微孔中，流体的蒸气压力远低于其本体相中自由液体的蒸气压力。可以想象，一旦毛细冷凝现象在具有三维网络结构的孔中发生，孔中的扩散将大量减少，在具有较宽孔径分布

的孔中，刚好相反。定性的解释：在某种大小的孔中，扩散是通过毛细冷凝现象而发生的，且扩散在某种更短的通道中进行，这样可有效降低系统的孔曲率。

大量吸附现象的解释都是基于单孔体系，因此，研究孔隙网络及其三维连通性对最终获得吸附与传质之间的相互影响至关重要。曲折因子定义：在三维孔体系中，颗粒从 $A$ 点移动到 $B$ 点所经过路径与两点间直线路径的偏差。在对多孔固体中流体的扩散现象进行模型化研究时，主体流体的扩散系数 $D_b$ 与有效的或实测的扩散系数 $D_e$ 之间的差异取决于固体结构的曲折因子。其公式为

$$D_e = D_b \varepsilon / \tau \tag{2-51}$$

式中　$\varepsilon$——空隙率（孔隙率）；

　　　$\tau$——固体的曲折因子。

曲折因子是将所有直线路径的偏差融合成一个无纲量参数 $L_{eff}/L$，$L_{eff}$ 为通过多孔固体传输所经历的实际距离，而 $L$ 则为通过多孔固体的直线路径距离。典型的曲折因子在直线非交叉孔为 1 到复杂孔或低孔隙率孔为 5 之间变化。

**2. 传质**

$CO_2$ 从混合气体中选择性传输至多孔颗粒表面的活性结合位需要经过一系列的传质过程，传质过程从外层传输开始，共有三个传质区。吸附剂颗粒所呈现的三种主要的传质阻力如图 2-5 所示，分别包括：①存在于颗粒外围液膜中的传质阻力；②存在于大孔中的传质阻力，这些大孔源于造粒过程中结合微粒之间的间距；③存在于微粒微孔中的传质阻力。在吸附剂颗粒外围液膜中的传质阻力称为外传质，在微孔或大孔孔隙网络中的传质阻力称为内传质。微粒的孔径分布也许还包含介孔（孔径在 2~50nm），但为简便起见，此处只讨论微孔（孔径<2nm）。

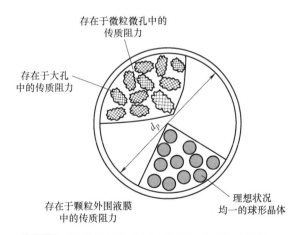

图 2-5　吸附剂颗粒所呈现的三种主要的传质阻力

（1）外传质　无论是从烟气中还是直接从空气中捕集 $CO_2$，体系中都存在一定量的蒸汽。因此，吸附剂颗粒的表面一直被液膜包围，气体分子通过分子扩散穿过液膜，从而实现传质。扩散阻力的大小首先取决于液膜边界层厚度，其次取决于系统的水动力学条件。外传质阻力与传质系数 $K_f$ 和 $CO_2$ 的摩尔通量的关系为

$$J_{f,CO_2} = D_f \frac{(c_{i,CO_2} - c_{s,CO_2})}{\delta} = K_f(c_{i,CO_2} - c_{s,CO_2}) \tag{2-52}$$

式中　$J_{f,CO_2}$——$CO_2$在气液界面的摩尔通量；

　　　　$D_f$——$CO_2$在液膜中的扩散系数；

　　　$c_{i,CO_2}$——$CO_2$在气-液界面层的浓度；

　　　$c_{s,CO_2}$——$CO_2$在吸附剂颗粒表面的浓度；

　　　　$K_f$——液膜的传质系数。

液膜中 $CO_2$ 的浓度不一定为常数。由于测量液膜的厚度非常困难，因此研究吸附剂材料的水动力学条件及其粒径与传质系数之间的关系具有重要意义。在理想情况下，一个孤立的球形吸附剂颗粒在滞止流体中，其舍伍德数（Sherwood Number）为

$$Sh = \frac{K_f d_p}{D} \approx 2.0 \tag{2-53}$$

式中　$d_p$——颗粒直径；

　　　$D$——总扩散系数。

在流动状态下即 $CO_2$ 分离过程中的常态，舍伍德数可大于 2。水动力学条件可用施密特数（$Sc$）雷诺数（$Re$）来表征。对于具有明确的流体-固体接触的情况，如流体通过填充床表征水动力学条件的关系式为

$$Sh = 2.0 + 1.1Re^{0.6}Sc^{1/3} \tag{2-54}$$

（2）内传质　除存在于吸附剂颗粒表面液膜中的外传质外，在微孔或大孔孔隙网络中还存在内传质。如果微孔中有显著的传质阻力，$CO_2$ 在吸附剂颗粒中的浓度一定是均匀的，且吸附速率与组成吸附剂大颗粒的微粒大小无关。但如果在由微粒组成的吸附剂大颗粒的孔隙有显著的传质阻力，则 $CO_2$ 在吸附剂大颗粒内的浓度则是不均匀的，且吸附速率取决于吸附剂颗粒大小。

由微孔扩散所控制的单组分气体的等温吸附。在该情况下，吸附剂体系可被模型化为具有相同结构与性能的吸附剂颗粒的集合，由于 $CO_2$ 在吸附剂颗粒中的浓度是均匀的，因此整个吸附系统可被模型化为 $CO_2$ 在单一吸附剂颗粒上的吸附。假设吸附剂颗粒呈球形，$CO_2$ 在吸附相中的浓度可看成时间 $t$ 和颗粒半径 $r$ 的函数，即

$$\frac{\partial W}{\partial t} = D_{p,CO_2}\left(\frac{\partial^2 W}{\partial r^2} + \frac{2}{r}\frac{\partial W}{\partial r}\right) \tag{2-55}$$

式中　$D_{p,CO_2}$——$CO_2$在微孔孔隙网络中的扩散系数。

式（2-55）在各种初始和边界条件下均有解，通过它可绘制 $CO_2$ 吸附性能与吸附时间及颗粒半径的关系曲线。

由大孔扩散所控制的传质也可用相同的方法进行研究。在该状况下，微粒内的 $CO_2$ 浓度是均匀的，而在由微粒所组成的吸附剂大颗粒内，$CO_2$ 的浓度是不均匀的。只有假定 $CO_2$ 在大孔流体相中的浓度与其在微粒吸附相中的浓度存在平衡，才能计算吸附速率。假设 $CO_2$ 在大孔中的扩散系数与其浓度无关，则可在多孔吸附剂颗粒的球形壳元素上建立质量平衡方程式，即

$$(1-\varepsilon)\frac{\partial W}{\partial t}+\varepsilon\frac{\partial c}{\partial t}=\frac{\varepsilon D_p}{2}\left(\frac{\partial^2 c}{\partial d_p^2}+\frac{2}{d_p}\frac{\partial c}{\partial d_p}\right) \tag{2-56}$$

式中　$\varepsilon$——吸附剂颗粒的孔隙率；

　　　$c$——大孔的流体相中 $CO_2$ 的浓度；

　　　$W$——吸附相中 $CO_2$ 的浓度；

　　　$d_p$——吸附剂颗粒的直径。

在平衡状态下，式（2-56）中的 $W$ 项可用适当的吸附等温关系式取代。

1955 年，Eugen Glueckauf 发表了球体中的扩散公式及其在色谱分离中的应用。基于线性推动力的假设，测试了系统中的浓度变化速率。在该系统中，吸附等温线是直线或略带弯曲，所有条件维持在平衡状态附近，$CO_2$ 被充分吸附。浓度变化的速率方程为

$$\frac{\partial c}{\partial t}=K(c-c_{s,CO_2})=\frac{15D_e}{r^2}(c-c_{s,CO_2}) \tag{2-57}$$

式中　$c$——多孔球中的气体浓度；

　　$c_{s,CO_2}$——吸附相中 $CO_2$ 的浓度；

　　　$K$——传质系数；

　　　$D_e$——流体的有效扩散系数；

　　　$r$——吸附剂颗粒的半径。

很显然，式（2-57）与式（2-52）相似。总体传质系数 $K$ 可表示为孔的传质系数 $K_p$ 和孔外表面与孔体积比值的乘积。对球形颗粒，孔的外表面与体积的比值为 $3/r$。在流体渗入吸附剂到达吸附位的过程中，传质系数 $K_p$ 随时间的增加而减小。既然传质系数由式（2-57）推导而来，则在球形颗粒中，孔的传质系数就可近似表示为

$$K_p\approx\frac{10D_e}{d_p} \tag{2-58}$$

式中　$D_e$——流体的有效扩散系数；

　　　$d_p$——吸附剂颗粒的直径。

（3）总传质　前面主要讨论了外传质和内传质，它们完全取决于吸附剂颗粒本身，而与吸附床无关。气体在通过吸附床的过程中也能产生传质阻力，可用溶质平衡来分析气体通过床层高度为 d$L$ 的填充床时的传质情况。在固定床层高为 d$L$ 的截面上的质量平衡如图 2-6 所示，进出口气流中 $CO_2$ 的浓度差等于填充床内流体和吸附剂中 $CO_2$ 的累积速率。其关系式为

$$\varepsilon\frac{\partial c}{\partial t}=(1-\varepsilon)\rho_p\frac{\partial W}{\partial t}=-\mu_0\frac{\partial c}{\partial L} \tag{2-59}$$

式中　$\varepsilon$——固定床的孔隙率，孔隙流体中溶质颗粒的体积分数为 $1-\varepsilon$；

　　　$\rho_p$——颗粒密度；

　　　$W$——$CO_2$ 在吸附相中的浓度；

　　　$\mu_0$——流体通过填充床的表面速度。

值得注意的是，$(1-\varepsilon)\rho_p$ 项为填充床密度 $\rho_b$。为简便起见，速度设定为常数，但在非

稀释体系如烟气中的 $CO_2$，这种假设可能无效。与第二项相比，式（2-59）中的第一项可忽略，而第二项表示 $CO_2$ 在固体吸附剂颗粒中的累积。上述情况忽略了气体的轴向扩散，后面将讨论气体的轴向扩散。

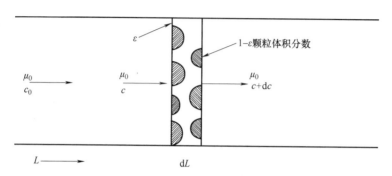

**图 2-6** 在固定床层高为 $dL$ 的截面上的质量平衡

正如前文所述，$CO_2$ 从混合气体转移至固体吸附剂中的机理包括 $CO_2$ 在吸附剂颗粒表面液膜中的扩散和在孔隙网络中的扩散，直至到达吸附位。物理吸附可被认为是一个瞬间的过程，在此过程中，孔中的吸附相和流动相存在平衡。与式（2-57）类似，传质过程可表示为

$$(1-\varepsilon)\rho_P \frac{\partial W}{\partial t} = Ka(c_{s,CO_2}) \tag{2-60}$$

式中　$K$——总的传质系数；

　　　$a$——吸附剂颗粒的外表面积，对半径为 $r$ 的球形颗粒而言，$a = 3(1-\varepsilon)/r$；

　　$c_{s,CO_2}$——平衡时吸附相中 $CO_2$ 的浓度；

　　　$W$——固体吸附剂中 $CO_2$ 的平均浓度。

总的传质阻力可表示成总传质系数 $K_G$ 的倒数，即

$$\frac{1}{K_G} \approx \frac{1}{K_f} + \frac{10D_e}{d_p} \tag{2-61}$$

式中　$K_f$——吸附剂颗粒表面液膜的传质系数；

　　$\dfrac{10D_e}{d_p}$——微孔或大孔中传输的内传质系数。

微孔和大孔传质阻力的相对重要性取决于系统和条件，也取决于它们扩散时间常数之间的比。扩散时间常数是吸附剂颗粒半径的平方。这为研究微孔与大孔之间的传质行为提供了一种简单而快捷的方法。解质量平衡方程式（2-56），可知吸附等温线类型和带有无纲量时间参数的控制步骤，以及传质单元数 $N$。上述参数定义式为

$$\bar{t} = \frac{u_0 c_0(t - L\varepsilon/u_0)}{\rho_p L(1-\varepsilon)(W_{sat} - W_0)} \tag{2-62}$$

$$N \equiv \frac{K_c aL}{u_0} \tag{2-63}$$

式中　$\bar{t}$——实际时间与理想时间 $t^*$ 的比值。

理想时间是在没有传质的情况下，气体通过固定床所需的时间。在 $\bar{t}=1$ 的时间内，吸附剂可完成 $CO_2$ 的脱附，同时 $CO_2$ 的浓度以阶跃函数的方式从零增加至 $c/c_0=1$。式（2-62）中 $L\varepsilon/u_0$ 为流体充满填充床外孔隙所用的时间，$(1-\varepsilon)\rho_p$ 代表固定床的密度 $\rho_b$。在限定的传质速率下，在 $\bar{t}$ 小于 1 的某个时间点，发生吸附穿透现象。穿透曲线的陡度既取决于传质单元数（床层高度），又取决于平衡曲线的类型。

### 3. 传热作用

在吸附过程中，固体吸附剂通常被放置在固定床上，气流连续地通过固定床，直到吸附饱和为止。在吸附剂吸附饱和后，气流被切换至另一个固定床，同时，吸附饱和的固定床通过解吸使吸附剂获得再生。一般来说，吸附和再生是循环进行的。与吸收类似，吸附是一个放热过程。根据气体的吸附体积和吸附过程中的放热程度，在设计吸附体系时，必须考虑系统的冷却问题。在一个非等温吸附体系中，温度影响吸附剂的负载和扩散，可通过减小浓度梯度来降低温度对吸附的影响。如果吸附受传热所控制，在吸附曲线上就会先显示出快速的吸附，接着慢慢达到吸附平衡。

催化剂的非等温吸附行为中，传热阻力主要来自吸附剂颗粒表面的液膜，并非颗粒本身。毕奥数（Biot Number）$Bi$ 是一个非常有用的无纲量参数，它可用来表征内传质阻力与外传质阻力或内传热阻力与外传热阻力的比值。传质毕奥数和传热毕奥数分别定义为

$$Bi_m = \frac{K_f d_p}{6\varepsilon D_p}, Bi_h = \frac{h d_p}{6\lambda_s} \tag{2-64}$$

式中　$K_f$——颗粒表面液膜的传质系数；

$D_p$——孔扩散系数；

$d_p$——吸附剂颗粒的直径；

$h$——颗粒与流体之间总的传热系数；

$\lambda_s$——固体的热导率。

毕奥数也可写成舍伍德数 $Sh$ 和努塞尔数（Nusselt Number）$Nu$ 的形式，即

$$Bi_m = \frac{Sh}{6}\frac{D_m}{\varepsilon D_p}, Bi_h = \frac{Nu}{6}\frac{\lambda_g}{3\lambda_s} \tag{2-65}$$

式中　$D_m$——分子的扩散系数；

$\lambda_g$——流体的热导率。

由于液膜的舍伍德数在 2.0 左右，且 $D_p \leq D_m/\tau$，因此，$Bi_m$ 的最小值为 $\tau/3\varepsilon$，当曲折因子和孔隙率取标准值时，该值近似为 3。说明液膜内部浓度梯度远大于其外部浓度梯度。此外，来自努森扩散或晶体间扩散的传质阻力会使 $D_p$ 值进一步降低，表明吸附剂颗粒内的阻力远比液膜内的重要。但内传热阻力与外传热阻力的关系则刚好相反。对气相体系来说，$\lambda_s/\lambda_g$ 为 $10^2 \sim 10^3$，这意味着 $Bi_h \leq 1.0$，说明粒子外部的温度梯度远大于内部温度梯度。因此，对吸附剂颗粒的等温吸附来说，所有的传热阻力来自于液膜，而所有的传质阻力来自于粒子内部。

### 4. 轴向扩散

流体在固定床中传输时，可能发生轴向混合，这是人们不希望看到的，因为它降低了气

体的分离效率。若通过固定床的流体发生轴向扩散，则需要对式（2-59）进行适当修正，在方程中添加分散项和相应的分散系数项$D_L$，即

$$-D_L\frac{\partial^2 c}{\partial L^2}+u_0\frac{\partial c}{\partial L}=\varepsilon\frac{\partial c}{\partial t}+(1-\varepsilon)\rho_p\frac{\partial W}{\partial t}=0 \qquad (2-66)$$

在设计吸附分离过程时，减小轴向扩散是一个首要考虑的问题。轴向扩散的驱动力有两个：①分子扩散；②湍流混合，它发生在流体遇到吸附剂颗粒被分开，绕过吸附剂颗粒后又合流时。第一个近似认为这两种作用具有可叠加性，则分散系数为

$$D_L=\gamma_1 D_m+\gamma_2 d_p u \qquad (2-67)$$

式中　$\gamma_1$、$\gamma_2$——常数，其典型值分别为 0.7 和 0.5；

$\quad\quad\quad D_m$——分子扩散系数；

$\quad\quad\quad d_p$——吸附剂颗粒的直径；

$\quad\quad\quad u$——主体流动的流速。

若将式（2-67）表示为贝克莱数（Peclet Number）$Pe$ 的形式，则：

$$\frac{1}{Pe}=\frac{D_L}{ud_p} \qquad (2-68)$$

式中　$Pe$——围绕在直径为 $d_p$ 的吸附剂颗粒周围流体的轴向贝克莱数。

### 2.2.6　柱动态吸附

#### 1. 传质区

在固定床上选择性吸附 $CO_2$ 过程中，$CO_2$ 在流体相和吸附相中的浓度随吸附时间及固定床中位置的变化而变化。固定床吸附的穿透曲线及其窄和宽传质区的穿透曲线如图 2-7 所示。$CO_2$ 浓度随吸附时间变化的曲线称为穿透曲线，它常被用来研究吸附过程的动力学行为，还可用来决定吸附停止的时间或者判断将气流从吸附饱和的固定床向新鲜吸附剂固定床切换的时间。图 2-7a 中 $c/c_0$ 是 $CO_2$ 在流体相中的浓度与原料气中浓度的比值。数分钟后，固定床上进气口处的吸附剂接近吸附饱和，而在此阶段，大部分传质行为却在远离进口处发生，该区域被称为传质区，在传质区内 $c/c_0$ 的典型值在 0.95 ~ 0.05。在 $t_1$、$t_2$ 和 $t_3$ 时刻，$CO_2$ 在出口气体中的浓度接近零，而在穿透时间 $t_b$，$CO_2$ 的相对浓度则取决于吸附系统本身。吸附等温线的类型影响穿透曲线的类型。例如，在等温线上的有利吸附阶段（凹向下），所有穿透曲线的形状趋于统一，但随着吸附的进行，它们会变成"自锐型"。因此，对于给定的传质机理和平衡数据，单独的理论穿透曲线就可反应所有的操作条件。相反，在等温线的不利吸附阶段（上凹），穿透曲线并不尖锐而是随着吸附的进行，曲线被拉伸。

在图 2-7 中，假设流过固定床的气流速度恒定且吸附达到平衡，当 $c/c_0=1$ 时，S 形曲线与水平线之间的面积与总吸附量成正比。理想吸附的穿透曲线是垂直的，吸附总量与宽度为 $t^*$ 高度为 1.0 的矩形面积成正比。利用质量守恒原理，可以计算进入固定床前气流的运动情况，以及吸附过程中各变量对理想吸附时间的影响。若以 $CO_2$ 为吸附质，则 $CO_2$ 的进口速率 $F_{CO_2}$ 表示为

$$F_{CO_2} = u_0 c_0 \tag{2-69}$$

式中　$u_0$——表面速度；

　　　$c_0$——$CO_2$在原料气中的浓度。

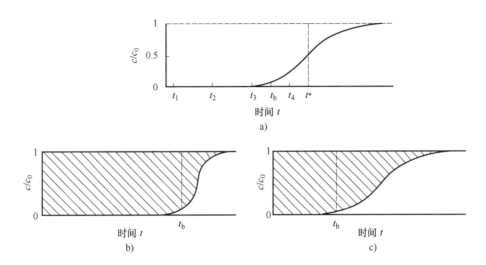

**图 2-7**　固定床吸附的穿透曲线及其窄和宽传质区的穿透曲线

a）固定床吸附穿透曲线　b）窄传质区的穿透曲线　c）宽传质区的穿透曲线

对理想吸附而言，在时间 $t^*$ 内，原料气中的全部 $CO_2$ 被完全吸附，而在此时间内，多孔吸附剂中 $CO_2$ 浓度从初始值 $W_0$ 增加至平衡状态值 $W_{sat}$，根据质量平衡，有

$$u_0 c_0 t^* = L\rho_b (W_{sat} - W_0) \tag{2-70}$$

则理想吸附时间为

$$t^* = \frac{L\rho_b (W_{sat} - W_0)}{u_0 c_0} \tag{2-71}$$

式中　$L$——填充床床层高度；

　　　$\rho_b$——填充床密度。

对新鲜的吸附剂而言，$W_0 = 0$，由于再生成本较高，吸附剂通常不会完全再生。图 2-7b 和 c 分别代表窄传质区和宽传质区的吸附行为。$CO_2$ 的实际吸附量可通过对图 2-7b 和 c 中曲线之上垂直点化线之右的阴影部分面积进行积分而得到。饱和状态下 $CO_2$ 的实际吸附量则可在时间为 0 到无穷大的范围内，对曲线之上阴影部分的面积进行积分而得到。最佳吸附剂必须具有窄的传质区，这样才能使吸附剂得到充分利用，并因此降低再生成本。实际上，理想的吸附剂其穿透曲线是垂直的，表示不存在传质阻力，且轴向扩散最小。

**2. 穿透**

气相中 $CO_2$ 浓度的变化方式是气体流经固定床距离的函数，它影响吸附工艺的设计。吸附物浓度与吸附时间的关系如图 2-8 所示，表示通过固定床的气流中 $CO_2$ 浓度波动情况，也表示等温吸附过程中，$CO_2$ 在出口气体中的浓度与吸附时间函数关系。

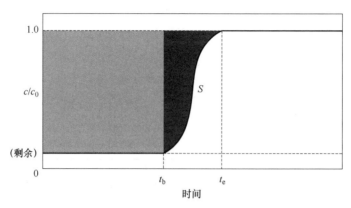

**图 2-8** 吸附物浓度与吸附时间的关系（经第一个吸附周期后初始浓度不为 0 的情况）

在固定床中存在三个区域：①邻近进气口的区域，该区域内的吸附剂完全吸附饱和，且吸附相中的 $CO_2$ 可与原料气中 $CO_2$ 形成平衡；②沿气流方向比进气口更进一步的区域，在该区域吸附相的浓度近似 S 形分布；③无吸附的区域，由于原料气中的 $CO_2$ 绝大部分都在第①和②区域被吸附，因此固定床中存在无吸附发生的区域。传质区（S 曲线）的宽度直接影响吸附剂床的运行情况。随着传质区宽度与固定床长的比值的增加，每个吸附循环内固定床的使用次数减少，若给定原料气流速，吸附剂的用量就增加。对线性的吸附等温线，传质区通常较宽，这与朗缪尔或弗罗因德利希型等温曲线不同，后者不会出现加宽现象，而是保持不变。全尺寸吸附过程可用固定床床层高度的方法确定，该方法主要基于实验室规模的穿透曲线和传质区宽度不变的假设。利用这种方法还可测试在穿透时间 $t_b$ 时，固定床吸附的饱和程度 $\theta$。固定床吸附饱和程度 $\theta$ 定义为吸附穿透时总吸附量与吸附饱和时总吸附量的比值，它可通过对穿透曲线进行数值积分而测得。在图 2-8 中，这个比值就是分别在 $t=0$ 到 $t=t_b$（图 2-8 中浅灰色阴影部分）和 $t=0$ 到 $t=t_e$（图 2-8 中浅灰色阴影部分+深色阴影部分）的范围内对 $1-c/c_0$ 进行积分，所得积分的比值。一种更简单的方法是，将对应于穿透吸附量的积分近似为三角形面积进行计算，而将对应于饱和吸附量的积分近似为矩形和三角形面积的总和来计算。这样，吸附饱和时总吸附量可近似表示为

$$总吸附量 = Qy_{CO_2}t_b + \frac{1}{2}Qy_{CO_2}(t_e - t_b) \tag{2-72}$$

式中　$Q$——原料气的体积流速；

$y_{CO_2}$——$CO_2$ 在原料气中的摩尔分数；

$t_b$——穿透时间；

$t_e$——吸附饱和所用时间。

注意：式（2-72）中右式的第一项为穿透过程被吸附 $CO_2$ 的总吸附量（图 2-8 中浅灰色阴影部分），第二项则对应于图 2-8 中深色阴影部分。这样，固定床的吸附饱和程度 $\theta$ 为

$$\theta = \frac{t_b}{t_b + \frac{1}{2}(t_e - t_b)} = \frac{2t_b}{t_b + t_e} \tag{2-73}$$

该方法假定当吸附从实验室规模放大到全尺寸规模时，无论床层高度如何，固定床中未使用的区域其高度不变，为常数。不可利用床层高度（LUB）直接源于固定床的饱和程度，即 $LUB = l(1-\theta)$，$l$ 为固定床的实际高度。既然 LUB 为常数，这就意味着固定床越高，固定床中可利用的高度占整个高度的含量就越大，但固定床越高，其压降也越大。因此，为降低成本，上述参数必须优化。值得注意：如果考虑到吸附过程的生成热，这种计算方法有缺陷。例如，大的固定床都几乎在绝热的条件下工作，而小尺寸的实验室填充柱则在接近等温的条件下工作（除非柱的绝热性良好）。如果假设实验室测得的填充柱的 LUB 值与全尺寸固定床相同，对全尺寸固定床的设计来说，显然考虑不周。

## 2.3　二氧化碳膜分离理论

### 2.3.1　膜分离过程

气体的膜分离过程也是气体的膜渗透过程。气体膜渗透是利用特殊制造的膜与原料气接触，在膜两侧压力差驱动下，气体分子透过膜的现象。由于不同气体分子透过膜的速率不同，渗透速率快的气体在渗透侧富集，而渗透速率慢的气体在原料气一侧富集。气体膜分离正是利用气体分子的渗透速率差使不同气体在膜两侧实现富集分离的。气体透过 Seperex 膜的相对渗透速率如图 2-9 所示，由图可见，相对于 $O_2$、$N_2$ 等气体，蒸汽、$H_2$、$CO_2$ 为优先通过气体。气体通过膜的渗透情况非常复杂，对于不同结构的膜，渗透情况不同，机理也不同。通常，可将气体通过膜的流动分为两大类：一类是气体通过多孔膜的流动；另一类是气体通过非多孔膜（包括均质膜、非对称膜和复合膜）的流动。

气体膜分离原理

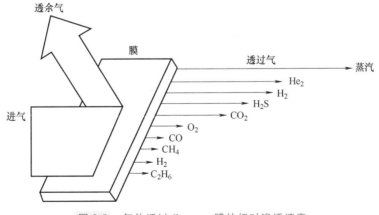

**图 2-9**　气体透过 Seperex 膜的相对渗透速率

### 2.3.2　多孔膜分离机理

气体通过多孔膜的流动，是利用不同气体通过膜孔的速率差来实现的，从而使不同的气体在膜两侧富集并实现分离，其分离性能与气体的种类、膜孔径等有关，有分离效果的多孔膜必须是微孔膜，孔径一般为 5~30nm。由于多孔介质孔径及内孔表面性质的差异，使得气体分子与多孔介质之间的相互作用程度不同，从而表现出不同的传递特征。气体分子通过多孔膜的传递机理可以分为分子流（努森扩散）、黏性流、表面扩散流、毛细管凝聚机理、分子筛筛分机理等。气体在多孔膜中的渗透机理如图 2-10 所示。

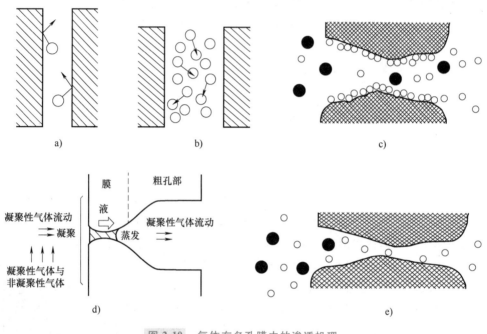

**图 2-10** 气体在多孔膜中的渗透机理

a）努森扩散 b）黏性流 c）表面扩散流 d）毛细管凝聚机理 e）分子筛筛分机理

**1. 分子流**（努森扩散）

气体分子在膜内移动，受分子平均自由程 $\lambda$ 和孔径 $r$ 的制约。当孔径足够小或气体压力很低时，$r/\lambda < 1$，孔内分子流动受分子与孔壁之间碰撞作用支配，气体通过膜孔流量与其分子量成正比，称为分子流或努森扩散，如图 2-10a 所示。根据努森扩散理论，气体透过单位面积的流量 $q$ 可表示为

$$q = \frac{4}{3} r\varepsilon \left( \frac{2RT}{\pi M} \right)^{\frac{1}{2}} \frac{p_1 - p_2}{LRT} \tag{2-74}$$

并可进一步简化为

$$q = J(p_1 - p_2) \tag{2-75}$$

$$J = \frac{4}{3} r\varepsilon \left( \frac{2RT}{\pi M} \right)^{\frac{1}{2}} \frac{1}{LRT} \tag{2-76}$$

式中　$q$——气体透过单位面积的流量；

$p_1$、$p_2$——气体在膜高压侧和低压测的分压；

$L$——膜厚；

$R$——气体常数；

$T$——测试时的温度；

$M$——组分的相对分子质量；

$\varepsilon$——孔隙率；

$r$——孔径。

由式（2-74）可以看出，$q$ 与相对分子质量的平方根成反比，因此，不同气体分离效果与它们的相对分子质量比值的平方根成正比，显然，只有对相对分子质量相差大的气体有明显的透过速率差，这时分子流才有分离效果。

**2. 黏性流**

当 $r/\lambda > 1$ 时，孔内分子流动受分子间碰撞作用支配，为黏性流动，如图 2-10b 所示。根据哈根-泊肃叶定律，对黏性流动，体透过单位面积流量 $q$ 可以表示为

$$q = \frac{r^2 \varepsilon (p_1 + p_2)(p_1 - p_2)}{8 \eta LRT} \tag{2-77}$$

上式可进一步简化为

$$q = J(p_1 - p_2) \tag{2-78}$$

$$J = \frac{r^2 \varepsilon (p_1 + p_2)}{8 \eta LRT} = \frac{r^2 \varepsilon}{4 \eta LRT} \frac{(p_1 + p_2)}{2} \tag{2-79}$$

式中　$\eta$——黏度。

其他变量符号含义同前。

可见，$q$ 取决于被分离气体黏性比。由于气体黏性一般差别不大，因此气体处于黏性流动状态时是没有分离性能的。通常，由于聚合物膜孔具有孔径分布，在一定压力下，气体平均自由程可能处于最小孔径与最大孔径之间。这时，气体透过大孔的速率与黏度成反比，而透过小孔的速率与分子量平方根成反比。因此气体透过整张膜的流量是黏性流和分子流共同作用的结果。

**3. 表面扩散流**

表面扩散流是指膜孔壁上的吸附分子通过吸附状态的浓度梯度在表面上的扩散历程，其被吸附状态对膜分离性能有一定的影响，被吸附的组分比不被吸附的组分扩散得快，引起渗透率的差异，从而达到分离的目的，如图 2-10c 所示。通常，沸点低气体易于被孔壁吸附，表面扩散明显，而且操作温度越低，孔径越小，表面扩散越明显。对平均孔径 4nm 的玻璃膜，如果用 $CO_2$、$H_2$ 等纯气体测量分离系数，测试温度为 600K 时，测得 $H_2/CO_2$ 分离系数为 4.7；但当测试温度下降到 300K 时，$H_2/CO_2$ 分离系数下降为 3.3。这表明，当温度下降时，$CO_2$ 在膜孔上产生表面扩散。在表面扩散流存在的情况下其机理比较复杂，当膜孔径为 1~10nm 时，表面扩散流起主导作用。对于气体分离，表面扩散比努森扩散更为有效。

**4. 毛细管凝聚机理**

在温度较低的情况下，对孔径比分子筛稍大一些的膜孔，凝聚性气体将在孔内产生毛细管凝聚，阻碍了非冷凝物分子的渗透，当孔道内的凝聚性气体组分流出孔后蒸发，就产生了分离作用，如图 2-10d 所示。

**5. 分子筛筛分机理**

这是一个比较理想的分离历程，如果膜孔径介于不同分子直径之间，那么直径小的分子

可以通过膜孔，而直径大的分子被挡住，即具有筛分效果，从而实现了气体分离，如图2-10e所示。利用分子筛筛分机理可以得到很好的分离效果。例如，NaA沸石分子筛涂布在金属铝管上，经高温处理后，得到NaA/Al管式膜。在105℃，$H_2O/ROH$的分离系数可高达5700。虽然沸石分子筛孔径大小适用于气体分子分离，但薄膜化问题仍未彻底解决。

在实际应用中，对混合气体通过多孔膜的分离过程，为了获得良好的分离效果，要求混合气体通过多孔膜的传递过程应以分子流为主。基于此，分离过程应尽可能满足以下条件：①多孔膜的微孔径必须小于混合气体中各组分的平均自由程，一般要求多孔膜的孔径在$(50\sim300)\times10^{-10}$m；②混合气体的压力应足够高，温度应尽可能低。高压和低温都可能提高分子的平均自由程，还可以避免表面流动和吸附现象发生。不同操作条件下气体透过多孔膜的情况见表2-5。

表2-5　不同操作条件下气体透过多孔膜的情况

| 操作条件 | 气体透过多孔膜的流动情况 |
|---|---|
| 低压、高温（200~500℃） | 气体的流动服从分子扩散，不发生吸附现象 |
| 低压、中温（30~100℃） | 吸附起作用，分子扩散加上吸附流动 |
| 常压、中温（30~100℃） | 增大了吸附作用，而分子扩散仍存在 |
| 常压、低温（0~20℃） | 吸附效应为主，可能存在滑动流动 |
| 高压（4MPa）、低温（-30~0℃） | 吸附效应控制，可产生层流 |

### 2.3.3　非多孔膜分离机理

虽然非多孔膜往往也存在孔径为0.5~1nm的小孔，但其性能仍以非多孔膜来考虑。迄今为止，气体透过非多孔膜按照传递机理可分为溶解-扩散和双吸附-双迁移机理等。

#### 1. 溶解-扩散机理

气体在非多孔膜中的扩散机理如图2-11所示，此机理将膜看成静止的非多孔、极薄的扩散屏，假设气体透过膜的过程由以下四步组成：①气体分子与膜接触（见图2-11a）；②气体在膜表面溶解，是吸着过程（见图2-11b）；③气体溶解后膜两侧表面产生浓度梯度，使气体分子在膜内向前扩散，透过膜到达膜的另一侧，是扩散过程，该过程始终处于非稳定状态（见图2-11c）；④膜中气体的浓度梯度沿膜厚方向成为常数，达到稳定状态（见图2-11d）；此时，气体由膜的另一侧脱附出去的速率才变成稳定。

一般地，气体在膜表面的吸附和解吸过程都能较快地达到平衡，而气体在膜内的渗透扩散较慢，是气体透过膜的速率控制因素。开始时，膜分离过程中的非稳态使气体在膜内呈非线性分布，根据菲克定律，体在膜内单位时间内通过单位面积的扩散流量$q$为

$$q=-D\frac{dc}{dx} \tag{2-80}$$

边界条件为

$$x=0,c=c_1;x=L,c=c_2$$

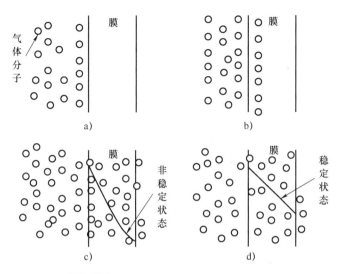

**图 2-11　气体在非多孔膜中的扩散机理**

a) 气体分子与膜接触　b) 吸着过程　c) 扩散过程　d) 稳定状态

如图 2-11 所示，当达到稳态时，膜中气体的浓度沿膜厚方向变成直线，对式（2-80）积分，可得

$$q = \frac{D(c_1 - c_2)}{L} \tag{2-81}$$

当气体在膜内的溶解符合亨利定律时，即 $c = Sp$，将其代入式（2-81），可得

$$q = \frac{P_m(p_1 - p_2)}{L} \tag{2-82}$$

$$P_m = SD \tag{2-83}$$

式中　　$P_m$——渗透系数；

$L$——膜的厚度；

$S$——溶解度系数；

$D$——气体分离膜的扩散系数。

上述表明气体分离通过非多孔膜渗透式根据溶解-扩散机制进行的，通常渗透系数或扩散系数 $D$ 和溶解度系数 $S$ 等与膜材料性质、气体性质及气体的温度和压力（浓度）有关。

**2. 双吸附-双迁移机理**

（1）纯气在聚合物膜上渗透　橡胶态聚合物是一种无定型的非多孔聚合材料，根据溶解-扩散机理，气体渗透速率与压力无关，通常橡胶态聚合物都符合这一规律。玻璃态聚合物也是一种无定型的非多孔聚合材料，但对玻璃态聚合物而言，由于微孔（微腔不均匀结构）的存在，使吸附过程复杂起来，气体渗透速率往往与压力有关，这通常与气体分子在膜内除亨利溶解外还存在朗缪尔吸附有关，即双吸附现象。对于玻璃态高分子膜的情况，存在多种模型，观点尚未统一。

（2）混合气在聚合物膜上渗透　混合气在玻璃态聚合物中渗透时，在总压一定的条件下，某一组分的渗透往往受其他组分存在的影响，有时变大，有时变小。混合气在膜中相互竞争吸附效应对双组分混合气渗透具有一定的影响，在总压一定的情况下，"慢气"（指渗透速率小的气体）使"快气"（指渗透速率大的气体）变慢，"快气"使"慢气"变快。

## 思 考 题

1. 什么是 $CO_2$ 的吸附、吸收及膜分离？
2. 简述物理吸附与化学吸附 $CO_2$ 的区别及原理。
3. 吸附等温线有哪几种类型？分别代表何种类型吸附剂？
4. 什么是吸附热？简述吸附热的分类及测定方法。
5. 吸附剂的孔径对 $CO_2$ 扩散及传质的影响有哪些？
6. 简述物理吸收及化学吸收 $CO_2$ 的区别及原理。
7. 简述膜分离 $CO_2$ 的过程及原理。

# 第**3**章
# 二氧化碳吸收技术

$CO_2$ 的吸收法是利用 $CO_2$ 与其他不同气体在各种吸收剂中的溶解度差异，以及与吸收剂的反应活性差异实现 $CO_2$ 的分离。按照 $CO_2$ 与吸收剂反应原理的差别，可将其分为物理吸收法、化学吸收法及物理化学联合吸收法。本章主要介绍了不同方法的捕集原理、工艺流程、优缺点及 $CO_2$ 吸收工艺中的关键设备和系统。

## 3.1 物理吸收法

物理吸收法指的是吸收剂利用静电相互作用或分子间范德瓦耳斯力的弱相互作用实现 $CO_2$ 在吸收剂中溶解的方法，其溶解度与体系的温度、压力、吸收剂的性质和浓度有关。$CO_2$ 吸收剂主要是非电解质或有机溶剂的水溶液，工业上常用的吸收剂包括甲醇、碳酸丙烯酯、聚乙二醇二甲醚和 N-甲基-2-吡咯烷酮等。这些溶剂有各自的优势和特点，已广泛应用于各自工业脱碳过程。

物理吸收剂分离气体混合物是基于各组分在吸收剂中的溶解度差异以及亨利定律，即一定温度下的气体在液体溶剂中的溶解度与该气体的分压成正比。因此，利用高 $CO_2$ 溶解度的吸收剂，提高压力以增加 $CO_2$ 溶解度，从而使其从混合气体中分离出来，再用降压闪蒸的方法使其解吸，从而达到 $CO_2$ 捕集的目的。

通常，低温高压有利于 $CO_2$ 的吸收，高温低压有利于 $CO_2$ 的解吸。由于 $CO_2$ 吸收剂的吸收能力强、用量较少，且可采用降压或常温气提的方法实现再生，因此物理吸收法能耗低且更为实用。然而，由于 $CO_2$ 在溶剂中的溶解服从亨利定律，物理吸收法更适用于 $CO_2$ 在气源中浓度较大且气源中的其他气体与 $CO_2$ 相比溶解度差异较大的情况。因其在低浓度条件下没有理想的分离效果且成本偏高，故一般不应用于工业排放的烟气中 $CO_2$ 的捕集。$CO_2$ 吸收剂应满足 $CO_2$ 溶解度高、$CO_2$ 吸收选择性良好、无腐蚀性与待溶解气体中的各组分均不发生化学反应等基本条件。

### 3.1.1 甲醇法

甲醇法，又称为低温甲醇（Rectisol）法或甲醇脱碳法，是一种在低温条件下利用甲醇溶液作为吸收剂捕集 $CO_2$ 的方法。其原理：甲醇分子中的羟基（—OH）与 $CO_2$ 分子中的碳基（C＝O）之间可以形成氢键，使$CO_2$溶解于甲醇溶液中。该方法通过将含有$CO_2$的气体与甲醇溶液接触，使$CO_2$从气相转移到液相中形成含有$CO_2$的甲醇溶液。该操作流程一般在低温下操作，通常为$-70\sim-30℃$。

甲醇的基本物理性质如下：①结构简式为$CH_3OH$，分子式为$CH_4O$；②相对分子质量为32.04；③密度（25℃）为$0.792kg/m^3$；④沸点（$1.013\times10^5Pa$下）为64.7℃；⑤蒸气压（25℃）为285.3091Pa；⑥黏度（25℃）为0.5525cP（$1cP=10^{-3}Pa\cdot s$）。

甲醇法的主要优点包括：①由于$CO_2$和$H_2S$在甲醇中的溶解度高，因而能同时脱除原料气中的$CO_2$、$H_2S$及有机硫等杂质，并能分别回收高浓度的$CO_2$和$H_2S$，$CO_2$捕集效率可达90%以上；②70%以上的能耗被用于溶剂再生，因而溶液循环量的降低可大大降低装置能耗；③甲醇具有较小的黏度，不易产生泡沫，可保证较好的流动和分布性能，使吸收塔内的气液接触和塔顶的气液分离良好；④甲醇具有良好的化学稳定性和热稳定性，无须采用特殊防腐材料，成本低且吸收过程无副反应发生。

甲醇法的主要缺点包括：①甲醇有毒，是一种无色易挥发的易燃液体，造成设备制造和管道安装要求严格，也给操作和维修带来困难；②设备材质要求高，由于该工艺在-60℃的低温下操作，因而对设备和管道的材质要求较高；③保冷要求高（是指保持低温的状态），为了降低能耗、回收冷量（冷量是指在制冷或冷却过程中，单位时间内从被冷却物体或空间中移除的热量），换热设备多且为专用设备，价格昂贵；④吸收剂再生过程复杂，气提再生需用不含硫的惰性气体作为气提气，需要专门的空分装置（是指一种用于分离空气中各种组分的设备），且后续须对废水进行处理。

整体上，甲醇法技术较为成熟，工业应用较早，适用于捕集$CO_2$分压较高的气体，包括燃煤电厂、钢铁厂等工业排放的废气。

甲醇法捕集$CO_2$的典型流程如图3-1所示，该法是采用物理吸收法的一种酸性气体净化工艺，最早应用于合成气的洗涤净化。该工艺使用冷甲醇作为酸性气体吸收液，利用甲醇在-60℃左右的低温下对酸性气体溶解度极大的物理特性，分段选择性地吸收原料气中的$H_2S$、$CO_2$及各种有机硫杂质。由于甲醇的蒸气压相对较高，为减少溶剂损失，吸收和解吸都在0℃以下进行，因此，该工艺又称为低温甲醇法。该工艺已被广泛应用在国内外的合成氨、合成甲醇，以及其他工业制氢、羰基合成、城市煤气和天然气脱硫等气体净化装置中。

## 3.1.2 碳酸丙烯酯法

碳酸丙烯酯法又称为费卢尔（Flour）法或PC法，是一种以碳酸丙烯酯为吸收剂的捕集$CO_2$的方法。碳酸丙烯酯吸收$CO_2$的原理是通过反应将$CO_2$吸收转化为碳酸盐，当碳酸丙烯酯与$CO_2$接触时，会发生反应形成稳定的化合物，即碳酸丙烯酯与$CO_2$的加合物，此加合物可以在适当的条件下分解释放出吸收的$CO_2$。

碳酸丙烯酯的物理性质包括：①分子式：$C_4H_6O_3$；②相对分子质量为102.09；③密度（25℃时）为$1198kg/m^3$；④沸点（$1.013\times10^5Pa$下）为238.4℃；⑤凝固点为-49.2℃；⑥蒸气压（25℃时）为11.33Pa；⑦黏度（25℃时）为3.0cp。

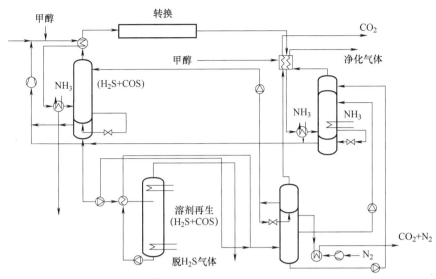

**图 3-1** 甲醇法捕集 $CO_2$ 的典型流程

碳酸丙烯酯法具有以下特点：①技术成熟，溶剂稳定性好；②吸收 $CO_2$ 和 $H_2S$ 后溶剂的腐蚀性不强，可使用普通碳钢设备，投资低；③溶剂生产容易，成本较低，使用安全；④碳酸丙烯酯作为溶剂对 $CO_2$、$H_2S$ 和一些有机硫具有较强的溶解能力和选择性，而对其他组分气体如 $H_2$、$N_2$、CO、$CH_4$ 和 $O_2$ 溶解性能极差，当 $CO_2$ 被充分吸收后，吸收塔顶出来的脱碳气体压强变化较小，无须大量压缩功就可循环利用脱碳气，溶剂再生后能获得较为纯净的 $CO_2$ 气体；⑤碳酸丙烯酯的蒸气压较高，实际工艺中的吸收剂损失小。

适合于吸收天然气、合成氨工艺气和粗氢气中的 $CO_2$，且低碳烷烃和 $H_2$ 等在碳酸丙烯酯中的溶解度低，因此还适用于合成气脱碳。采用该工艺一般要求气体中的 $CO_2$ 分压在 3.5atm 以上，而且净化度不宜要求过高（净化度是指环境或物质中杂质、污染物或有害成分的减少程度）。该方法多适用于含少量 $H_2S$ 混合气中 $CO_2$ 的脱除。

碳酸丙烯酯法捕集 $CO_2$ 典型工艺流程如图 3-2 所示。该工艺是由费卢尔（Flour）公司提出的专利，故又称为费卢尔法。碳酸丙烯酯吸收 $CO_2$ 的传质过程是 $CO_2$ 分子通过气相扩散到液相的质量传递过程，$CO_2$ 在碳酸丙烯酯的溶解度服从亨利定律，随着压力升高和温度降低而增大。其中，碳酸丙烯酯吸收 $CO_2$ 的速率方程为

$$G_{CO_2} = K_G(p_{CO_2} - p_{CO_2}^*) \tag{3-1}$$

式中　$G_{CO_2}$——$CO_2$ 吸收速率；

　　　$K_G$——传质总系数；

　　　$p_{CO_2}$——气相中 $CO_2$ 分压；

　　　$p_{CO_2}^*$——与液相浓度成平衡时的气相 $CO_2$ 分压。

传质总系数 $K_G$ 与吸收过程中气体速度、气体压力、气体中 $CO_2$ 含量基本无关，而与溶剂的喷淋密度（喷淋密度是指单位时间内单位塔截面面积上喷淋的液体量）有关，因此该过程的传质阻力主要集中在液膜，属于液膜控制。总传质系数 $K_G$ 与碳酸丙烯酯（简称为"碳丙"）的喷淋密度的 0.763 次方成正比例关系，其传质系数的关联式为

$$k_L = 0.646 \times 10^{-2} \left( \frac{L}{a_t \mu_L} \right)^{0.763} \left( \frac{\mu_L}{\rho_L D_L} \right)^{0.5} \left( \frac{\mu_L^2}{\rho_L g} \right)^{-0.33} \varphi^{0.4} \tag{3-2}$$

式中　　$k_L$——液相传质分系数；

　　　　$L$——溶剂的喷淋密度；

　　　　$a_t$——干填料的比表面积；

　　　　$\mu_L$——碳丙的黏度；

　　　　$\rho_L$——碳丙的密度；

　　　　$D_L$——$CO_2$在溶剂中的扩散系数；

　　　　$\varphi$——填料形状修正因素。

碳酸丙烯酯吸收 $CO_2$ 过程的传质总系数为

$$\frac{1}{K_G} = \frac{1}{k_G} + \frac{1}{H k_L} \tag{3-3}$$

当气相阻力不计时

$$K_G = H k_L$$

式中　　$k_G$——$CO_2$ 在气相中的传质分系数；

　　　　$k_L$——$CO_2$ 在液相中的传质分系数；

　　　　$H$——溶解度系数；

　　　　$K_G$——传质总系数。

根据以上碳酸丙烯酯吸收 $CO_2$ 的传质机理，控制步骤主要在液相，因此在吸收塔的设计与选择上，应考虑提高液相湍动程度（湍动是指流体在流动过程中出现的不规则、无序的运动，湍动程度则用于衡量这种运动的强烈程度）、增大喷淋密度、减小液膜厚度等，以提高 $CO_2$ 的传质速率。

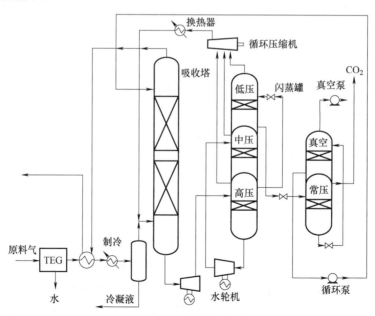

图 3-2　碳酸丙烯酯法捕集 $CO_2$ 典型工艺流程

### 3.1.3　聚乙二醇二甲醚法

聚乙二醇二甲醚（Selexol）法是以不同乙氧基链长的聚醚 $[CH_3O(C_2H_4O)_nCH_3,\ n = 2\sim9]$ 混合物为吸收剂的一种捕集 $CO_2$ 的方法。

聚乙二醇二甲醚的分子结构中含有一些醚键和羟基。这些官能团可以与二氧化碳分子发生相互作用，形成氢键和范德华力等化学键。这些化学键的形成使得二氧化碳分子能够溶解在聚乙二醇二甲醚中，从混合气中分离 $CO_2$，再通过改变压力、温度使 $CO_2$ 从吸收剂中释放，从而捕集 $CO_2$。

聚乙二醇二甲醚的物理性质：①相对分子质量为 $250\sim280$；②密度（25℃时）为 $1030kg/m^3$；③凝固点为 $-28℃$；④蒸气压（25℃时）为 $9.73\times10^{-2}Pa$；⑤黏度（25℃时）为 5.8cp。

聚乙二醇二甲醚溶剂对 $CO_2$、$H_2S$、羰基硫（COS）等酸性气体吸收能力强，0℃时溶剂吸收 $CO_2$ 的能力为碳酸丙烯酯的 2 倍，吸收 $H_2S$ 能力为碳酸丙烯酯的 4 倍；溶剂的蒸气压很低，挥发性小，相同温度下溶剂的蒸气压为碳酸丙烯酯的 1/100，因此在流程中不需设置水洗回收溶剂的装置；溶剂具有很好的化学和热稳定性，且对碳钢等金属材料无腐蚀性，本身不起泡；具有选择性吸收 $H_2S$ 的特性，并且可以吸收 COS 等有机硫；溶剂具有吸水性，可以干燥气体；溶剂无臭、无毒。

1965 年，美国 Allied 公司首次采用聚乙二醇二甲醚作为物理溶剂，广泛用于合成气、天然气、燃料气和城市供燃气等混合气体中 $H_2S$、$CO_2$、COS、烃、醇等的吸收。

Selexol 法捕集 $CO_2$ 典型工艺流程如图 3-3 所示，当吸收塔底的聚乙二醇二甲醚溶剂与原料气中的 $CO_2$ 达到相平衡，按亨利定律，该溶剂中 $CO_2$ 浓度为

$$c^* = Hp_{CO_2} \tag{3-4}$$

因为

$$p_{CO_2} = Py_{CO_2} \tag{3-5}$$

代入式（3-4），得：

$$c^* = HPy_{CO_2} \tag{3-6}$$

式中　$c^*$——溶剂中平衡 $CO_2$ 浓度；

$\quad\quad H$——溶解度系数；

$\quad\quad P$——总压；

$\quad\quad y_{CO_2}$——气体中 $CO_2$ 浓度。

实际上，吸收塔底富液中 $CO_2$ 浓度不可能达到 $c^*$，而是 $c^0$（实际的浓度），将 $c^0$ 与 $c^*$ 的比值称为饱和度 $R$，即

$$R = \frac{c^0}{c^*} \leqslant 1 \tag{3-7}$$

$R$ 值的大小对溶剂循环量和吸收塔高度都有较大的影响。对填料塔而言，加大气液相接触面积，可以增加吸收饱和度。加大气液相接触面积一般可通过增加填料体积来实现，也就是塔高要增加，使输送溶剂和气体的能耗增大，塔的投资加大。在工程设计中，应针对具体工况进行技术经济比较，再选取合理的 $R$ 值。工业上，吸收的饱和度 $R$ 值通常取 75%~85% 之间。

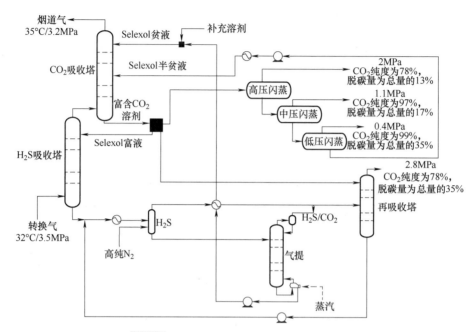

**图 3-3    Selexol 法捕集 CO$_2$ 典型工艺流程**

聚乙二醇二甲醚工艺的特点是：①溶剂再生通过气提或加热的方式来实现；②溶剂蒸气压极低，稳定性强，因此可忽略其蒸发损失。吸收 CO$_2$ 后，仅需进行两级闪蒸及一次惰性气气提，即可彻底解吸；③该法工艺流程简单、操作弹性大、一次性净化度高和总能耗低；④对 CO$_2$ 和 H$_2$S 酸性气体分离效果好；⑤对设备腐蚀性小。国外在 IGCC 示范工程上主要采用该法进行 CO$_2$ 的分离回收。但是，聚乙二醇二甲醚作为溶剂时，流程复杂且应用成本较高。此外，该溶剂黏度较大，传质速率和塔板效率较低，在低温条件下操作时，会降低吸收过程中的传质速率和塔板效率，因而需加大溶剂循环量，造成操作费用高。与其他吸收剂相比，聚乙二醇二甲醚尤其在低温时对填料和塔板要求较高。

### 3.1.4    N-甲基-2-吡咯烷酮法

N-甲基-2-吡咯烷酮法（简称为 Purisol 法或 NMP 工艺法）是以 N-甲基-2-吡咯烷酮（NMP）作为物理吸收溶剂，从混合气中捕集 CO$_2$ 的一种方法。原理：NMP 是一种极性溶剂，具有较高的介电常数和极性度，这使它可以与极性分子 CO$_2$ 发生相互作用。NMP分子中的氮原子带有较高的电负性，可以与极性分子 CO$_2$ 中的部分负电荷发生静电作用，从而使 CO$_2$ 溶解在 NMP 中，再通过改变压力、温度使 CO$_2$ 从吸收剂中释放，从而捕集 CO$_2$。

NMP 的分子式为 C$_5$H$_9$NO，它的物理性质如下：①相对分子质量为 99；②密度（25℃时）为 1027kg/m$^3$；③沸点（1.013×10$^5$Pa 下）为 202℃；④凝固点为 -24℃；⑤黏度（25℃时）为 1.65cP；⑥蒸气压（25℃时）为 53.33Pa。

该方法具有以下特点：①对 CO$_2$ 气体溶解度高，特别是在高压下操作，溶剂的循环量低，经济性好；②对 $H_2S$ 气体溶解度很高，即使在较低的压力下也具有脱除 $CO_2$ 气体的优点；③$H_2S$ 气体在 NMP 中溶解度约为 $CO_2$ 气体的 9 倍，且 N-甲基-2-吡咯烷酮对 $H_2S$ 气体选择性要比 $CO_2$ 气高，即使原料气中 $H_2S/CO_2$ 浓度比率低的条件下仍可获得富硫的尾气，有利于提升硫回收的经济性；④对有效气体，如 $H_2$、CO 和 $CH_4$ 气体溶解度低，气体损失量较少（有效气体通常指那些在特定工艺或过程中具有实际作用或可利用价值的气体）；⑤沸点高（760mmHg 下，沸点为 204℃），在操作温度下，蒸气压很低，因此，溶剂的损失量较少；⑥对 $H_2O$ 溶解度高，Purisol 装置同时能用于气体干燥，且用水从废气中易回收 NMP 蒸气；⑦黏度小，该性质保证了良好的传热与传质，NMP 还具有冰点低的性质（冰点是指物质在一定压力下由液态变为固态时的温度）；⑧在操作条件下有良好的化学与热稳定性，不被酸性成分所降解；⑨无腐蚀性，可用碳钢制造相关设备；⑩净化后的气体满足合成氨、甲醇、加氢裂化等生产的原料气和管网输送气的要求。

使用 NMP 为溶剂，在常温、加压的条件下脱除合成气中的 $CO_2$ 气体，通常的吸收压力在 4.3~7.7MPa 范围之内。

Purisol 法捕集 $CO_2$ 典型工艺流程如图 3-4 所示，它是由德国 Lurgi 公司研发的技术。Purisol 法与 Selexol 法工艺流程相似，通常在室温或 −15℃ 条件下操作。相对于聚乙二醇二甲醚和碳酸丙烯酯，NMP 溶剂具有更高的沸点，溶剂损失极少，溶剂再生系统简单，对 $CO_2$ 和 $H_2S$ 的溶解能力极强，特别适合于高压（即大于 7MPa）混合气中 $H_2S$ 和 $CO_2$ 等酸性组分的脱除，可使处理后的气体中的 $CO_2$ 含量低于 0.1%，该法已有工业应用。但 NMP 溶剂价格昂贵，因此 Purisol 法的大规模应用受到限制。

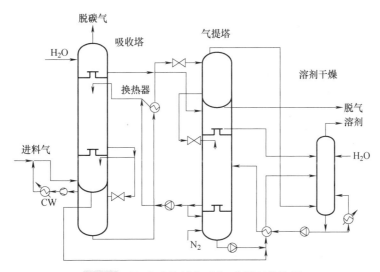

**图 3-4　Purisol 法捕集 $CO_2$ 典型工艺流程**

Purisol 法也可用于乙炔提浓，即从甲烷部分氧化制得的稀乙炔气体中回收乙炔，还可采用 NMP 作萃取剂，从碳四馏分中（碳四馏分是指含有四个碳原子的烃类混合物）回收丁二烯，以及从烃类混合物中回收芳烃。

以上四种典型 $CO_2$ 物理吸收工艺对比见表 3-1。

表 3-1　四种典型 $CO_2$ 物理吸收工艺对比

| 工艺方法 | 低温甲醇法 | 碳酸丙烯酯法 | 聚乙二醇二甲醚法 | N-甲基-2-吡咯烷酮法 |
|---|---|---|---|---|
| 吸收溶剂 | 甲醇 | 碳酸丙烯酯 | 聚乙二醇二甲醚溶液 | N-甲基-2-吡咯烷酮 |
| 吸收温度/℃ | −20～49 | 常温 | 常温 | −15～40 |
| 吸收压力/MPa | 1～8 | 2～3 | 2～3 | 1.5～16 |
| 尾气中 $CO_2$ 含量 | 0.001%～0.05% | 0.1% | 0.02%～20% | 0.1%以下 |
| 再生方法 | 闪蒸法 | 闪蒸法 | 闪蒸法、气提法 | 闪蒸法、气提法 |
| $H_2S$ 脱除率（%） | 100 | 100 | 100 | 100 |
| COS、$CS_2$ 脱除率（%） | 100 | 100 | 100 | 100 |
| 甲硫醇、乙硫醇脱除 | 脱除很少 | 脱除很少 | 脱除很少 | 脱除很少 |
| 主要工艺特点 | 可有选择性地脱除 $H_2S$；需冷冻系统 | 蒸发损失少；适用于高浓度 $CO_2$、$H_2S$ 脱除 | 热和化学性稳定；无腐蚀性；无毒性；可有选择性地脱除 $H_2S$ | 适用于处理大量 $CO_2$ 含量高的气体；可有选择性地脱除 $H_2S$ |

## 3.2　化学吸收法

化学吸收法是指采用化学溶剂，通过化学反应选择性，自气相中脱除易溶于吸收剂成分的方法。其实质是碱性化学溶液通过与酸性 $CO_2$ 发生酸碱中和反应，形成不稳定的盐，从而达到对二氧化碳吸收分离的作用。当外部条件如温度或压力发生改变时，反应逆向进行，实现二氧化碳的解吸及吸收剂的循环再生。$CO_2$ 是一种酸性气体，通常选用呈碱性的化学吸收液来吸收 $CO_2$，如有机胺类吸收剂、钾碱吸收剂和氨水吸收剂等。化学吸收法一般分为有机胺法、热钾碱法、氨法、离子液体法、相变吸收剂法和酶促吸收法等。

化学吸收法对低分压 $CO_2$ 气体吸收效果好、反应稳定，但解吸时能耗较大。化学吸收法技术成熟、效果优异，因而在工业上得到广泛应用。

化学吸收法对锅炉烟气出口低 $CO_2$ 分压的适应性较好，典型的化学吸收法脱除 $CO_2$ 的系统工艺过程如图 3-5 所示。该系统主要包含三个部分：吸收塔、再生塔或解吸塔和贫-富液换热器。吸收塔主要用于吸收液贫液（贫液指含 $CO_2$ 极少的吸收液）的 $CO_2$ 低温吸收，再生塔为 $CO_2$ 吸收液富液（富液指含 $CO_2$ 较多的吸收液）的热再生场所，贫-富液换热器为吸收液贫液和富液之间的能量交换场所，以实现系统能量迁移。

### 3.2.1　有机胺法

有机胺法是指一种通过有机胺溶液与二氧化碳发生化学反应，从而将二氧化碳从其他气体中分离和捕集的方法。最初吸收 $CO_2$ 采用氨水、热钾碱溶液，随着技术的发展和吸收溶剂的不断探索，人们发现有机胺吸收 $CO_2$ 的效果较好。有机胺吸收剂种类较多，分类复杂。有机胺吸收剂按照结构式的不同分为直链有机胺和环状有机胺，其中直链有机胺又可以分为伯胺、仲胺、叔胺；按照氨分子中氢原子被不同类型的烃基取代可分为醇胺、烷基胺和烯胺等；醇胺按照 $NH_3$ 分子中 H 被乙醇取代的个数又可分为单乙醇胺、二乙醇胺、三乙醇胺；按照空间结构的不同，又可以分为空间位阻胺和非空间位阻胺；从活性氮原子个数上分类，则可分为单级胺和多级胺；按照使用胺吸收剂种类数量又可以分为单组分胺和混合胺。

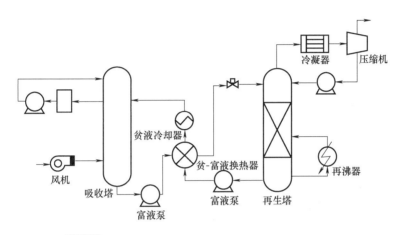

图 3-5　典型的化学吸收法脱除 $CO_2$ 的系统工艺过程

常用的有机胺主要包括醇胺、烷基胺（分子中含有烷基和胺基的有机化合物）、空间位阻胺等，以单乙醇胺（MEA）为代表的醇胺法捕集技术比较成熟。

常用的单氨基醇胺类吸收剂有乙醇胺、二乙醇胺、三乙醇胺和 N-甲基二乙醇胺（MDEA）；多氨基胺类吸收剂有乙二胺、二乙烯三胺（DETA）、三乙烯四胺（TETA）、四乙烯五胺（TEPA）、五乙烯六胺（PEHA）、羟乙基乙二胺等；典型的空间位阻胺吸收剂有 2-氨基-2-甲基-1-丙醇（AMP），典型的环状有机胺类有哌嗪（PZ）。常用有机胺吸收剂见表 3-2。

表 3-2　常用有机胺吸收剂

| 中文名 | 简称 | 化学式 | CAS 号 |
|---|---|---|---|
| 乙醇胺 | MEA | $C_2H_7NO$ | 141-43-5 |
| 二乙醇胺 | DEA | $C_4H_{11}NO_2$ | 111-42-2 |
| 三乙醇胺 | TEA | $C_6H_{15}NO_3$ | 102-71-6 |
| N-甲基二乙醇胺 | MDEA | $C_5H_{13}NO_2$ | 105-59-9 |
| 乙二胺 | EDA | $C_2H_8N_2$ | 107-15-3 |
| 二乙烯三胺 | DETA | $C_4H_{13}N_3$ | 111-40-0 |

（续）

| 中文名 | 简称 | 化学式 | CAS 号 |
|--------|------|--------|--------|
| 三乙烯四胺 | TETA | $C_6H_{18}N_4$ | 112-24-3 |
| 四乙烯五胺 | TEPA | $C_8H_{23}N_5$ | 112-57-2 |
| 五乙烯六胺 | PEHA | $C_{10}H_{28}N_6$ | 4067-16-7 |
| 羟乙基乙二胺 | AEEA | $C_4H_{12}N_2O$ | 111-41-1 |
| 2-氨基-2-甲基-1-丙醇 | AMP | $C_4H_{11}NO$ | 124-68-5 |
| 哌嗪 | PZ | $C_4H_{10}N_2$ | 110-85-0 |

（1）单组分胺吸收剂 MEA 是应用最早的有机胺吸收剂，它在室温下为无色透明的黏稠液体，具有一定的吸湿性，而且化学活性较好，其相对分子质量较小，碱性在所有的有机胺中是最强的。因此，在与其他有机胺浓度相同的情况下，与 $CO_2$ 反应的速度较快，脱除效率高，具有更强的吸收能力，应用最为广泛。但是 MEA 存在一些不足，当有水存在时，MEA 会与 $CO_2$ 和水反应生成重碳酸盐，导致溶液再生的能耗增加，还会生成少量比较稳定的氨基甲酸盐，造成设备腐蚀，解吸过程相对缓慢，需要较高温度，并且其能耗也相对较大。同时，MEA 很容易发泡及降解变质，在净化过程中，MEA 与 $CO_2$ 会发生副反应，产生难以再生降解的产物，会导致溶剂丧失脱碳的能力。

MDEA 的化学性质非常稳定，不易降解且无毒，作为一种 $CO_2$ 吸收剂，它具有易解吸、稳定性好、高 $CO_2$ 分压下吸收量大的优点，但是其缺点也十分明显，如 $CO_2$ 的吸收速率慢，降低了单位时间内处理 $CO_2$ 的能力，限制了其广泛的应用。

有机胺捕集 $CO_2$
的基本原理

AMP 作为一种典型的空间位阻胺，具有特殊的结构特点，解吸速率快，生成的碳酸盐非常不稳定，有利于吸收剂的再生且减少所需的能耗。同时，其具有很强的吸收性能和高反应性，具有与 MDEA 相同的吸收能力，吸收速率远高于 MDEA，但仍低于 MEA 和仲胺。

单一胺类吸收剂例如 MEA、二乙醇胺（DEA）和 N-甲基二乙醇胺（MDEA）等都存在明显的缺点，如再生能耗高、对设备腐蚀性大等。

（2）混合胺吸收剂 混合胺吸收剂是将不同类型的有机胺按照一定比例进行混合或向单一有机胺溶液中添加活性剂所得的溶液。混合胺吸收剂可以有效地改善解吸能耗较大和易降解性的问题，可弥补单一有机胺的缺陷，在吸收过程中发挥不同有机胺的优势，从而提升整体吸收 $CO_2$ 的性能。其反应机理与伯胺、仲胺和叔胺一致，但溶液中不同类型的有机胺会按照活性大小同时进行或先后进行反应，且反应过程中还可能存在交互作用。使用由多种有机胺复配的混合型吸收剂，可以产生更好的 $CO_2$ 捕集效果。混合型吸收剂作为第二代化学吸收剂的代表，与传统单组分吸收剂相比，在吸收速率、溶解度、腐蚀性和再生能耗等方面都有很大改善，最有可能实现低能耗工业化应用。

典型的有机胺吸收剂按照氮原子附近的活性氢原子数目的不同可以划分为三类，即伯胺、仲胺和叔胺，其中伯胺含有两个活性氢原子、仲胺含有一个活性氢原子，叔胺没有活性氢原子。以下介绍不同有机胺吸收剂与 $CO_2$ 反应机理如下。

（1）伯胺和仲胺吸收剂与 $CO_2$ 反应机理　采用伯胺（如单乙醇胺）和仲胺（如二乙醇胺）作为吸收剂时，胺与 $CO_2$ 反应形成两性离子，此两性离子将和胺反应生成氨基甲酸根离子，以醇胺为例，R 为链烷醇基，$R^1$ 为 H 原子或链烷醇基，具体反应机理为

$$CO_2 + RR^1NH \Longleftrightarrow RR^1NH^+COO^- \tag{3-8}$$

$$RR^1NH + RR^1NH^+COO^- \Longleftrightarrow RR^1NCOO^- + RR^1NH_2^+ \tag{3-9}$$

总反应为

$$2RR^1NH + CO_2 \Longleftrightarrow RR^1NCOO^- + RR^1NH_2^+ \tag{3-10}$$

由式（3-10）可看出，伯胺和仲胺为吸收剂时将会受到热力学的限制，即每摩尔醇胺最大的吸收能力为 0.5mol $CO_2$。然而，由于部分氨基甲酸根可能会水解生成自由醇胺，即

$$RR^1NCOO^- + H_2O \Longleftrightarrow RR^1NH + HCO_3^- \tag{3-11}$$

故其吸收能力有时可能会小幅大于 0.5mol。所以当使用伯胺和仲胺为吸收剂时，其特点是吸收反应速率快，但吸收容量较小。

（2）叔胺吸收剂与 $CO_2$ 反应机理　叔胺吸收剂（如三乙醇胺）中氮原子只与碳原子成键，因而在反应时不会形成氨基甲酸根，它在吸收过程中作为水解时的催化剂，使被吸收的 $CO_2$ 形成碳酸氢根离子，（以三乙醇胺为例，其中 R、$R^1$、$R^2$ 为链烷醇基）总反应为

$$RR^1R^2N + CO_2 + H_2O \Longleftrightarrow RR^1R^2NH^+ + HCO_3^- \tag{3-12}$$

由式（3-12）可看出，叔胺不受热力学的限制，其每摩尔醇胺最大的吸收能力为 1mol $CO_2$，但其吸收速率低。

（3）空间位阻胺吸收剂与 $CO_2$ 反应机理　对于空间位阻胺而言，由于其 N 原子上接有一个大的官能基，阻碍胺与 $CO_2$ 的键结，从而降低氨基甲酸根的稳定性，使得氨基甲酸根极易水解还原成胺及碳酸氢根离子，因此其最大吸收能力与叔胺相同，且吸收速率与伯胺、仲胺相当。以典型的空间位阻胺 2-氨基-2-甲基-1-丙醇为例，它与 $CO_2$ 反应机理为

$$RNH_2 + CO_2 + H_2O \Longleftrightarrow RNH_3^+ + HCO_3^- \tag{3-13}$$

有机胺吸收 $CO_2$ 是吸收 $CO_2$ 最成熟，且唯一实现大规模工业化应用的二氧化碳捕集技术。同时，有机胺法捕集二氧化碳具有高捕集效率、选择性较好、可再生性及适用范围广等优点。但它也存在缺点，如能耗较高、有机胺易挥发、有腐蚀性、成本较高及可能产生副产物等。在实际应用中，需要综合考虑有机胺法的优缺点，根据具体情况选择合适的捕集方法。

以 MEA 为吸收剂的 $CO_2$ 吸收典型工艺流程如图 3-6 所示，MEA 能够较快与 $CO_2$ 反应，生成氨基甲酸盐化合物。MEA 在加热过程中使氨基甲酸盐分解，$CO_2$ 从中解吸出来，达到脱除 $CO_2$ 的目的，实现 $CO_2$ 捕集与富集。具体流程：脱硫烟气经预处理降温（0~12% $CO_2$，40℃），进入吸收塔底部，在吸收塔内与吸收剂发生反应后，从塔顶排出，进入水洗塔，回收部分挥发的有机胺。弱碱性的 MEA 溶液从吸收塔塔顶喷淋，在吸收塔内与 $CO_2$ 反应，生成氨基甲酸盐或者碳酸氢盐。富液由塔底排出，经贫-富液换热器升温后进入再生塔（不超过 120℃），氨基甲酸盐或碳酸氢盐受热分解释放 $CO_2$，再生后的吸收剂由再生塔塔底排出，

经贫-富液换热器、贫液冷却器冷却后进入吸收塔循环吸收 $CO_2$。再生气体（$CO_2$、$H_2O$）经冷凝分离 $CO_2$，压缩后用于 $CO_2$ 利用单元，回收的水送回再生塔。

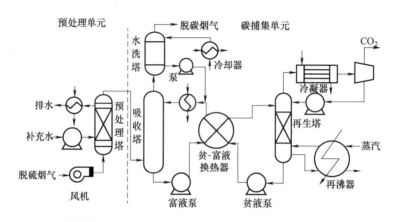

图 3-6　以 MEA 为吸收剂的 $CO_2$ 吸收典型工艺流程

### 3.2.2 热钾碱法

热钾碱法是以碳酸钾溶液为吸收剂，在高温下吸收 $CO_2$ 的一种方法。

该方法捕集 $CO_2$ 的原理：高浓度的碳酸钾水溶液与 $CO_2$ 发生化学反应生成碳酸氢钾，然后对生成的碳酸氢钾进行高温加热或减压处理，解吸出 $CO_2$ 并同时生成碳酸钾，使吸收剂实现再生循环利用，反应方程式为

$$K_2CO_3 + CO_2 + H_2O \Longleftrightarrow 2KHCO_3 \tag{3-14}$$

热钾碱法具有成本低、稳定性高、再生能耗低、毒性小等优点。另外，热钾碱溶液吸收 $CO_2$ 的温度与吸收液再生反应释放 $CO_2$ 的温度非常接近，因而比有机胺法简化了吸收的流程，减少了再沸所需的能耗，同时，随着 $K_2CO_3$ 的浓度升高，吸收液的吸收能力也会增大，使得吸收的反应速率不断加快。但是由于热 $K_2CO_3$ 溶液对钢材设备腐蚀较大，通常需要添加缓蚀剂减少对设备的腐蚀。

由于单纯热钾碱溶液对 $CO_2$ 的吸收速率低，通常在热钾碱溶液中添加无机活化剂（如三氧化二砷、硼酸、磷酸）或有机活化剂（4-(2-氰基-4-硝基苯基）呱嗪-1-酸叔丁醋、有机胺等）来提高捕集过程中 $CO_2$ 吸收和解吸的速率。热钾碱法中添加活化剂三氧化二砷，即为含砷热钾碱法（也称为 G-V 法）；三氧化二砷作为最早使用的活化剂，活化效果好，吸收效率提高大，但三氧化二砷含有剧毒，存在安全隐患。因此，三氧化二砷已经被氨基乙酸、二乙醇胺、乙二醇胺等活化剂所替代。在传统热钾碱法中添加活化剂二乙醇胺，即为本菲尔德法（Benfield 法）。二乙醇胺作为活化剂应用广泛，它有效改善了原溶液的吸收效果，但存在再生能力差、溶剂成本高等缺点。

作为较早的捕集 $CO_2$ 方法之一，热钾碱法在制氨、天然气和制氢等化工类行业中广泛用于脱碳工艺。

热钾碱法捕集 $CO_2$ 典型工艺流程如图 3-7 所示。低温下 $K_2CO_3$ 溶液吸收 $CO_2$ 的速度很

慢，溶液的吸收能力也很低，提高温度后，不仅吸收速度加快（由于 $K_2CO_3$ 在水中的溶解度随温度的升高而增加，而溶液的吸收能力随 $K_2CO_3$ 在水中的溶解度的升高而增加，且溶液的吸收能力随 $K_2CO_3$ 浓度的提高而增大），而且提高了溶液的吸收能力。因此，用 $K_2CO_3$ 溶液吸收 $CO_2$ 的过程都在较高的温度下进行。通常采用的吸收温度为 $105 \sim 110\,℃$，所以热钾碱法也称为热活化钾碱法。温度提高后，溶液表面上 $CO_2$ 的分压提高，为保持较高的吸收速率，吸收过程必须在加压下进行，通常采用的吸收压力为 $9.8 \sim 29.4kPa$。$K_2CO_3$ 溶液吸收 $CO_2$ 的过程中，$K_2CO_3$ 逐渐转变为 $KHCO_3$，溶液的吸收能力逐渐减弱，当达到一定的转化率时，溶液必须进行再生。溶液的再生是在减压、加热的条件下进行的。再生压力通常取 $0.98 \sim 2.94kPa$，再生温度在 $105 \sim 115\,℃$ 之间。

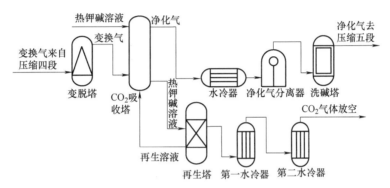

图 3-7　热钾碱法捕集 $CO_2$ 典型工艺流程

### 3.2.3　氨法

氨法是指使用氨水溶液作为吸收剂捕集 $CO_2$ 的方法。氨水溶液是应用较早的一种 $CO_2$ 吸收剂。

氨水吸收剂吸收 $CO_2$ 的机理如图 3-8 所示。氨水吸收 $CO_2$ 涉及化学反应较多，通过不同机理进行反应，总反应机理可以概括为二氧化碳、氨和水反应生成碳酸氢铵，化学方程式为

$$NH_3(aq) + CO_2(g) + H_2O(l) \Longleftrightarrow NH_4HCO_3(s) \tag{3-15}$$

然而，实际的化学反应步骤是相当复杂的，必须经历许多中间反应步骤才能完成捕集。首先，氨与 $CO_2$ 会反应生成氨基甲酸铵，即

$$2NH_3(aq) + CO_2(g) \Longleftrightarrow NH_2COONH_4(aq) \tag{3-16}$$

氨基甲酸铵被进一步水解成碳酸氢铵和氨，即

$$NH_2COONH_4(aq) + H_2O(l) \Longleftrightarrow NH_4HCO_3(aq) + NH_3(aq) \tag{3-17}$$

同时，氨与水形成氨水，再与碳酸氢铵反应生成碳酸铵，即

$$NH_3(aq) + NH_4HCO_3(aq) + H_2O(l) \Longleftrightarrow (NH_4)_2CO_3(aq) \tag{3-18}$$

最后，在过量 $CO_2$ 条件下，碳酸铵继续吸收 $CO_2$，生成碳酸氢铵并析出，见式（3-19）。

$$(NH_4)_2CO_3(aq) + CO_2(g) + H_2O(l) \Longleftrightarrow 2NH_4HCO_3(s) \tag{3-19}$$

该工艺所有反应均是可逆反应，基于此反应机理的吸收再生循环工艺需要的反应热远远低于胺类溶液吸收工艺，因此，可降低再生能耗。相较于胺类溶液吸收工艺，氨水吸收工艺

还有其他一些优势，如吸收容量相对较大、无热降级和氧化降级、腐蚀性小，以及能同时脱除多种酸性气体（热降级是指在高温条件下，物质发生化学变化，导致其结构和性质发生改变的过程。氧化降级则是指在氧化条件下发生的化学变化）。吸收再生过程无降解、吸收剂不氧化、吸收剂价格低，并且可以在高压条件下再生。

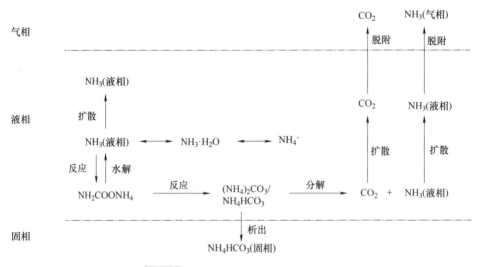

**图 3-8** 氨水吸收剂吸收 $CO_2$ 的机理

氨法虽然有上述优势，但采用氨水溶液作为 $CO_2$ 吸收剂仍有以下主要缺陷：①氨水溶液具有挥发性，在 $CO_2$ 吸收过程中，脱除 $CO_2$ 之后的烟气会含有高浓度的逃逸氨气（逃逸氨气是指氨气从原本应被限制或控制的区域、系统或设备中泄漏或散发出去），因而需要对逃逸氨进行清洗后烟气才能排放。在大型工业应用场景下，这部分氨损失将导致较高的吸收剂补充率，以及大量的含氨废水的产生，对于该含氨废水的再生处理增加了设备投资，也带来额外的热量消耗。在 $CO_2$ 解吸过程中，即吸收剂的高温再生时，氨逃逸率偏高，从解吸塔出来的混合气中含有较高含量的氨气，不利于吸收剂的再生，同时该混合气经过冷凝器后温度降低，其中含有的水汽发生冷凝，该过程同时伴随着 $NH_3$ 与 $CO_2$ 的反应，生成的碳酸氢铵有可能在低温下发生结晶，容易造成堵塞设备导致系统异常问题；②氨水溶液作为吸收剂对 $CO_2$ 的平均吸收速率太低，这会给吸收过程带来影响。与有机胺类相比，为了实现相当的 $CO_2$ 脱除效率，采用氨水作为吸收溶液时将会需要采用更大尺寸的吸收反应器或者采用更大的液气比，这将增大脱碳过程的固定成本和运行成本。为了增大 $CO_2$ 吸收速率，可以采用提高氨水浓度和吸收反应温度等方式，但这将同时增加吸收过程的氨逃逸速率，因而受到限制。

冷却氨水溶液捕集 $CO_2$ 典型工艺流程如图 3-9 所示。在直接接触冷却器（DCC）中先对烟气进行冷却，并通过从 $NH_3$ 解吸塔释放的氨除去 $SO_x$。脱硫后的烟气进入 $CO_2$ 吸收塔，在该吸收塔中通过氨水除去 $CO_2$。吸收塔中的温度由溶剂泵控制在大约 $12 \sim 13℃$。在将净化的烟气排放到大气之前，吸收塔顶部的水洗段回收烟气中过量的氨，再从 $NH_3$ 解吸塔中释放出来并循环到该过程中。富含 $CO_2$ 的氨水在 $CO_2$ 解吸塔中再生，该解吸塔在

2.5MPa 下运行。得到的高纯度 $CO_2$ 通过进一步加压以满足运输要求。在这一过程中，溶剂再生和氨回收系统需要热能，制冷、抽吸和压缩需要电能。余热可以用来满足一部分的热能需求。

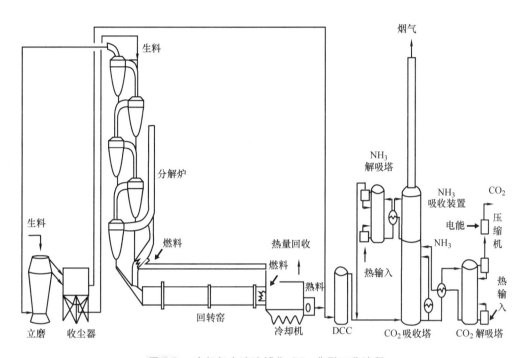

**图 3-9**　冷却氨水溶液捕集 $CO_2$ 典型工艺流程

### 3.2.4　离子液体法

离子液体法是用离子液体作为溶剂，通过物理或化学作用，从混合气体中有选择性地捕集二氧化碳的方法。离子液体（ILs）是指完全由特定有机阳离子和无机或有机阴离子组成的离子性液体。传统的盐，如 KOH、KCl 等，因其紧密排列的对称离子之间存在相对较强的离子相互作用，在室温条件下呈现固态，在高温条件下可以呈液相熔融态，而离子液体熔点低，在室温下呈液体状态，所以又称室温熔融盐。离子液体作为绿色化学的代表之一，由于其挥发性与腐蚀性非常弱，且具有易再生、能耗低等优势，成为极具潜力的新型绿色 $CO_2$ 吸收剂。

**1. 离子液体的分类**

常见的离子液体根据其结构特点和吸收 $CO_2$ 机制，通常分为三类：常规离子液体、功能化离子液体和聚离子液体。

常规离子液体主要根据阴阳离子的类型划分，其中阳离子主要有咪唑类、吡啶类、季铵类、季鏻类等，阴离子主要有卤素类、氨基酸类、硼酸类、磷酸类等。常见的阳离子和阴离子见表 3-3。其中，咪唑类碱性较强，在碱性环境中易烷基化，是用于 $CO_2$ 捕集比较常见的一类离子液体。

表 3-3　常见的阳离子和阴离子

| 离子液体种类 | | 结构式 |
| --- | --- | --- |
| 阳离子 | 咪唑类 | |
| | 吡啶类 | |
| | 吡咯烷类 | |
| | 季铵/季鏻类 | |
| 阴离子 | 卤素类 | $Cl^-$　　　　　　　$Br^-$ |
| | 硼酸类 | |
| | 磷酸类 | |
| | 氨基酸类 | $HS\text{-}CH_2\text{-}CH(NH_2)\text{-}COO^-$　　　$H_2N\text{-}(CH_2)_4\text{-}CH(NH_2)\text{-}COO^-$ |

常规离子液体捕集 $CO_2$ 通常以物理吸收为主，因此对 $CO_2$ 具有良好的吸收作用，但只是通过改变离子液体一些物理性质的指标对 $CO_2$ 进行捕集，导致其对 $CO_2$ 的溶解度小，吸收量也较小。同时，这些常规离子液体通常需要较高的操作压力才能获得较好的气体吸收分离率，存在吸收速率慢、吸收容量低等缺陷，不利于气量大、$CO_2$ 分压低的混合烟气中 $CO_2$ 的分离与吸收。

功能化离子液体（TSIL）是根据离子液体结构可调的性质，将一些特殊的官能团引入常规离子液体的阴离子或阳离子上，如氨基咪唑离子液体、氨基酸类离子液体、醚基离子液体、腈类离子液体、羟基离子液体等。

当常规离子液体中设计引入一些特殊基团后，这些常规离子液体具有强抗氧化性、低蒸气压、低再生能耗、高吸收容量等特性。氨基酸盐广泛存在于自然界，具有易于获得、无毒且易于生物降解的优点。同时，氨基酸类功能化离子液体不仅具有常规离子液体的理化特性，还具有氨基酸盐的 $CO_2$ 化学吸收能力，因此氨基酸功能化离子液体在 $CO_2$ 捕集技术研究领域中最为常见，其中包括乳酸盐类、磺酸盐类。

作为一种极具发展潜力的新型 $CO_2$ 吸收剂，功能化离子液体既保留了传统离子液体的特性，又显著提高了 $CO_2$ 吸收性能。但是，与常规离子液体相比，功能化离子液体一般黏度较大，特别是吸收 $CO_2$ 后黏度剧增。黏度过大不利于离子液体的吸收、解吸，以及工业化应用。

聚离子液体是指在重复单元上具有阴、阳离子基团的一类聚合物。由离子液体的单体通过聚合反应生成，它在低温下可以变为液态，不仅具有离子液体与聚合物的优点，还具有其独特的优势，包括优异的离子导电性、化学稳定性、不易燃烧等特性。此外，聚离子液体性质稳定、不易挥发，可循环使用，而且结构可控，吸收过程中可不使用水，从而有效防止设备腐蚀。目前，由于离子液体溶剂成本较高，且离子液体还存在黏度较高且黏度随 $CO_2$ 吸收量增多而提高，使得吸收剂循环泵的能耗升高等问题，制约了其工业实际大规模应用。

**2. 离子液体捕集 $CO_2$ 原理**

离子液体捕集 $CO_2$ 主要是通过离子液体和 $CO_2$ 之间的物理作用，将 $CO_2$ 固定于离子液体的网状孔隙中，利用离子液体特有的氢键网络结构及阴离子与 $CO_2$ 的特殊作用来达到吸收 $CO_2$ 的目的，此外可以将一些特殊的官能团引入常规离子液体的阴离子或阳离子上。离子液体捕集 $CO_2$ 主要原理包括：

1）Lewis（路易斯）酸碱相互作用原理：$CO_2$ 与阴离子之间存在弱 Lewis 酸碱相互作用，阴离子为 Lewis 碱，$CO_2$ 为 Lewis 酸。$CO_2$ 与阴离子之间的 Lewis 酸碱相互作用主导了阴离子-$CO_2$ 配合物，Lewis 酸碱相互作用的强度与阴离子的碱度成正比，而 $CO_2$ 在 ILs 中的溶解度与结合能成反比。Lewis 酸碱相互作用在 $CO_2$ 分离中起重要作用，但不是唯一的作用。

2）重组原理：加入 $CO_2$ 后的 ILs 结构几乎没有受到干扰。ILs 中的空腔不足以定位 $CO_2$ 分子，因此 $CO_2$ 被容纳在由 ［$PF_6$］$^-$ 阴离子（六氟磷酸根离子）的小角度重排形成的较大空腔中，但小角度重排并没有显著改变阳离子-阴离子的径向分布函数。$CO_2$ 分子分布在咪唑环的上方或下方或烷基链附近。除了咪唑基 ILs 外，六甲基氯脒（HMG）也可以重排并形成更大的空腔来容纳 $CO_2$。

3）自由体积原理：一般来说，ILs 的自由体积越大，其能容纳的 $CO_2$ 就越多。通过阳离子上烷基链长度的增加，或阳离子或阴离子的氟化，可增加 ILs 的自由体积，有利于改善 $CO_2$ 的溶解度。相同温度下，一般 ILs 链长越长，分子体积越大，$CO_2$ 吸收量越大。这是由于阳离子烷基链增长，阴、阳离子间相互作用力减弱，ILs 自由体积增加，从而为 $CO_2$ 物理吸收提供了更大的容纳空间。同时，分子体积的增加能够提高溶剂化体系的负熵程度（溶剂化体系是指溶质分子与溶剂分子之间发生相互作用的体系。负熵表示系统的有序性或确定性增加），使 $CO_2$ 分子更易稳定地分布在 ILs 周围。

4）胺-$CO_2$ 化学相互作用：在 ILs 的阳离子或阴离子上的氨基通常可以通过不同的机制与 $CO_2$ 发生反应。对于含有氨基的阳离子功能化 ILs，如单氨基的 IL［$NH_2$P-bim］［$BF_4$］和双氨基的 IL DAIL，其可以与 $CO_2$ 以类似于水胺体系的氨基甲酸酯机制反应，如图 3-10 所示，从而实现 $CO_2$ 捕集。

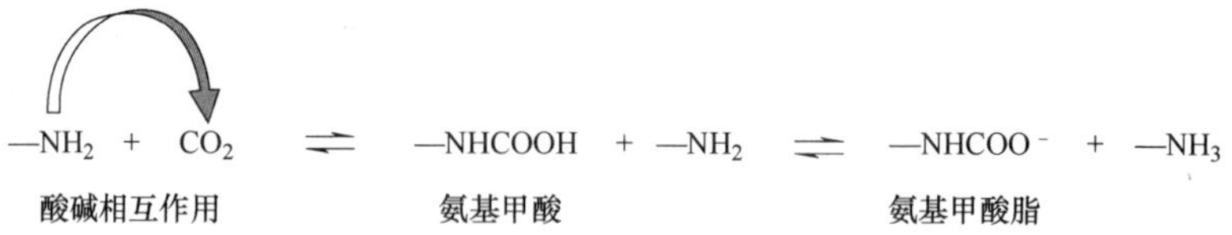

$$—NH_2 + CO_2 \rightleftharpoons —NHCOOH + —NH_2 \rightleftharpoons —NHCOO^- + —NH_3$$

酸碱相互作用          氨基甲酸          氨基甲酸脂

图 3-10    氨基功能化离子液体 $CO_2$ 捕集机理

### 3. 离子液体的合成

氨基酸功能化离子液体合成路线如图 3-11 所示。

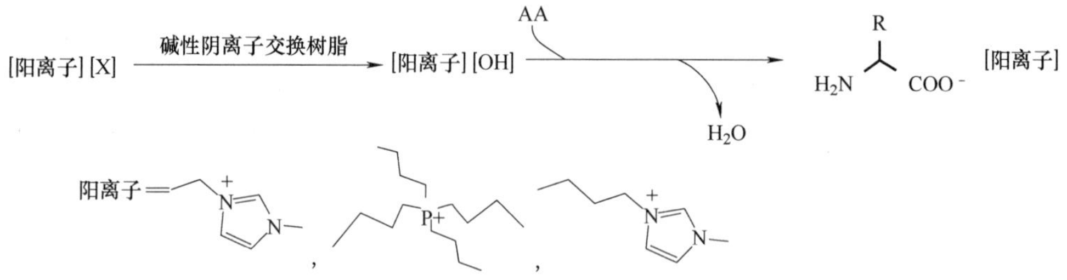

图 3-11    氨基酸功能化离子液体合成路线

注：X 代表 $Br^-$、$Cl^-$ 等；R 代表烃基；AA 代表合成氨基酸功能化离子液体中的阳离子。

离子液体的合成方法主要分为一步法和两步法。其中，一步法主要是利用酸碱中和反应一步合成目标离子液体，常用的还有季铵化反应（见图 3-12）。除此之外，烷基咪唑与甲醛、乙二醛、伯胺、氟硼酸等原料的水溶液也能够经一步反应直接生成咪唑类离子液体。在离子液体的一步法合成过程中，运用超声波或微波等辅助手段可以加速反应的进行，并提高产物的纯度和产率。

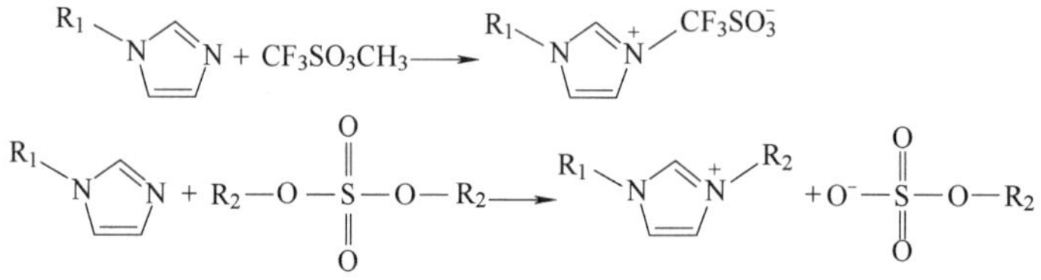

图 3-12    一步法合成离子液体的技术路线

离子液体的两步法又称为间接合成法。以二烷基咪唑为例：第一步为烷基化反应，卤代烷烃 RX 和烷基咪唑反应生成目标阳离子的卤化物；第二步为离子交换反应，通常用含有目标阴离子的无机盐与第一步中产物进行反应，置换出卤素离子，分离纯化后得到终产物。两步法（间接合成法）合成离子液体的路线如图 3-13 所示。

采用 ILs 捕集 $CO_2$ 的主要优势：在室温下蒸气的压力较低、液体的温度范围比较宽、有很强的热稳定性、不易燃烧、溶解性能好、电化学窗口很宽、阴阳离子具有良好的可调谐性等（电化学窗口是指在电化学体系中，电解质溶液能够稳定工作的电位范围。可调谐性指的是阴阳离子在某些方面具有可调节、可改变或可控制的特性）。且离子液体的物理化学性质还可以通过阴阳离子基团的设计而改变，因此，可通过对离子液体进行特定的裁剪（"裁剪"是指对离子液体进行特定的设计、调整或修改）使其用于 $CO_2$ 的捕集。离子液体不仅能溶解 $CO_2$，且其在宽广的温度区间保持稳定，同时蒸气压很低。因为大多数离子液体和 $CO_2$ 之间的相互作用是通过其阴离子与 $CO_2$ 之间弱的路易斯酸碱作用实现的（路易斯酸碱作用是指路易斯酸和路易斯碱之间通过共享电子对发生的相互作用），所以通过很少的热量消耗就可实现处理液的再生。

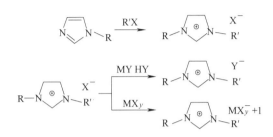

**图 3-13　两步法（间接合成法）合成离子液体的路线**

MY—金属盐　HY—强质子酸

## 3.2.5　相变吸收剂法

相变吸收剂法是基于有机胺水溶液开发出来的一种具有较低再生能耗的 $CO_2$ 捕集方法。相变吸收剂法使用的吸收剂是一种由有机溶剂和水组成的混合物，在捕集到二氧化碳形成新的产物或改变温度后，变成互不相溶的两相，一相是二氧化碳富集相，另一相是二氧化碳贫相，可以机械分离两相。溶剂再生只需取二氧化碳富集相（固态或液态）即可。此方法能够显著降低再生能耗，是有潜力的低能耗 $CO_2$ 捕集技术之一。$CO_2$ 相变吸收体系如图 3-14 所示。

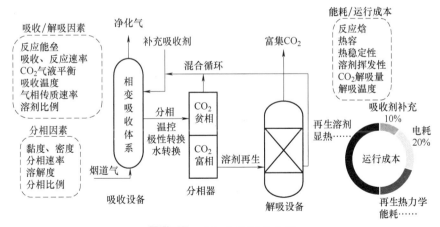

**图 3-14　$CO_2$ 相变吸收体系**

### 1. 相变吸收剂的分类

相变吸收剂由于在吸收 $CO_2$ 过程中出现吸收剂-吸收产物的分相现象而得名，相变吸收剂根据其反应产物形态可分为两类：一类是固-液相变吸收剂，即反应产物在吸收 $CO_2$ 后以固态的形式析出，经分离后加热固相来再生吸收剂，从而吸收剂得以重复利用，这种用于再生的固相反应产物基本上不含物理水，从而避免了传统热解吸过程中因为加热水分所需的大量汽化热，使得再生能耗大幅降低；另一类是液-液相变吸收剂，即吸收剂在吸收 $CO_2$ 后反应产物仍然会以液相的形式存在，但是因为 $CO_2$ 负荷不同，贫液和富液会分为明显的两相。

（1）固-液相变吸收剂　　固-液相变吸收剂在吸收 $CO_2$ 前呈均相，吸收 $CO_2$ 后，与 $CO_2$ 的反应产物能以固体的形式从液相主体中析出，所以固-液两相的分离比液-液分离更方便。固-液相变 $CO_2$ 吸收剂主要可分为三类：有机胺非水溶液、盐溶液和离子液体固-液相变吸收剂。有机胺非水溶液以有机胺作为吸收活性组分、有机溶剂充当相分离剂，具有吸收速率快、腐蚀性小的优点，但其吸收 $CO_2$ 后固相产物易形成黏稠胶状物且再生较困难；盐溶液固-液相变吸收剂主要包括氨基酸盐和碳酸盐水溶液或贫水溶液，具有成本低、原料易得的优点，但现有盐溶液相变吸收剂的固-液相变特性及相分离效率有待进一步改善；离子液体固-液相变吸收剂主要有常规离子液体（溶剂）/有机胺（活性组分）和功能化离子液体（活性组分）/有机试剂（溶剂）两种体系，具有热稳定性好和再生效率高等特点，但离子液体合成较复杂且使用成本较高。总之，相比于传统有机胺吸收剂，固-液相变 $CO_2$ 吸收剂具有较好的节能效果，有利于高效低能耗的 $CO_2$ 捕集。

（2）液-液相变吸收剂　　液-液相变吸收剂按照相变机理可分为 $CO_2$ 触发式液-液相变和 $CO_2$ 温控式液-液相变。$CO_2$ 触发式液-液相变吸收剂的分相原理为吸收剂吸收 $CO_2$ 后，溶液的性质发生改变。通常会由低极性转化为高极性，由低离子强度转化为高离子强度。此时 $CO_2$ 产物在溶剂中的溶解度发生改变，出现液-液分相的现象。

$CO_2$ 温控式液-液相变吸收剂主要利用受温度的影响而发生相变现象。该类相变吸收剂的主吸收剂通常为亲脂性有机胺（具有亲脂特性的有机胺类化合物），低温时依靠氨基与水之间的氢键，溶解在水中，不发生相变；高温时分子间氢键逐渐被破坏，使其与水不互溶，进而发生液-液相变。$CO_2$ 温控式液-液相变吸收剂原理如图 3-15 所示。

液-液相变吸收剂一般由胺、醇和水三种物质所构成，其分相原理主要基于亲脂性胺构建，吸收剂中亲脂性胺分子中烷基和氨基具有水溶性差异，并且受温度影响显著。氨基为亲水性基团，在低温时氨基与水分子形成氢键，亲脂性胺则可溶于水中。当温度升高到某一临界值，氨基与水间的氢键断裂，此时烷基的疏水性使胺分子发生自聚，与水分离，从而发生液-液分相。基于 MEA 的液-液相变吸收剂分相示意如图 3-16 所示。

**2. 相变吸收原理**

相变吸收剂吸收 $CO_2$ 的反应机理与乙醇胺和混合胺相同，伯胺、仲胺与 $CO_2$ 反应遵循两性离子机理（两性离子机理是指在伯胺或仲胺与二氧化碳的反应中，反应物通过形成两性离子中间体来促进反应进行的一种机理），叔胺与 $CO_2$ 反应遵循碱性催化机理（碱性催化机理是指在反应中，叔胺通过提供碱性环境来加速化学反应的进行）。而相变吸收剂吸收 $CO_2$ 常在一定的负载范围内发生相变，相变机理是在混合胺相变吸收剂吸收 $CO_2$ 的过程中，伯胺、仲胺优先与 $CO_2$ 发生反应，生成氨基甲酸盐和质子化胺，反应一段时间后，叔胺和 $CO_2$ 反应生成碳酸氢盐和质子化胺。当氨基甲酸盐、碳酸氢盐和质子化胺达到一定浓度之后，这些带电荷的产物会和水之间产生较强的离子-偶极键作用，溶于水形成富相，而叔胺则会和这些产物产生极性和密度差异而富集于贫相，因此产生相变。

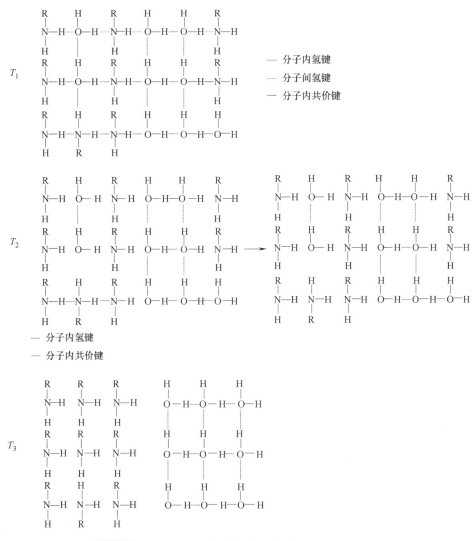

图 3-15　$CO_2$ 温控式液-液相变吸收剂原理（$T_1 < T_2 < T_3$）

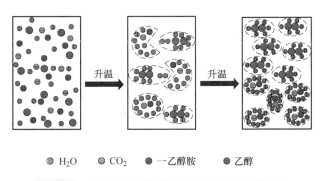

⊕ $H_2O$　⊜ $CO_2$　● 一乙醇胺　● 乙醇

图 3-16　基于 MEA 的液-液相变吸收剂分相示意

**3. 相变吸收剂法典型工艺**

相变吸收剂的相变模式主要包括两种：一种是吸收剂吸收 $CO_2$ 后从吸收塔流出时就发

生分相，$CO_2$ 贫-富相分离后，将富相送去贫-富液换热器和解吸塔，通过减少进入解吸塔的富液量来降低换热器的换热负荷，并且不需装富液加热器，但吸收后的高黏度富液易滞留在填料中，影响二次吸收；另一种是吸收剂吸收 $CO_2$ 后为均一相，经贫-富液换热器进入解吸塔，再生时发生分相，有机相不断萃取水相中的有机胺，使反应平衡向 $CO_2$ 解吸方向进行，降低再生温度，从而减少了再沸器负荷。此工艺复杂且设备成本较大，因此，工业应用不强。

相对于传统热解吸，采用吸收后分相的相变吸收剂后，进入解吸塔的 $CO_2$ 富液量大幅减小，通过降低换热负荷使得再生能耗得到显著降低，因此，相变吸收剂被认为是一种理想的 $CO_2$ 吸收剂。相变吸收剂捕集 $CO_2$ 的典型工艺流程如图 3-17 所示，在相变系统的解吸过程中，富含 $CO_2$ 的相通过分相器分离，通过热交换器加热到一定温度后送入解吸塔，富相解吸后变为贫相和原贫 $CO_2$ 相混合，送回吸收塔进行循环利用。

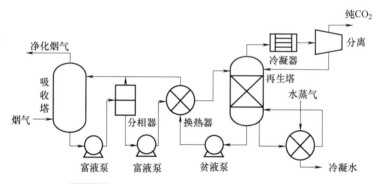

图 3-17　相变吸收剂捕集 $CO_2$ 的典型工艺流程

（1）固-液相变吸收工艺　固-液相变吸收剂在吸收 $CO_2$ 前呈均相，吸收 $CO_2$ 后，与 $CO_2$ 的反应产物能以固体的形式从液相主体中析出，发生固-液分相。通常情况下，$CO_2$ 被吸收富含在固相内，固相产物大多为氨基甲酸盐或碳酸氢盐。再生时，只需将固相升温加热，后与贫液混合，即可实现再生循环。固-液相变吸收剂捕集 $CO_2$ 的工艺流程如图 3-18 所示。

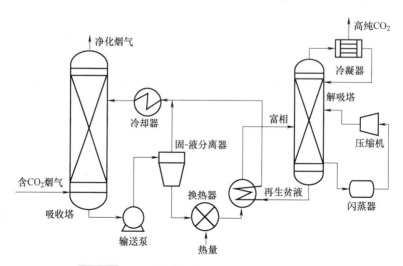

图 3-18　固-液相变吸收剂捕集 $CO_2$ 的工艺流程

（2）液-液相变吸收工艺　在吸收剂吸收 $CO_2$ 后，反应产物以液相的形态存在。当吸收塔内充分吸收 $CO_2$ 后，吸收液经过富液泵进入相分离器内发生液-液分相，由于溶液内部呈现出了密度和极性不同的液体相，最终分层成为富液相和贫液相。在解吸再生过程中，只需将富液置于解吸塔中解吸，即可实现吸收剂再生循环，由于分相后进入解吸塔的液体量下降，所以需要加热再生的液体量减少，再生能耗显著减少。液-液相变吸收剂捕集 $CO_2$ 的典型工艺流程如图 3-19 所示。

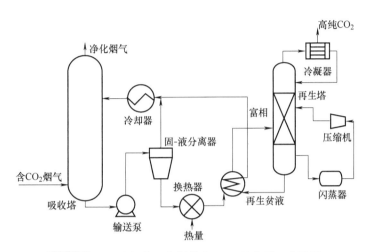

**图 3-19**　液-液相变吸收剂捕集 $CO_2$ 的典型工艺流程

## 3.2.6　酶促吸收法

酶促吸收法通过特定的酶，如碳酸酐酶，加速或增强 $CO_2$ 与化学吸收剂之间的反应，从而实现对 $CO_2$ 的有效捕集的一种方法。除胺溶液可以加强对 $CO_2$ 的吸收之外，还有如碳酸酐酶（CA）的生物催化剂可以催化 $CO_2$ 生成碳酸氢盐的水合反应。碳酸酐酶是一种天然的锌酶，存在于哺乳动物的红细胞中，可用来捕集 $CO_2$ 并将其转化为碳酸氢盐离子和质子，它们较易溶解到血液中，并随后被除去并传到肺部。这种酶在肺部"再生"，并释放出可被呼出的 $CO_2$。

$CO_2$ 在碳酸酐酶和相关金属酶催化作用下转化成 $HCO_3^-$ 的机理如图 3-20 所示。在这个机制中，酶的锌原子与水结合解离成 $H^+$ 和 $OH^-$ 这直接绑定到锌（步骤 1）。被绑定的 $OH^-$ 离子与水溶液中的 $CO_2$ 以同样的方式结合，生成 $HCO_3^-$（步骤 2 和 3）。$HCO_3^-$ 被释放到该溶液中，并被 $H_2O$ 取代，完成催化循环（步骤 4）。该机制的逆向反应重新生成 $CO_2$。在步骤 1 中，由于碳酸酐酶将 $H_2O$ 转换成 $OH^-$，有大量的 $H^+$ 形成和释放到该溶液中。一种缓冲液（如通常在生物系统中发现的磷酸盐缓冲液）被用来保持使多余质子的反应溶液的 pH 值与磷酸盐溶液平衡保持不变，该反应的速率是 $1.2 \times 10^8 mol/(L \cdot s)$。然而，反应焓取决于吸附态 $CO_2$ 的最终形态，并将依赖于提供吸收 $CO_2$ 的缓冲液或胺。此外，由于碳酸酐酶使 $CO_2$ 水合最终形成碳酸氢盐，因此，最终的 $CO_2$ 结合形式是相同的，这与水的情况相似。

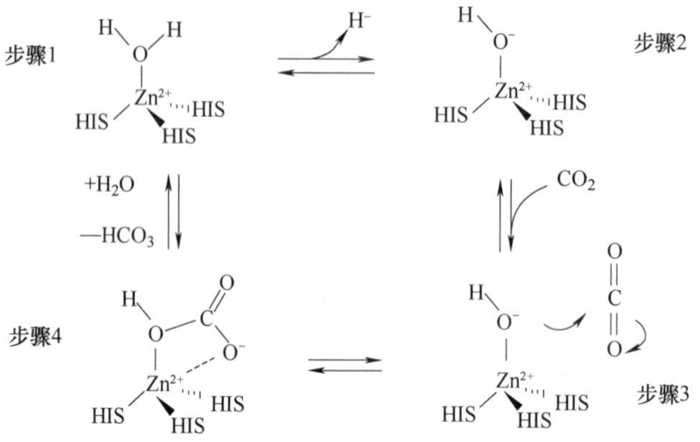

**图 3-20** $CO_2$ 在碳酸酐酶和相关金属酶催化作用下转化为 $HCO_3^-$ 的机理

CA-Ⅱ 具体指的是碳酸酐酶的第二种同工酶。碳酸酐酶同工酶是指具有相似结构和功能，但在分子结构、组织分布、催化特性等方面可能存在一定差异的酶。碳酸酐酶催化 $CO_2$ 水合反应机理如图 3-21 所示。首先，与 Zn 结合的 $H_2O$ 分子去质子化，转化为 $OH^-$，得到的 E-ZnOH 中的氧具有很强的亲核性，对疏水"口袋"结合的 $CO_2$ 进行亲核攻击（疏水"口袋"是指蛋白质分子表面上存在的一个或多个非极性区域。这些区域通常由疏水性氨基酸组成，它们的侧链通常是非极性的，如亮氨酸、异亮氨酸、苯丙氨酸和甲硫氨酸。这些疏水性氨基酸的侧链相互作用，形成一个口袋状的结构）。然后，形成 $E-ZnHCO_3$ 环形结构复合物。最终，复合物中的 $HCO_3^-$ 被 $H_2O$ 分子从活性位点置换。其中，在催化过程中 $H^+$ 向溶剂中转移是催化反应进行的限速步骤，其主要是通过 HIS 64（碳酸酐酶中的一个组氨酸残基）转运至外源质子受体（接收氢离子的分子或离子）实现的。

$CO_2$ 在碳酸酐酶催化下生成碳酸氢盐的动力学的速度比在水溶液中形成碳酸氢盐大 10 个数量级，比通过最快的胺基溶剂与 $CO_2$ 反应速度大约 3 个数量级。碳酸酐酶是由三个组氨酸残基和一个锌原子配位所组成的天然酶，它可以高效催化近中性水中的 $CO_2$，生成 $H_2CO_3$ 和 $HCO_3^-$，该反应的结合能适度，并具有高选择性。

CA 酶促强化 $CO_2$ 水合反应的 $CO_2$ 捕集技术是一种高效可行且环境友好的方法。使用 CA 酶（游离在反应器中或固定在不同载体上）作为催化剂，可以有效提高 $CO_2$ 捕集效率，同时丰富的酶固定化手段可进一步克服游离酶易失活、难回收的缺点（酶固定化是将游离的酶通过一定的方法固定在特定的载体上，使其具有一定的稳定性和可重复使用的技术）。

基于碳酸酐酶的酶促反应，多种碳捕集技术也被开发出来，包括真空碳酸盐吸收工艺和三级胺酶促强化吸收法。真空碳酸盐吸收工艺使用碳酸钾溶液作为吸收剂，并往其中添加碳酸酐酶作为催化剂，可将碳酸钾溶液吸收 $CO_2$ 的速度提高 5~6 倍，同时降低再生能耗，且无二次污染。三级胺酶促强化吸收法使用添加了碳酸酐酶的三级胺溶液作为吸收剂，该方法利用了三级胺再生能耗低、吸收容量大的优点，又弥补了其吸收速度较慢的缺点。另外，针对碳酸酐酶在碱性条件下易失活的问题，还可以将碳酸酐酶固定于多孔材料（如金属有机骨架等）来提升其稳定性和活性。

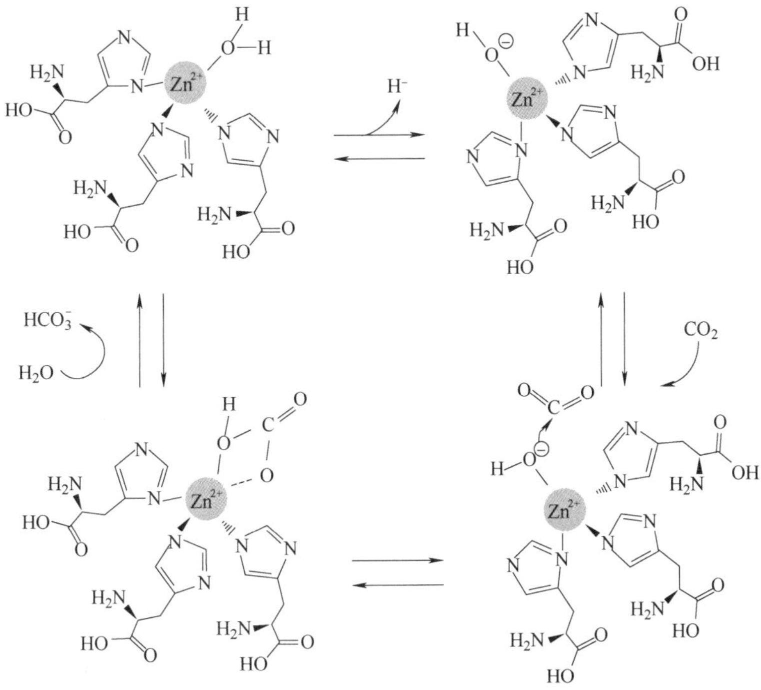

**图 3-21**　碳酸酐酶催化 $CO_2$ 水合反应机理

# 3.3　物理化学联合吸收法

物理化学吸收法是指采用同时具有物理吸收和化学吸收性质或特性的吸收溶剂来捕集 $CO_2$ 的一种吸收方法。此方法吸收 $CO_2$ 的原理是通过混合溶剂对二氧化碳进行物理溶解和化学反应从混合气中分离 $CO_2$，再通过外部条件的变化如压力、温度等变化释放 $CO_2$，从而捕集 $CO_2$。化学吸收法选择性强、吸收量较大，吸收速率较高，分离回收纯度高，但由于发生了化学反应，再生必须通过破坏化学键才能解吸出 $CO_2$，因此能耗高，同时化学吸收法抗氧化能力差，易降解，腐蚀性强，还易出现起泡、夹带现象。物理吸收法尽管选择性较差、吸收速率慢、回收率较低，但腐蚀小且解吸时不需要破坏化学键来产生 $CO_2$，因而，能耗比化学吸收法低。为了实现兼具良好吸收与解吸功能，通常采用物理化学联合吸收剂来吸收 $CO_2$，即吸收 $CO_2$ 时既存在物理吸收又有化学反应。工业上常用的物理化学联合吸收剂有萨菲诺（Sulfinol）吸收法和 Amisol 吸收法等。

## 3.3.1　萨菲诺吸收法

萨菲诺吸收法是采用萨菲诺（Sulfinol）吸收剂对 $CO_2$ 进行捕集的一种方法，它是 1963 年壳牌公司在乙醇胺法的基础上开发成功的。Sulfinol 吸收剂是由环丁砜与二异丙醇胺（DIPA）、水混合而成，通常 Sulfinol 吸收剂中含有 40% ~ 45%（质量分数）的环丁砜，15%（质量分数）的水，其余为 DIPA。环丁砜在常温下是一种无色无味的固体，熔点为 28.5℃，可以和水以任意比互溶，易溶于芳烃及醇类，而对石蜡及烯烃溶解甚微，对热、酸、碱稳定性高。环丁砜是物理吸收溶剂，可以溶解合成气中的酸性气体（$CO_2$ 或 $H_2S$），适用于酸性气体含量较高的合成气的净化。二异丙醇胺是化学吸收剂，可以与合成气中的酸性气体发生可逆化学反应。

Sulfinol 吸收剂由于添加了大量的环丁砜，国内常将其称为砜胺溶液。

Sulfinol 吸收法吸收 $CO_2$ 的过程包括物理溶解和化学吸收两部分，砜胺溶液中二异丙醇胺是化学吸收剂，能同时吸收 $H_2S$、$CO_2$、COS 等，相关的化学反应式为

$$2R_2NH + H_2S \Longrightarrow (R_2NH_2)_2S \tag{3-20}$$

$$(R_2NH_2)_2S + H_2S \Longrightarrow 2R_2NH_2HS \tag{3-21}$$

$$2R_2NH + H_2O + CO_2 \Longrightarrow (R_2NH_2)_2CO_3 \tag{3-22}$$

$$(R_2NH_2)_2CO_3 + CO_2 + H_2O \Longrightarrow 2R_2NH_2HCO_3 \tag{3-23}$$

$$2R_2NH + CO_2 \Longrightarrow R_2NHCOONHR_2 \tag{3-24}$$

$$2R_2NH + COS \Longrightarrow R_2NHCOSNHR_2 \tag{3-25}$$

与普通胺的水溶液体系相比，砜胺溶液在 $CO_2$ 分压较低时两者的平衡溶解度差别不大，但 Sulfinol 吸收法吸收 $CO_2$ 的能耗低，一方面是由于其可以通过闪蒸（是指在一定压力下的液体，通过降压使部分液体汽化的过程）释放出物理溶解的酸性气体，减少再生过程的能耗，另一方面则是因为环丁砜的比热容小，30℃时仅为 0.36cal/（g·℃）（1cal＝4.18J），导致砜胺溶液的比热容远低于相应的胺液，在升温的过程中需要的热量较少，在降温的过程中需要的冷却能量也较小，因此，解吸过程蒸气消耗量比较低。另外，砜胺溶液有高酸气负荷且砜胺溶剂溶解有机硫化合物（一类含有碳—硫键的有机化合物）的能力很强，有机硫脱除效率高，分离所得的 $CO_2$ 中总硫含量显著下降。然而，砜胺溶剂也能够溶解两个碳以上的烃类，增加对重烃的吸收，使酸性气体中烃含量增加，使溶液黏度增大而影响传热，增加了能量消耗，而且不容易通过闪蒸分离，因此，该法不适于重质烃类含量较高的原料气中 $CO_2$ 的分离。

砜胺溶液中高二异丙醇胺含量有利于 $H_2S$ 和 $CO_2$ 的脱除，但不利于有机硫的脱除，导致设备腐蚀严重，溶液黏度增大而影响传热，增加了能量消耗。通常砜胺溶液的黏度是相应胺的水溶液的数倍。水含量对砜胺溶液的黏度有重要影响，水可调节溶液的黏度，水还是传热的载体，加热可使溶液中的水汽化产生二次蒸汽，携带热量的二次蒸汽进入再生塔可与 $CO_2$ 富液换热。通常提高砜胺溶液中的水含量有利于 $CO_2$ 的脱除，降低溶液黏度，有利于传热，使再生更容易，但也使溶液热容增加（热容是指物质在不发生化学变化或相变化的情况下，每升高或降低单位温度所吸收或放出的热量），净化气中水含量增加，增大脱水装置的负荷，使动力消耗增加，而且使溶液吸收酸性气体的能力下降。当砜胺溶液中水的含量过低时，溶液黏度增大、比热容下降，在较高酸气负荷下操作，吸收塔的温度分布会发生显著的变化，反应段上移，导致有机硫的脱除效率大幅度下降，通常溶液配方中的水含量应保持在 10%（质量分数）以上。因此，通常应严格控制溶液中的砜、水、胺的含量在规定范围内，这对装置的稳定运行非常重要。

由于该方法具有酸气负荷高的特点，特别适用于原料气中酸性气体含量高、压力高且含

硫的混合气中分离 $CO_2$。这主要得益于砜胺溶液中环丁砜的物理溶解能力。

Sulfinol 吸收法吸收二氧化碳的工艺通常包括以下步骤：①气体预处理，对含有二氧化碳的气体进行预处理，去除杂质；②吸收装置，将混合气体通入吸收装置，与 Sulfinol 吸收剂接触；③物理吸收+化学吸收，$CO_2$ 溶解在环丁砜溶液中，$CO_2$ 与 DIPA 发生化学反应，生成化合物；④富液处理，含有被捕集的二氧化碳的富液被导出；⑤再生，通过降压、加热等方法对富液处理，使吸收剂再生，释放出二氧化碳；⑥贫液回用，再生后的吸收剂（贫液）返回吸收装置循环使用。

## 3.3.2　Amisol 吸收法

Amisol 吸收法是采用 Amisol 吸收剂对 $CO_2$ 进行捕集的一种方法。Amisol 吸收剂是甲醇和仲胺的混合物，由于吸收液中甲醇含量高，吸收、再生又近乎在常温进行，我国常称为常温甲醇法。常温甲醇法吸收液的质量百分组成为 40% 有机胺，50%～58% 甲醇，2%～10% 水和少量缓冲剂。从溶液组成可以看出，常温甲醇法实际是从有机胺水溶液脱硫脱碳演变过来的，只是将有机胺水溶液中大部分水换为甲醇。

与有机胺水溶液脱硫脱碳一样，常温甲醇法中有机胺与 $CO_2$ 的反应也属于络合反应。$CO_2$ 分子中由于氧的电负性大于碳，碳、氧原子间的共价电子偏向氧原子，使 $CO_2$ 分子两端的氧原子带部分负电荷，中间的碳原子带部分正电荷，当 $CO_2$ 遇到有机胺分子，而且带正电的碳原子正好撞在有机胺氮原子孤电子对方向上时，就互相吸引，配位成键，生成季铵盐中间体 $R^1R^2N^+HCOO^-$：

$$R^1R^2NH+CO_2 \Longrightarrow R^1R^2N^+HCOO^- \tag{3-26}$$

上述两性离子 $R^1R^2N^+HCOO^-$ 还可在 $OH^-$ 和 $H_2O$ 等亲核物质进攻下发生水解，即

$$R^1R^2N^+HCOO^-+OH^- \Longrightarrow R^1R^2NH+HCO_3^- \tag{3-27}$$

$$R^1R^2N^+HCOO^-+H_2O \Longrightarrow R^1R^2NH+H_2CO_3 \tag{3-28}$$

$$R^1R^2NH+H_2CO_3 \Longrightarrow R^1R^2NH_2^++HCO_3^- \Longrightarrow R^1R^2NH+HCO_3^-+H^+ \tag{3-29}$$

Amisol 吸收法的净化装置投资少，运行费用低，经减压蒸馏即可再生；工艺操作压力低，吸收温度为常温。

常温甲醇法是物理化学吸收相结合脱除酸性气体的一种方法，可脱除 $H_2S$、$CO_2$、COS、硫醇等有机物，常用于天然气、煤气化制合成气、蒸汽转化合成气和炼厂气等净化等。

由于物理化学吸收法兼有物理吸收和化学吸收的特点，溶剂能适用于较宽的酸性气体分压范围，但是烷醇胺的种类应根据其物化特性（物质所具有的物理和化学方面的性质）和使用场合来选择，尤其是考虑酸气的吸收能力、选择性、溶剂的降解情况、再生的能耗、腐蚀性、溶剂的来源及价格等。

Amisol 吸收法的工艺流程与常见的烷醇胺法类似。吸收过程在常温和加压下操作，富集液经减压后入常压（或稍高于常压）的热再生塔。由于再生温度比较低（大约 80℃），因而可利用 90℃ 左右的低位能废热。再生塔包括一个再沸器及一个冷却器，由于溶剂是低沸点溶剂，因而净化气和再生气中的甲醇蒸气用水洗涤后，经蒸馏即可回收。尽管为了从甲醇洗涤液中蒸馏出甲醇需外加热量，但馏出的甲醇蒸气可作为再沸器的热源。Amisol 吸收法的

再生酸气主要含 $CO_2$、$H_2S$，可视具体浓度不同，选择适当方法加以处理。

## 3.4 二氧化碳吸收关键设备

### 3.4.1 二氧化碳吸收塔

吸收塔是利用化学吸收剂来脱除烟气中 $CO_2$ 等，从而达到所要求的净化指标的设备。考虑到反应效率和传质推动力，一般采用气液逆流接触的传质设备。逆流的气液传质设备主要有填料塔及板式塔。填料塔属于微分接触逆流操作，其中填料为气液接触的基本构件。微分接触逆流操作是指在连续接触传质设备中，两相连续接触，其组成沿流动方向连续变化，且流体流动方向相反的操作方式。板式塔属于逐级接触操作，塔板为气液接触的基本构件。逐级接触操作是指在传质过程中，气液两相按一定顺序依次进行接触和传质的操作方式。在有降液管的塔板上气相与液相的流向相互垂直，属于错流型，而无降液管的穿流塔板则属于逆流型。

胺法化学吸收工艺需考虑溶液的发泡问题。板式塔中气流从溶液中鼓泡通过，较易导致发泡。但由于有适当的板间距，泡沫不易连接。填料塔内溶液在填料表面构成连续相，一旦发泡则较难控制。

填料塔内装有一定高度的填料，液体沿填料自上向下流动，气体由下向上同液膜逆流接触，进行物质传递。常应用于蒸馏、吸水、萃取等操作中。根据结构特点分为散装填料（如鲍尔环、阶梯环等颗粒填料）和规整填料（丝网波纹填料和孔板波纹填料），如图 3-22 所示。填料塔是以塔内的填料作为气液两相间接触构件的传质设备。填料塔的塔身是一支立式圆筒，底部装有填料支承板，填料以乱堆或整砌的方式放置在支承板上。填料的上方安装填料压板，以防被上升气流吹动。液体从塔顶经液体分布器喷淋到填料上，并沿填料表面流下。气体从塔底送入，经气体分布装置（小直径塔一般不设气体分布装置）分布后，与液体呈逆流连续通过填料层的空隙，在填料表面上，气液两相密切接触进行传质。填料塔属于连续接触式气液传质设备，两相组成沿塔高连续变化，在正常操作状态下，气相为连续相，液相为分散相。

当液体沿填料层向下流动时，有逐渐向塔壁集中的趋势，使得塔壁附近的流量逐渐增大，这种现象称为壁流效应。壁流效应造成气液两相在填料层中分布不均，从而使传质效率下降。因此，当填料层较高时，需要进行分段，中间设置再分布装置。液体再分布装置包括液体收集器和液体再分布器两部分，上层填料流下的液体经液体收集器收集后，送到液体再分布器，经重新分布后喷淋到下层填料上。填料塔具有生产能力大、分离效率高、压降小、持液量小（持液量指在特定条件下，容器或系统中保留或持有液体的量）、操作弹性大等优点，但也具有填料成本高、负荷小时传质效率降低、无法直接用于有悬浮物或容易聚合的物料、不适用于对侧线进料和出料等复杂精馏过程等缺点。填料塔的一般设计流程包括：①塔的工艺模拟；②填料的选择；③塔径的确定；④填料层高度的确定；⑤填料压降的计算；⑥填料塔内件（位于填料塔内部的各种组件）的设计。

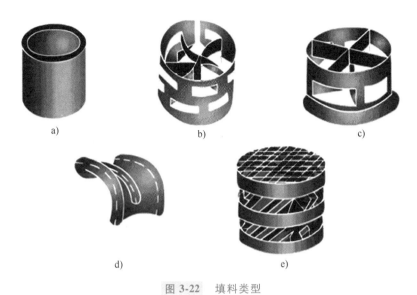

图 3-22　填料类型

a) 拉西环　b) 鲍尔环　c) 阶梯环　d) 距鞍环　e) 规整填料

板式塔中的塔板又称为塔盘，是用以使两种流体密切接触，进行两相之间的热质交换，以达到分离液体混合物或气体混合物组分目的的圆形板，一般开有许多孔，并常设置促使两种流体密切接触的零件（见图 3-23）。塔板根据各种不同的结构，分为泡罩塔板、筛板、浮阀塔板等。

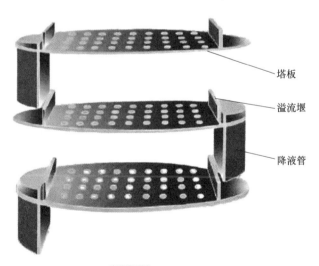

塔板

溢流堰

降液管

图 3-23　塔板结构

## 3.4.2　二氧化碳解吸塔

解吸塔（也称为再生塔）用于从富液中解吸 $CO_2$ 气体，富液向塔下部流动。为了增强溶液再生效果和提供热量，通常设有再沸器使胺液产生蒸气，蒸气在再生塔内加热溶液并与解吸的酸性气体一起向上流动，塔顶则有回流流下以降低酸性气体分压和维持系统溶液组成稳定。解吸塔多使用规整填料塔或浮阀塔。

结合解吸塔的工艺特点，塔板的设计有以下特殊之处：①胺液为发泡物，塔板的阀孔动能因子（评价气体通过塔板阀孔时的动能大小）要比无泡沫的正常系统更低，因此在同样的气相负荷下，解吸塔需要更高的塔板开孔率；②通常在一定的气液负荷和塔径条件下，若塔板间距小，则雾沫夹带量大（雾沫是指液体被气体搅动形成的细小液滴），适当增加塔板间距，可使雾沫夹带量减少；③对于富液入口上部的塔板，液相负荷低、溢流堰上液层高度通常小于13mm，尤其当塔处于低负荷操作时，溢流堰上液层高度更低；④对于富液入口下部的塔板，液相负荷高、降液管停留时间短，但由于胺液的易发泡特性，应保证降液管停留时间在7s以上，且底隙流速（液体通过塔板底部间隙时的流动速度）应小于0.3m/s或更低；⑤塔板下部的集液箱用于液体抽出，为半贫液出口或与再沸器连接口。

解吸塔的塔径设计首先是利用贝恩-霍根泛点气速方程求解泛点气速（泛点气速是指在气液两相流中，液体开始被大量携带至气相的临界气体速度）：

$$\lg\left(\frac{\mu_f^2}{g}\frac{a}{\varepsilon^3}\frac{\rho_G}{\rho_L}\eta_L^{0.2}\right) = A - 1.75\left(\frac{q_{mL}}{q_{mG}}\right)^{\frac{1}{4}}\left(\frac{\rho_G}{\rho_L}\right)^{\frac{1}{8}} \tag{3-30}$$

式中　　$\mu_f$——泛点气速；

　　　　$A$——关联常数，与填料的形状和材质有关；

　　　　$a$——填料总比表面积；

　　　　$\varepsilon$——填料层空隙率；

泛点气速

　　　　$\eta_L$——液体黏度，取样测定采用黏度分析仪。

空塔气速为

$$\mu = 0.7\mu_f \tag{3-31}$$

设计解吸气流量为

$$Q = \frac{\pi D^2}{4}\mu \tag{3-32}$$

可解解吸塔塔径为

$$D = \sqrt{\frac{4Q}{\pi\mu}} \tag{3-33}$$

### 3.4.3　其他设备和系统

**1. $CO_2$ 烟气预处理塔**

一般烟气预处理采用填料塔。填料塔是最常用的气液传质设备之一，具有生产能力强、分离效率高、压降小、操作弹性大的优点。针对烟气 $CO_2$ 化学吸收过程，烟气预处理塔已经成为关键设备之一，主要目的是通过烟气的预处理，实现颗粒物、$SO_2$ 的深度脱除，同时维持进吸收塔的烟气温度在合适的反应区间内，确保后续化学吸收-解吸过程长期高效运行。

对于常规 $CO_2$ 化学吸收系统而言，通常布置于燃煤机组脱硫系统下游，燃煤烟气经脱硫后的温度范围通常在 40~50℃ 之间，经过超低排放改造后烟气中 $SO_2$ 含量为 10~35mg/m³，$NO_x$ 含量为 20~50mg/m³。烟气 $NO_x$ 与捕集化学吸收剂不发生反应，所以烟气预处理主要考虑降低 $SO_2$ 含量，降低出口烟气温度。一般情况下，经过简单处理后的烟气可直接进入吸收塔，但为了使后续 $CO_2$ 的吸收-解吸过程高效率运行，需要进一步控制燃煤烟气中 $SO_2$ 的含量，从而减少 $SO_2$ 对化学吸收剂的影响。烟气预处理塔内安装有填料，根据烟气中 $SO_2$ 的含量进行选择性碱洗。一般来说，当 $SO_2$ 的浓度超过 26mg/m³ 时，应对其进行洗涤，以确保吸收溶液的清洁高效。

预处理塔是 $CO_2$ 化学吸收预处理的核心设备。通常从预处理塔顶部喷淋而下的处理液与来自预处理塔底部的含硫烟气逆向对流反应，实现烟气残留 $SO_2$ 的深度脱除。为了增强烟气预处理效果，通常预处理塔中布置有一层或多层填料，填料的类型选择及结构布置方式是影响烟气预处理效率的关键因素。预处理塔填料通常可采用塑料型材料或金属型材料。

**2. 换热器**

在醇胺法捕集 $CO_2$ 中，胺溶液与烟气在吸收塔通过气液逆流接触进行脱碳，并将得到的富液通入解吸塔，经解吸后得到 $CO_2$ 蒸气和热贫液，热贫液经换热器冷却后重新进入吸收塔。通常，热贫液的温度在 120℃ 左右，为保证 $CO_2$ 的吸收效果，不能直接通入吸收塔，需要先冷却至 40℃ 左右。因此，在吸收塔和解吸塔之间安装贫-富液换热器，既能冷却热贫液，减少冷却水量，又可将冷富液加热到较高温度，降低再生能耗。此外，$CO_2$ 化学吸收工艺换热器还包括贫液冷却器、再生气冷却器、级间冷却器、再沸器等。广泛用于工业领域的换热器包括两大类：管壳式换热器和板式换热器。

**3. $CO_2$ 压缩机**

$CO_2$ 压缩机一般是指将低压状态的 $CO_2$ 气体压缩至一定目标压力的设备。烟气中的 $CO_2$ 经过化学吸收后，获得较高浓度的 $CO_2$ 气体，为节省投资、减少设备占地空间，通常需要将 $CO_2$ 气体压缩至高压状态以便于后续储存、运输和利用。在这一过程中，$CO_2$ 压缩机是关键的设备之一。

$CO_2$ 压缩机按大类分为容积式压缩机和速度型压缩机。容积式压缩机通过机械力改变内部工作腔容积来压缩工质（在热力设备中参与能量转换的媒介物质），使工质的压力升高；速度型压缩机则通过内部高速旋转构件对气体或蒸气做功以提高工质压力。其中，容积式压缩机又可细分为往复式压缩机和旋转式压缩机，速度型压缩机又可分为轴流式压缩机、离心式压缩机和混流式压缩机。

**4. $CO_2$ 脱水干燥**

$CO_2$ 压缩液化过程中，通常要去除 $CO_2$ 气体中的水分，主要是因为 $CO_2$ 中含水容易引起后续 $CO_2$ 液化、储存过程中出现设备或管路的腐蚀，因此需要增加 $CO_2$ 脱水干燥工艺过程。$CO_2$ 脱水干燥是指将含水 $CO_2$ 气体除水，得到干燥 $CO_2$ 气体的过程。

常规 $CO_2$ 脱水干燥一般采用低温分离法、溶剂吸收法和固体吸附法三种方法。低温分离法主要包括：节流膨胀制冷法和冷媒制冷法。冷媒制冷法利用制冷剂（冷媒）的循环来降低温度，实现二氧化碳脱水干燥。其中节流膨胀制冷法又分为阀门节流制冷和膨胀机制冷等方法。阀节流制冷通过控制阀对制冷剂的流动进行节流，降低其压力和温度，从而实现制冷效果。当压力一定时，气体的含液（水）量与温度成正比。通过脱除水分以降低 $CO_2$-水露点。$CO_2$-水露点是指在一定压力下，二氧化碳与蒸汽混合气体中蒸汽开始凝结的温度。节流膨胀过程是指在较高压力下的流体（气或液）经多孔塞（或节流阀）向较低压力方向绝热膨胀的过程。根据热力学第一定律，可证明这是等焓过程，在此过程中气体体积增大，压强降低，所以温度降低。阀门节流制冷法脱水装置设备较为简单，具有一次性投资低、占地面积小、装置操作费用低等优点。膨胀机制冷脱水是利用系统外部能量控制外输水露点（外输水露点是指在外部输水过程中，蒸汽开始凝结形成露珠或水雾的温度）、实现对气体进行低温冷却气液分离的方法，通常适用于无可供气体节流降温的自然压力，为避免将气体升压后再进行节流降温过程，通常采用膨胀机制冷法，该法需额外增添加压设备，导致系统能耗增大，经济性降低。

溶剂吸收法是采用液体吸收剂脱除气相 $CO_2$ 中所含水分的方法。该方法是利用脱水溶剂的良好吸水性能，通过在吸收塔内进行气液传质脱除气相的水分，采用与 $CO_2$ 互不反应同时吸水性较强的液体吸收剂，对含水 $CO_2$ 气体通过鼓泡或喷淋等方式进行除水。鼓泡是指将气相通过液体中产生气泡，使气相和液相充分接触，从而实现传质过程。喷淋则是将液体通过喷淋装置均匀喷洒在气相中，使气相和液相充分接触，从而实现传质过程。脱水剂中甘醇类化合物应用最为广泛。

固体吸附法是利用含水 $CO_2$ 流经固体干燥剂时，气相中的水分被干燥剂吸附脱除的原理，该法具有吸附水总量高、吸附选择性强、机械强度高、使用寿命长和具备可再生、无毒无害等特性。具有吸附作用的物质（一般为密度相对较大的多孔固体）被称为吸附剂，被吸附的物质（一般为密度相对较小的气体或液体）称为吸附质。吸附按其性质的不同可分为三大类，即化学吸附、活性吸附和物理吸附。采用较多的是物理吸附。物理吸附是指依靠吸附剂与吸附质分子间的分子力（包括范德华力和电磁力）进行的吸附。其特点：吸附过程中没有化学反应，吸附过程进行快，参与吸附的各相物质间的动态平衡在瞬间即可完成，并且这种吸附是可逆的。$CO_2$ 干燥剂是 $CO_2$ 干燥过程中的关键要素，常用的固体干燥剂有硅胶、活性氧化铝、分子筛等。

### 5. $CO_2$ 液化

$CO_2$ 可以气、液、固三种形式存在，对于 $CO_2$ 化学吸收工艺来说，经过 $CO_2$ 压缩-脱水后，获得高压干燥的 $CO_2$ 气体。液化制冷主要是减小 $CO_2$ 的体积，便于后续的运输和利用。考虑到捕集的 $CO_2$ 后续利用，液态 $CO_2$ 可广泛用于工业和食品等行业。为此，需将高压干燥 $CO_2$ 气体进一步液化为 $CO_2$ 液体。$CO_2$ 液化制冷是 $CO_2$ 化学吸收工艺的关键步骤之一，该步骤是通过调节高压 $CO_2$ 气体的温度和压力参数，使 $CO_2$ 由气相转变为液相的过程。由图 3-24 可知，通过调整 $CO_2$ 温度和压力参数可使 $CO_2$ 在特定条件下达到对应的饱和蒸气压（在一定温度下，液体与其蒸汽处于平衡状态时的蒸汽压力），从而使该特定状态下的 $CO_2$ 气体液化。

常用的 $CO_2$ 液化方式主要有低温液化和高压液化两种方式。低温液化的原理是利用压缩机将气相 $CO_2$ 压缩至目标压力（如 2.0MPa）后，再用制冷机组吸收 $CO_2$ 潜热（潜热是指物质在发生相变时吸收或释放的热量，此处为 $CO_2$ 由气相变为液相释放的热量），采用制冷剂工质制冷，使用的制冷工质一般是 R502（一种混合制冷剂，由多种成分组成）和 R22（氟利昂-22），降低气相 $CO_2$ 温度，使之降低到对应压力下的饱和温度（在对应压力下，二氧化碳能够液化的最低温度）从而使 $CO_2$ 液化。通常只需将 $CO_2$ 温度降至-20℃左右。

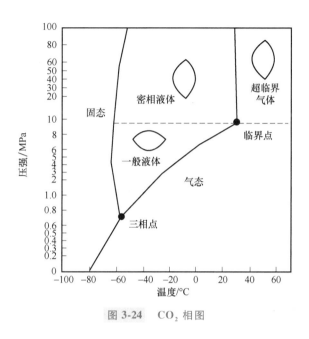

图 3-24　$CO_2$ 相图

低温液化原理及生产流程如图 3-25 所示。生产过程产生的 $CO_2$（状态 1）经 $CO_2$ 压缩机压缩到一定压力后冷却到该压力下的饱和温度 TK 时，$CO_2$ 开始液化。在冷凝时全部变成饱和液体（在特定温度和压力下，液体与其溶解的物质达到平衡，不再溶解额外物质的一种液体）。冷凝过程放出的热量由制冷机组带走。图 3-25b 中，冷凝器、制冷压缩机、节流阀构成制冷机组，它的蒸发器同时是 $CO_2$ 冷凝器；另外，由于液体 $CO_2$ 储罐温度很低，还要使用制冷机进行冷却。

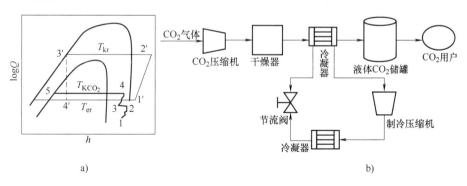

a)　　　　　　　　　　　　　　　　　　　　　　b)

图 3-25　低温液化原理及生产流程

a）低温液化原理　b）生产流程

$h$—焓　$T_{er}$—制冷剂的蒸发温度　$T_{KCO_2}$—$CO_2$ 的饱和温度　$T_{kr}$—制冷剂的冷凝温度

注：1—2—3—4 过程为制冷机组的工作过程。

该方法的优缺点：①在较低的环境温度下，对压力需求不高，只需要较低的压力即可实现气相 $CO_2$ 的液化，这样可降低设备要求，减少初期投资；②虽然该方法对环境温度要求高，但对于 $CO_2$ 产量规模较大的情况而言，低温液化方法可采用管道运输的方式，节约整体 $CO_2$ 系统成本；③但是低温 $CO_2$ 液化方法的系统复杂，需要单独设置低温制冷设备。

高压液化方式是在常温条件下进行的，通过单方面提高气相 $CO_2$ 的压力使之液化，此时需要压缩机对 $CO_2$ 气体压缩做功，提高气相 $CO_2$ 压力至临界压力（物质在临界点处的压力）之上，这种 $CO_2$ 的液化方式对压力需求较高（以室温 31℃ 为例，该温度下的临界压力为 7.6MPa）。由图 3-24 可知，在 $CO_2$ 气体的温度 $T_c = 31.16℃$，$CO_2$ 气体的压强 $p_c = 7.6MPa$ 时即开始液化。压缩机按压缩比（压缩机出口压力与入口压力的比值）有三级压缩或四级压缩，由图 3-26 可知，每级压缩后通过冷却器和气水分离器，在夏季气温升高时压缩机末级的压力可高达 8.1MPa 或更高。$CO_2$ 液体储存于 $p = 1.5MPa$；$V = 38 \sim 42L$ 的高压钢瓶内，钢瓶的充装系数为 0.6，即每个钢瓶仅能灌装 25kg 的液体 $CO_2$（钢瓶的充装系数是指在钢瓶中充装液化气体时，单位容积内允许充装的液化气体的质量）。高压 $CO_2$ 气体经过压缩机压缩后达到较高压力，一般在临界压力之上，然后经过冷却水冷却到 31℃、7.6MPa 即可液化。为达到较高的压力条件，一般需要多级压缩（将气体在多个压缩阶段中逐步压缩）过程来实现，同时为降低压缩功耗，通常需要采用多级冷却（将待冷却物体或介质通过多个阶段进行冷却）的方法，降低单级压缩（气体仅经过一次压缩就达到所需的压力）后的 $CO_2$ 温度。

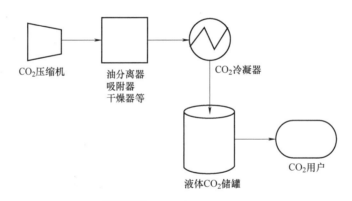

**图 3-26** $CO_2$ 高压液化流程

该方法的优点：①系统组成简单，不需要额外设置制冷机组，仅需冷却水即可；②液化后的 $CO_2$ 储存条件易满足，可在常温条件下储存于钢瓶中。

两种 $CO_2$ 液化技术的对比见表 3-4。虽然高压液化法的一次性投资高于低温液化法，但由于后续储存和运输成本投资更高，因此，低温液化法的优势更加明显，已经成为市场主流工艺。

$CO_2$ 液化系统是 $CO_2$ 化学吸收工艺液化制冷过程最关键的设备之一，其主要工作原理：利用液化装置中的制冷剂蒸发后吸收气相 $CO_2$ 热量，降低气相 $CO_2$ 温度，使之完全冷却为液态。$CO_2$ 冷却后进入下游工序，或进入精制过程加工成为食品级 $CO_2$，或直接进入储罐进行储存。液化系统主要包括压缩机（制冷剂）、蒸发器（$CO_2$ 液化器）、冷凝器、循环冷却水系统等。制冷剂在压缩机中加压后运送至蒸发器内气化制冷，吸收气相 $CO_2$ 热量，使之转变为液态。气化后的制冷剂在冷凝器中冷凝降温，随后继续被输送至压缩机进行加压并以此循环使用。

表 3-4 两种 $CO_2$ 液化技术的对比

| 液化方式 | 优点 | 缺点 |
| --- | --- | --- |
| 低温液化 | 液化压力小，一次性投资小，安全性高，生产能力高，产品可以增加，满足不同需求 | 需要专门的制冷机组，能耗大，运行成本高，不利于长距离输送，制冷工质不利于环保，系统比较复杂 |
| 高压液化 | 储存温度为常温，不需专门的制冷机组，节能，结构相对简单，运行费用低 | 对装备的耐压性能要求高，一次性投资高，安全性低，维修和维护成本高，运输成本高 |

$CO_2$ 制冷剂是 $CO_2$ 液化系统的核心部分之一，从组成上可分为无机化合物、氟氯烃、碳氢化合物和混合制冷剂。按制冷剂工作压力可分为低压、中压和高压制冷剂，按制冷温度区间可分为高温制冷剂（温度通常在 $0 \sim 10℃$）、中温制冷剂（温度通常在 $-20 \sim 0℃$）和低温制冷剂（温度通常在 $-60 \sim -20℃$），通常低温制冷剂的工作压力较高，高温制冷剂的工作压力较低。

## 思 考 题

1. 优良的 $CO_2$ 吸收剂应具备哪些基本条件？
2. 简述有机胺吸收 $CO_2$ 的机理。
3. 离子液体按照其结构可以分为哪几类？各有什么特点？
4. 简述相变吸收剂吸收 $CO_2$ 的机理。
5. 常用化学吸收法有哪些？各有什么优缺点？
6. 什么是物理化学联合吸收法？其优势具体表现在什么方面？
7. 请列举典型的几种物理化学联合吸收剂，并简要说明它们的主要成分。
8. 碳捕集工艺主要设备有哪些？
9. 化学吸收塔主要部件有哪些？它们各有什么作用？
10. 什么是泛点气速？如何设计吸收塔速度？
11. 再生塔和吸收塔有什么不同？

相比于液体吸收技术，$CO_2$ 固体吸附技术的工作条件覆盖了较宽的温度和压力范围，可以应用于更多 $CO_2$ 捕集工况，同时避免了胺类有机溶剂在使用过程中产生的毒性与腐蚀性。按照 $CO_2$ 吸附活性温度区间分类，$CO_2$ 固体吸附材料分为中高温吸附剂（≥200℃）与低温吸附剂（<200℃）。中高温固体吸附剂主要包括层状双金属氢氧化物、锂基材料、金属氧化物等；低温固体吸附剂主要包括碳基材料、沸石分子筛、天然非金属矿物、介孔 $SiO_2$、金属有机骨架化合物、多孔有机聚合物材料；根据吸附操作时吸附剂在吸附装置中的状态，工业上将吸附设备分为四类：固定床、移动床、流化床和超重力床。

## 4.1 中高温吸附二氧化碳材料

常规应用场景下的烟气 $CO_2$ 捕集工况均存在气体温度较高的特点，而大多数常规物理吸附剂的吸附量随温度的升高而降低，不适于高温工况。此外，$CO_2$ 属于酸性气体，容易吸附在碱性氧化物或特定盐表面并通过化学反应生成碳酸盐，且能在高温条件下重新生成 $CO_2$、氧化物或盐，从而可实现 $CO_2$ 的捕集与吸附剂的循环利用，这是 $CO_2$ 中高温吸附技术的基本原理。$CO_2$ 中高温吸附技术的实现依赖于高性能、低成本的吸附材料，主要包括层状双金属氢氧化物、锂基材料和其他金属氧化物等。

### 4.1.1 层状双金属氢氧化物

层状双金属氢氧化物（Layered Double Hydroxides，简称为 LDHs）是一种典型的 $CO_2$ 中高温固体吸附材料，它具备快速的吸附/脱附动力学及良好的再生性能。LDHs 材料适用于从发电站或大气中捕集 $CO_2$，且能利用可持续能源（如太阳能）将其转化为燃料利用。对于 LDHs 材料来说，其较高的 $CO_2$ 分子亲和力及较大的比表面积有利于 $CO_2$ 在光照条件下的选择性分离与转化。

LDHs 包含类水滑石化合物（简称为 HTICs）或阴离子型黏土，结构包含二价/三价阳离子，其通式为

$$\left[ M_{1-x}^{2+} M_x^{3+} (OH)_2 (A^{n-})_{\frac{x}{n}} \right]^{x+} \cdot mH_2O$$

其中，$M^{2+}$ 为二价阳离子，$M^{3+}$ 为三价阳离子，$x$ 取值在 $0.17 \sim 0.33$ 范围，即金属离子 $M^{3+}$ 的

物质的量分数，$A^{n-}$ 为层间阴离子。LDHs 结构示意如图 4-1 所示。

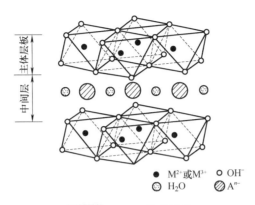

● M²⁺或M³⁺　○ OH⁻

⊛ H₂O　▨ A^{n-}

图 4-1　LDHs 结构示意

**1. LDHs 吸附 CO₂ 机理**

LDHs 吸附 CO₂ 的机理主要基于其独特的孔结构和表面性质，在吸附过程中，CO₂ 分子首先扩散到 LDHs 的孔道中，然后与表面的活性位点发生相互作用，这种相互作用力主要包括物理吸附和化学吸附。物理吸附主要基于范德华力，适用于低浓度 CO₂ 的吸附，在物理吸附过程中，CO₂ 分子与 LDHs 表面形成一种可逆的结合，随着温度的升高或压力的降低，CO₂ 分子可以被解吸出来，使吸附剂得以再生；化学吸附则是通过 CO₂ 分子与 LDHs 表面的活性位点发生化学反应，形成稳定的化合物，从而实现对 CO₂ 的长期捕集。化学吸附通常适用于高浓度 CO₂ 的吸附。在化学吸附过程中，CO₂ 分子可能与 LDHs 表面的硅、铝等元素发生反应，生成碳酸盐等化合物，这些化合物在一定的条件下可以被热解或化学方法分解，从而实现 CO₂ 的释放和吸附剂的再生。

**2. 提高 LDHs 吸附容量的方法**

LDHs 无机层及层间阴离子的化学成分可以实现精确调控，其结构为典型的八面体单元，经过热处理后，可转变为具有不规则 3D 网络的非晶态或亚稳态混合金属氧化物（MMO）。此外，LDHs 的初始层状结构也能通过溶液中的阴离子插层或直接暴露于潮湿环境中来恢复原貌。LDHs 可通过不同的方法来提高其吸附效能，主要包括制备方法优化、组分调控、煅烧温度调控、粒径控制、碱金属掺杂及无机复合等。

（1）制备方法优化　常规 LDHs 的制备方法包括：共沉淀法、尿素水解法、离子交换法、水热法、溶胶-凝胶法和反向微乳液法等。不同方法主要影响 LDHs 的比表面积、孔径和孔体积。共沉淀法由于其方法简便、成本低廉，最常用。共沉淀法制备 LDHs 过程如图 4-2 所示。与其他方法相比，共沉淀法制备的样品具有较大的比表面积和更高的 CO₂ 吸附容量，且具有制备工艺简单方便、易于工业化生产、粒径可控等优势。

（2）组分调控　通过改变组分来对 LDHs 进行改性具体分为三个部分：改变二价阳离子 $M^{2+}$（$Mg^{2+}$、$Co^{2+}$、$Ca^{2+}$、$Cu^{2+}$、$Zn^{2+}$、$Ni^{2+}$ 等）；改变三价阳离子 $M^{3+}$（$Al^{3+}$、$Ga^{3+}$、$Fe^{3+}$、$Mn^{3+}$ 等）；改性阴离子 $A^{n-}$（$CO_3^{2-}$、$Cl^-$、$ClO_4^-$、$SO_4^{2-}$ 等）。二价阳离子主要影响样品的最佳吸附温度；阴离子会影响 LDHs 的热稳定性、形态以及比表面积，从而影响 LDHs 的 CO₂ 吸附容量。

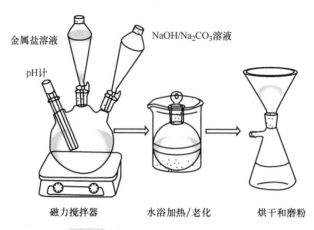

金属盐溶液　　NaOH/Na₂CO₃溶液

pH计

磁力搅拌器　　　水浴加热/老化　　　烘干和磨粉

**图 4-2　共沉淀法制备 LDHs 过程**

（3）煅烧温度调控　适当的高温煅烧可以使 LDHs 形成表面具有更多碱性位点的 LDHs 纳米复合材料，从而提高其吸附容量。煅烧后 LDHs 逐渐失去层间水，随后大量的脱羟基和脱碳，进而形成了混乱的 3D 网络状的混合氧化物，并且样品煅烧后的比表面积显著提高、孔体积增大，通常最佳煅烧温度在 400~500℃ 范围。

（4）粒径控制　控制 LDHs 的粒径也是提高其 $CO_2$ 吸附容量的另一种有效方法。通常减小粒径或提高比表面积都可以提高吸附剂的表面吸附活性位点的数量，从而提高吸附剂对 $CO_2$ 的吸附性能。其中，合成 pH 参数对最终合成产物 LDHs 的形态、孔结构和化学组成都起着至关重要的作用。

（5）碱金属掺杂　通过掺杂碱金属可以改善 LDHs 的碱度，从而提高其 $CO_2$ 吸附容量，如通过浸渍 $K_2CO_3$ 可以改善 LDHs 的吸附容量。钾的负载提高了样品 $CO_2$ 吸附容量，却减慢了其吸附动力学，通过浸渍法利用 $K_2CO_3$ 对 LDHs 进行修饰，虽然修饰后 LDHs 的比表面积减小，但是 $K_2CO_3$ 的浸渍使其表面碱性位点有一定增强。

（6）无机复合　LDHs 与具有高比表面积的材料通过无机复合，可以有效提高其吸附容量和热稳定性，包括活性炭（AC）/LDHs、碳纳米管（CNT）/LDHs 和沸石/LDHs 等。例如，利用共沉淀法以多壁碳纳米管（MWCNTs）为载体可以合成 MWCNTs/LDHs 复合材料，MWCNTs 的加入可以使碱性位点分散得更加均匀，使复合材料的碱性位点有效改善，MWC-NTs/LDHs 复合材料比 LDHs 展现出更优异的吸附效能和循环再生性能。

## 4.1.2　锂基材料

常见的锂基 $CO_2$ 吸附材料包括锆酸锂（$Li_2ZrO_3$）、正硅酸锂（$Li_4SiO_4$）等，与 LDHs 吸附材料相比，它们在高温条件下具有吸附量高、循环稳定性强等优势，并能立即与周围的 $CO_2$ 发生反应，反应温度最高可达 700℃，并且能可逆地还原为氧化物。

**1. 锂基材料吸附 $CO_2$ 机理**

在高温环境（450~650℃）中，$Li_2ZrO_3$ 粉末可与 $CO_2$ 发生反应来捕获 $CO_2$，即

$$Li_2ZrO_3 + CO_2 \longrightarrow Li_2CO_3 + ZrO_2 \tag{4-1}$$

$Li_4SiO_4$ 也可在高温 （400~600℃） 下吸收 $CO_2$，其反应式为

$$Li_4SiO_4 + CO_2 \longrightarrow Li_2SiO_3 + Li_2CO_3 \qquad (4-2)$$

锂基材料吸附 $CO_2$ 的过程遵循 "双壳模型"。以 $Li_4SiO_4$ 为例进行说明：首先，$CO_2$ 分子与 $Li_4SiO_4$ 释放的 $O^{2-}$ 和 $Li^+$ 反应生成 $Li_2SiO_3$ 壳层；其次，在 $Li_2SiO_3$ 壳层外部，$CO_2$ 分子与 $Li^+$ 和 $O^{2-}$ 反应并穿透 $Li_2SiO_3$ 壳层，进而引起 $Li_2CO_3$ 壳层形成；最后，当双壳结构稳定后，吸附反应逐渐减弱至形成完整的 $Li_2CO_3$ 壳层，$Li^+$ 和 $O^{2-}$ 难以扩散到致密的 $Li_2CO_3$ 壳层的外表面上，$CO_2$ 分子则难以进入。

**2. 锂基材料掺杂改性**

通常，$Li_2ZrO_3$ 材料吸附量低且吸附速率慢。尽管 $Li_4SiO_4$ 的最大理论吸附量可达 8.3mmol/g （36.52wt%），但由于比表面积低、$CO_2$ 扩散慢等问题，在实际操作中吸附效果并不理想。因而，往往需要对锂基材料进行掺杂改性以提高其吸附性能，包括熔融盐掺杂、金属掺杂及其他元素掺杂。

熔融盐掺杂改性是指掺杂碱金属 （K、Na） 化合物改变原材料的结构，提高比表面积，使之与 $Li_2CO_3$ 形成低熔点熔融物，破坏致密的 $Li_2CO_3$ 壳层，促进 $CO_2$ 在吸附剂中扩散。熔融盐掺杂改性可以在原锂基材料表面形成低熔点共熔物，降低扩散阻力，破坏原有晶格结构，增大孔容和比表面积，提高 $CO_2$ 吸附容量和吸附效率；$CO_2$ 分压会在一定程度上影响材料的吸附容量，分压越大，吸附效果越好。

金属掺杂改性是指对锂基材料掺杂金属阳离子替代 $Li^+$ 产生空位，导致结构扭曲，促进 $O^{2-}$、$Li^+$ 跃迁，提高离子迁移率和电导率。金属掺杂改性锂基材料以 $Li_4SiO_4$ 为主，其原理为金属离子进入晶格空位，或替代少部分 $Li^+$ 形成复合结构，造成晶格结构缺陷，使比表面积增大，从而提高吸附量和吸附速率，并阻止颗粒团聚现象，抑制熔融烧结现象。

另外，改性材料的 $CO_2$ 吸附温度会有所提高，其在更高温度下仍能保持稳定吸附。除碱金属熔融盐和金属元素掺杂改性外，掺杂其他元素也可改善锂基材料吸附 $CO_2$ 的性能。掺杂改性的锂基材料具有高 $CO_2$ 吸附容量、良好的循环稳定性以及较好的高温吸附效果，在烟气中 $CO_2$ 的原位捕集分离方面具有良好的应用前景。

## 4.1.3　金属氧化物

金属氧化物具有工作温度宽、原料来源广和价格低廉等优点，在 $CO_2$ 捕集领域应用广泛。然而，金属氧化物存在吸附容量低、循环稳定性差和易板结等问题，极大地限制了 $CO_2$ 捕集效率。通过增加比表面积、添加惰性组分、制备多孔材料、添加表面活性剂、制备前驱体和胺功能化等方法来改性金属氧化物，可在一定程度上提高其 $CO_2$ 的捕集效率。部分金属氧化物如氧化锂 （$Li_2O$）、氧化钠 （$Na_2O$）、氧化钾 （$K_2O$）、氧化锶 （SrO） 和氧化钡 （BaO） 等与 $CO_2$ 的反应过程不可逆，导致捕获 $CO_2$ 的成本高且难以规模化应用。以下重点以氧化镁 （MgO） 和氧化钙 （CaO） 基吸附材料为对象，并着重介绍熔盐 （如硝酸盐、亚硝酸盐、碳酸盐等） 掺杂对金属氧化物捕集 $CO_2$ 性能的影响与改性机理。

**1. 氧化镁吸附 $CO_2$ 机理**

MgO 捕集 $CO_2$ 主要为化学吸附，先在 $200 \sim 400 \,^{\circ}\mathrm{C}$ 条件下与 $CO_2$ 反应生成 $MgCO_3$，随着温度的升高，$MgCO_3$ 在 $450 \sim 550 \,^{\circ}\mathrm{C}$ 条件下逆向反应，脱附再生为 MgO，并释放出 $CO_2$，其主要的吸附-脱附过程为

$$MgO + CO_2 \longrightarrow MgCO_3 \tag{4-3}$$

$$MgCO_3 \longrightarrow MgO + CO_2 \uparrow \tag{4-4}$$

来源广泛的 MgO 具有不易腐蚀设备和易于制备等特点，因而在 $CO_2$ 捕集领域具有广阔的应用前景。但纯 MgO 的比表面积小和碱性位点少，导致 $CO_2$ 吸附量很低（$<0.5\mathrm{mmol/g}$），远未达到理论 $CO_2$ 吸附量（$24.8\mathrm{mmol/g}$）；此外，MgO 的再生温度较高，吸附 $CO_2$ 后 MgO 易出现板结现象，进而影响其循环稳定性。因此，对 MgO 进行熔盐掺杂改性具有重要意义。

**2. 熔盐改性氧化镁**

掺入 MgO 中的碳酸盐会在一定程度上参与吸附过程，并与 MgO 形成双盐，从而促进其对 $CO_2$ 的吸附性能，且 $CaCO_3$ 和 $BaCO_3$ 能不同程度地参与 $CO_2$ 吸附过程，从而提高反应速率，而 $SrCO_3$ 可以减缓 MgO 颗粒的烧结，进而提高材料稳定性。

MgO 中掺杂碳酸盐促进吸附的机理为掺杂的碳酸盐会与 MgO 形成双盐 $M_2Mg(CO_3)_2$（其中，M 代表 Na、K 元素）和 $CaMg(CO_3)_2$，从而拓宽 $CO_2$ 捕集的温度范围。材料对 $CO_2$ 的吸附分两阶段进行：第一阶段是 $A_2CO_3$（其中，A 代表 Na、K、Rb、Cs 元素）与 MgO 相互作用并在材料表面形成碱性吸附位点，位点碱度取决于 A 的离子半径，且该阶段内的动力学和各项性能都由 A 的性质决定；第二阶段是 Mg 和 A 形成双碳酸盐的过程，此时双碳酸盐的稳定性则影响着吸附材料的性能。

熔盐组分对 MgO 基材料吸附 $CO_2$ 的影响：$NaNO_2$ 修饰的 MgO 具有更优异的吸附性能，此外由于双促进剂（$NaNO_2$ 和 $NaNO_3$）的存在，MgO 基吸附材料表现出独特的双峰吸附特性；添加 $NaNO_3$ 和 $NaNO_2$ 制备的 MgO 基材料吸附 $CO_2$ 能力远高于单独添加 $NaNO_3$ 制备的 MgO 基材料。此外，还可以通过调节溶液的 pH 值改变 MgO 基吸附材料的形貌特性，进而影响其吸附性能。

$CO_2$ 在多元复合熔盐中的溶解度存在明显差异，掺杂碳酸盐或硝酸盐的复合盐可在 $CO_2$ 吸附中发挥不同的作用，碳酸盐可与 MgO 形成双盐，硝酸盐可为 $CO_2$ 分子提供进入内部的通道。添加 $Na_2CO_3$ 和 $NaNO_3$ 制备的 MgO 对 $CO_2$ 的吸附能力提高，这是由于碳酸盐和硝酸盐发生共晶反应，生成了双盐 $Na_2Mg(CO_3)_2$。当吸附温度接近 $NaNO_3$ 的熔点时，吸附效果有一定提升，主要是因为熔盐在吸附-脱附过程中能促进 $Na_2Mg(CO_3)_2$ 与 $MgCO_3$ 的相互转化。

**3. 氧化钙吸附 $CO_2$ 机理**

对于 CaO 吸附 $CO_2$，反应可分为两步：快速反应阶段（化学反应控制）和慢反应阶段（扩散控制）。CaO 和 $CO_2$ 反应生成的 $CaCO_3$ 会阻止 $CO_2$ 扩散到颗粒内部与 CaO 反应，这样 $CO_2$ 的吸附就会由化学反应控制变为扩散控制。这个吸附机理也适用于纳米 CaO，如果颗粒粒径越小（$30 \sim 50\mathrm{nm}$），吸附剂的性能就会越好，这样快速反应阶段就会占优势。纳米 CaO 吸附 $CO_2$ 时，80% 的反应会发生在快速反应阶段。如果 CaO 晶粒越小，快

速反应阶段所占的比例就会越大，就会越有利于 $CO_2$ 的吸收，吸附剂的吸附性能就会越好。但是，捕集 $CO_2$ 后的 CaO 会发生严重板结，这主要是由于吸附 $CO_2$ 后生成的 $CaCO_3$ 会堵塞 CaO 原始孔结构，从而导致其循环稳定性降低。因此，对 CaO 进行熔盐掺杂改性具有重要意义。

**4. 熔盐改性氧化钙**

与 $Na_4SiO_4$、$ZrSiO_4$ 等高温吸附材料相比，CaO 具有吸附容量大、吸附速率快及价格低廉等优势，因而具有较广阔的应用前景。CaO 捕获 $CO_2$ 为化学吸附，可在 $600 \sim 700℃$ 条件下与 $CO_2$ 反应生成 $CaCO_3$，而 $CaCO_3$ 在 $850 \sim 950℃$ 条件下会发生逆反应，脱附再生为 CaO，并释放出 $CO_2$。添加 $K_2CO_3$ 和 $CaCO_3$ 的 CaO 基吸附材料在吸附过程中会形成 $K_2Ca(CO_3)_2$ 双盐，进而促进其对 $CO_2$ 的吸附；采用沉淀法制备出掺杂 $Na_2CO_3$ 的 CaO 基吸附材料在 $600℃$ 以上具有较高的 $CO_2$ 吸附能力，其吸附-脱附动力学速率高于纯 CaO，这是由于在吸附过程中形成的 $Na_2Ca(CO_3)_2$ 双盐对 $CO_2$ 的吸附能力及循环稳定性起促进作用，$Na_2CO_3$-CaO 吸附剂对 $CO_2$ 的吸附机理如图 4-3 所示。

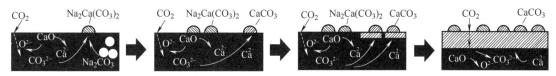

**图 4-3**　$Na_2CO_3$-CaO 吸附剂对 $CO_2$ 的吸附机理

掺杂熔盐后金属氧化物表面的碱性吸附位点增多，吸附性能和循环稳定性大幅提升。其中，碳酸盐在一定程度上参与并促进氧化物对 $CO_2$ 的吸附；硝酸盐均匀分布在氧化物表面，为 $CO_2$ 吸附-脱附提供通道，并在吸附过程中提供更多的游离氧，降低氧化物的能量壁垒；多元复合熔盐则兼具碳酸盐和硝酸盐的优势，不仅可以有效提高金属氧化物的吸附能力，还能使材料在多次循环后仍保持良好的循环稳定性。

## 4.2　低温吸附二氧化碳材料

低温吸附法捕集 $CO_2$ 主要通过改变温度和压力等条件使吸附剂再生，常用的吸附法有变温吸附法（Temperature Swing Adsorption，简称为 TSA）和变压吸附法（Pressure Swing Adsorption，简称为 PSA）。

TSA 利用在不同温度下气体组分的吸附容量或吸附速率不同而实现气体分离，该方法采用升降温度的循环操作，循环过程中的热量由蒸汽直接或间接地提供。单独依靠 TSA 进行吸附剂的再生循环周期较长，因而通常采用多种方法相结合进行 $CO_2$ 捕集；PSA 利用吸附剂在不同压力下对不同气体的吸附容量或吸附速率不同而实现气体分离，通常其吸附压力高于大气压，其解吸压力为大气压，采用升降压力进行循环操作。

变温、变压吸附

为了实现操作的连续性，工业上装置设备采用多个吸附床共同完成。工业上应用的 PSA 是以变压吸附双塔循环工艺为基础而发展的，也是工业应用中较成熟的气体分离技术。

PSA 在 $CO_2$ 捕集上大规模应用的关键是具有开发价格低廉、高选择性、高吸附容量、强解吸能力的优点。

低温吸附材料主要包括：碳基吸附材料、沸石分子筛、金属有机骨架化合物（MOF）、共价有机骨架化合物（COF）、多孔炭等。该类材料的主要特点是能在相对低温（通常在 200℃ 以下）吸附 $CO_2$，并具备以下三个条件：吸附剂优先选择吸附 $CO_2$；吸附剂有较高的 $CO_2$ 吸附容量；吸附剂的使用寿命较长。根据吸附剂与 $CO_2$ 之间的作用，低温吸附剂可以分为低温物理吸附剂和低温化学吸附剂。低温物理吸附剂主要利用多孔结构吸附 $CO_2$，而低温化学吸附剂则一般由多孔材料负载固态胺或者离子液体等实现 $CO_2$ 吸附。

## 4.2.1 碳基吸附材料

碳基吸附材料是以煤或有机物制成的高比表面积的多孔含碳物质，包括活性炭、活性炭纤维、碳纳米管等纯碳结构的吸附剂。它们通常具有相互连通的孔结构、较高的比表面积、稳定的物理化学性质、价格便宜等优点，在催化、纯化和吸附分离领域有广泛的应用。通常碳基材料与 $CO_2$ 的相互作用力对压力较为敏感，在低压下对 $CO_2$ 的选择吸附性和吸附量都比较小，只适用于高压吸附。

主要通过两种方式提高对 $CO_2$ 的吸附能力和选择性：改善碳基吸附材料的比表面积和孔结构，包括使用不同的前驱体以制备具有不同孔结构的碳材料，如有序介孔碳、碳纳米管、石墨烯、复合碳材料等；通过表面化学改性使碱性增强，如氮掺杂、引入氨基等。此外，碳基材料的孔结构和孔隙率对 $CO_2$ 吸附性能产生很大影响。通常情况下，在较低压（0.1MPa）下，孔径低于 0.6nm 的微孔对吸附有较大贡献，而大微孔/小介孔（孔径为 2.0～3.0nm）决定高压（4.5MPa）下的吸附行为。

### 1. 活性炭

活性炭是指主要以高含碳物质如煤炭或生物质为原料，经炭化和活化制备而成的碳质吸附材料，它具有孔隙结构发达、比表面积大、化学性质稳定、耐酸、耐碱、选择性吸附能力强、失效后易再生等特点。其中，比表面积大、孔结构发达等特征是活性炭吸附材料吸附 $CO_2$ 的关键因素。活性炭吸附 $CO_2$ 机理如图 4-4 所示。活性炭具有微孔、介孔和大孔结构，是具有良好应用前景的 $CO_2$ 吸附材料。活性炭对 $CO_2$ 的存储能力较好，主要是由于其存在大量的窄微孔。此外，这些多孔炭往往具有较高的 $CO_2$ 吸附速率，对 $CO_2/N_2$ 的吸附分离具有良好的选择性，并且容易再生。通过特定的改性方法可利用不同的前驱体制备高 $CO_2$ 吸附性能的活性炭。例如，以富硅生物质稻壳为前驱体，同步利用生物质中碳源及硅源原位合成多孔炭-沸石复合材料，可实现 $CO_2$ 高效吸附。

活性炭造孔方法主要有物理活化法、化学活化法和模板法。物理活化法是采用 $CO_2$、蒸汽、$O_2$ 等气体作为活化介质在高温下制备活性炭材料，物理活化法制备活性炭的典型案例见表 4-1。活化过程中，活化介质逐渐渗透到材料表面结构气化碳原子，从而形成发达孔隙结构。除活化介质外，活化时间和温度也是碳材料表面结构的主要影响因素。在诸多活化介质中，$CO_2$ 应用最广泛，这是由于 $CO_2$ 在活化过程中能产生适合 $CO_2$ 分子动力学、直径的狭窄微孔；虽然蒸汽在活化过程中容易扩大已有的孔结构，并为 $CO_2$ 分子在孔隙中的传递提供了充足的空间条件，但是 $O_2$ 和蒸汽作为活化介质会导致活化过程难以控制，原料损失率偏高。

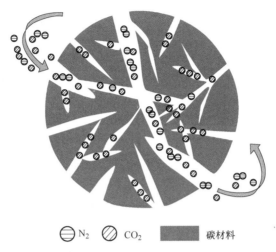

⊖ $N_2$　⊘ $CO_2$　▮ 碳材料

**图 4-4**　活性炭吸附 $CO_2$ 机理

表 4-1　物理活化法制备活性炭的典型案例

| 前驱体 | 比表面积/($m^2$/g) | $CO_2$ 吸附量/(mmol/g) | 活化介质 | 活化温度/℃ |
|---|---|---|---|---|
| 椰壳 | 371 | 1.80（25℃） | $CO_2$ | 800 |
| 杏壳 | 862 | 2.70（25℃） | $CO_2$ | 750 |
| 棉花秸秆 | 610 | 2.30（25℃） | $CO_2$ | 800 |
| 水果种子 | 724 | 3.20（25℃） | $CO_2$ | 800 |
| 海藻残渣 | 1329 | 5.52（25℃） | $CO_2$ | 900 |
| 棕榈壳 | 244 | 2.13（25℃） | $CO_2$ | 850 |
| 木屑 | 561 | 6.66（30℃） | $CO_2$ | 900 |
| 刺竹炭 | 875 | — | $H_2O$ | 850 |
| 无烟煤 | 872 | 2.93（0℃） | $H_2O$ | 900 |
| 杏壳 | 557 | 2.10（25℃） | $O_2$ | 650 |
| 橄榄 | 697 | 2.00（25℃） | $O_2$ | 650 |
| 纤维素 | 500 | 2.64（0℃） | $N_2$ | 800 |

化学活化法是指采用特定浓度的活化剂浸渍碳材料后再进行炭化，化学活化法制备活性炭典型案例见表 4-2。化学活化法制备多孔碳材料的主要影响因素包括前驱体原料成分、活化温度、活化剂及浸渍比。化学活化法通常利用强酸或强碱类活化剂，通过刻蚀碳材料表面去除无定形碳，形成丰富的孔隙结构。利用 KOH 活化不仅可以提高碳材料的比表面积，而

且可以提高碳材料表面碱度，促进了材料对 $CO_2$ 的吸附。较高的浸渍比（活化剂/原料）可形成具有高比表面积的活性炭。然而，较多的活化剂和较长的活化时间会导致碳质表面结构崩塌，会降低碳材料的比表面积和孔体积。

表 4-2  化学活化法制备活性炭典型案例

| 前驱体 | 比表面积/$(m^2/g)$ | $CO_2$ 吸附量/$(mmol/g)$ | 活化剂 |
|---|---|---|---|
| 纤维素 | 2370 | 5.80（0℃） | KOH |
| 海藻 | 1940 | 7.40（0℃） | KOH |
| 莴笋叶 | 3404 | 6.00（0℃） | KOH |
| 竹子 | 1846 | 7.00（0℃） | KOH |
| 菱角壳 | 2384 | 6.06（0℃） | KOH |
| 坚果壳 | 2251 | 5.63（25℃） | NaOH |
| 咖啡渣 | 2337 | 4.54（25℃） | $K_2CO_3$ |
| 煤 | 1773 | 4.36（0℃） | $K_2CO_3$ |
| 榛子壳 | 2318 | 5.91（0℃） | $NaNH_2$ |
| 棕榈果 | 1320 | 3.10（0℃） | $H_3PO_4$ |
| 木材 | 1889 | 2.90（30℃） | $H_3PO_4$ |

模板法在吸附剂合成过程中加入特定添加剂，在炭化过程中或炭化后去除添加剂，得到孔径分布相对均匀的吸附材料。模板法又分为软模板法和硬模板法，模板法制备活性炭典型案例见表 4-3。

表 4-3  模板法制备活性炭典型案例

| 造孔方法 | 模板剂 | 比表面积/$(m^2/g)$ | $CO_2$ 吸附量/$(mmol/g)$ | 压力/$10^5Pa$ | $CO_2/N_2$ 选择性 |
|---|---|---|---|---|---|
| 软模板法 | P123 | 1258 | 1.80（25℃） | 0.15 | 9 |
| | F127 | 910 | 1.48（25℃） | 0.15 | 27 |
| 硬模板法 | TEOS | 1906 | 1.25（25℃） | 0.15 | — |
| | $SiO_2$ | 1195 | 1.18（25℃） | 0.15 | 20 |
| | $SiO_2$ | 226 | 0.78（30℃） | 0.15 | 23 |
| | $CaCO_3$ | 786 | 0.75（25℃） | 0.15 | — |
| | $CaCO_3$ | 561 | 0.80（25℃） | 0.15 | 27 |
| | $NaCl/ZnCl_2$ | 3060 | 1.70（0℃） | 0.15 | — |
| | LiCl/KCl | 520 | 1.36（25℃） | 0.15 | 20 |
| | $Fe_2O_3$ | 1100 | 2.00（25℃） | 1 | 19 |
| | MgO | 1385 | 2.05（25℃） | 0.15 | — |

软模板法是指在碳基吸附材料合成过程中加入某种有机嵌段共聚物，通过共聚物的自组装作用进行聚合，再经过炭化最终获得孔道相对规整的吸附材料，软模板法造孔改性机理如图 4-5 所示。软模板构筑简单，对设备要求较低，且形态多样，在碳材料造孔改性中具有良好的应用前景。常用的软模板剂有聚环氧乙烷-聚环氧丙烷-聚环氧乙烷三嵌段共聚物（P123）、马来酰亚胺改性聚乙二醇-聚丙二醇-聚乙二醇三嵌段共聚物（F127）等。

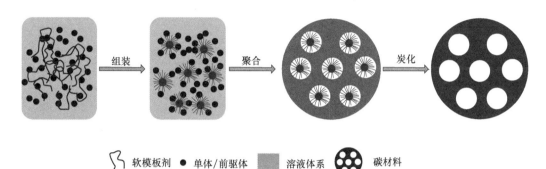

图 4-5　软模板法造孔改性机理

硬模板法是指在材料合成过程中加入某种无机刚性物质，炭化后经过刻蚀去除添加剂，最终形成孔径大小均一的吸附材料。硬模板法造孔改性机理如图 4-6 所示。常用的硬模板剂有 $SiO_2$、$MgO$、$CaCO_3$、$KCl$ 等。

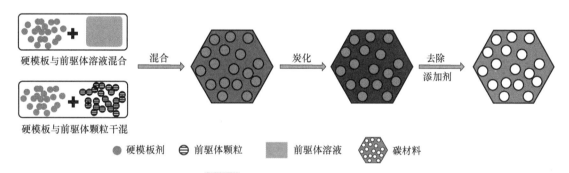

图 4-6　硬模板法造孔改性机理

碳基材料表面还含有少量含氧基团，如羧基、内酯基、酚羟基、羰基等，这些基团对 $CO_2$ 分子的亲和力不同会导致材料吸附性能存在差异。碳基吸附剂吸附 $CO_2$ 主要为物理吸附，在常温常压条件下，$CO_2$ 分子与吸附剂之间相互作用较弱，且吸附选择性不高，因此需要对活性炭进行功能化改性。碳基吸附材料的表面改性主要从提高材料极性方面入手，活性炭改性方法及其吸附 $CO_2$ 机理如图 4-7 所示。常用的表面改性方法主要包括：氧杂化改性、氮杂化改性、硫杂化改性、金属杂化改性等。

（1）氧杂化改性　氧杂化改性是指采用强氧化剂对活性炭表面进行处理，使材料表面含有更多含氧官能团，如羧基、羟基、羰基等，以此提高活性炭表面极性。以硝酸为例表明碳材料表面氧杂化改性机理如图 4-8 所示。常用的氧化剂主要包括：硝酸、次氯酸、过氧化氢水溶液、高锰酸钾、臭氧等。

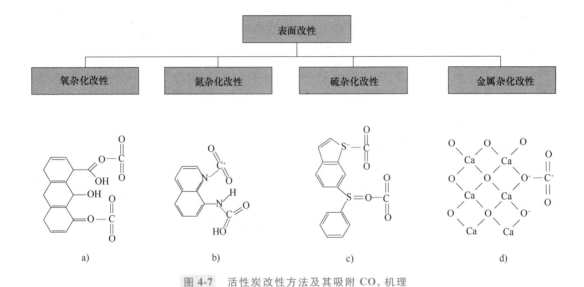

**图 4-7　活性炭改性方法及其吸附 $CO_2$ 机理**

a）氧杂化改性吸附 $CO_2$　b）氮杂化改性吸附 $CO_2$　c）硫杂化改性吸附 $CO_2$　d）以 CaO 为例的金属杂化改性吸附 $CO_2$

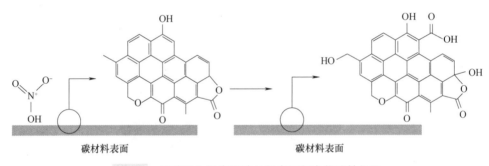

**图 4-8　以硝酸为例表明碳材料表面氧杂化改性机理**

　　不同氧化剂处理后的碳材料表面形成的官能团存在不同：采用液相的过硫酸铵和硝酸处理后的碳材料表面形成大量羧基官能团；空气氧化后的碳材料表面则形成较多醚基和羰基官能团。虽然处理后的碳材料比表面积有所降低，且官能团呈弱酸性，但是材料表面极性得到了显著提高，促进了 $CO_2$ 吸附；采用一定浓度的硝酸在室温条件下对活性炭进行氧化改性，改性后活性炭表面含氧官能团数量显著增多，从而提升 $CO_2$ 吸附量。

　　（2）氮杂化改性　氮杂化改性是指通过浸渍、嫁接或原位掺杂等方式在活性炭表面或骨架内引入含氮官能团。氮杂化改性方式如图 4-9 所示。含氮基团在固体吸附剂上形成丰富的碱性位，从而提高吸附剂对 $CO_2$ 等酸性气体的吸附性能，包括：有机胺改性、原位氮掺杂改性和无机氨改性。

　　1）有机胺改性主要分为浸渍法和嫁接法。浸渍法是指将多孔碳材料浸渍于有机胺溶液中，使有机胺负载到碳材料表面和孔道内，从而提高吸附材料的吸附选择性和吸附容量。常用于浸渍的有机胺主要包含乙醇胺、三乙醇胺、三乙烯四胺、聚乙烯亚胺（PEI）、N-甲基二乙醇胺等。利用空间位阻胺和乙醇胺浸渍活性炭，可使活性炭表面形成很多活性位点，提

高对 $CO_2$ 的选择性和吸附容量。虽然湿法浸渍有机胺普遍可以提高 $CO_2$ 吸附容量，但在浸渍过程中易造成活性炭孔道结构堵塞，抑制 $CO_2$ 分子扩散，需要合理控制有机胺的负载量。嫁接法是指通过有机胺与碳材料表面的化学键结合，在材料表面均匀接枝氨基，从而提高吸附材料的选择性和吸附容量。嫁接法是通过化学键作用将含氮官能团连接到吸附材料表面，可有效降低有机胺的挥发。常用于嫁接的氨基化合物主要有氨基硅烷、卤化胺、二胺和多胺等。

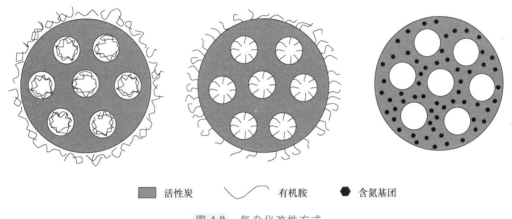

　　活性炭　　　　　　　有机胺　　　　　含氮基团

图 4-9　氮杂化改性方式

　　2）原位氮掺杂改性是指在前驱体炭化过程中加入有机氮源，在高温条件下氮元素会参与到碳骨架的形成过程中，从而形成吡啶氮、吡咯氮等基团，常用的有机氮源主要有尿素、三聚氰胺、壳聚糖、吡啶等。

　　3）无机氨改性是指在高温条件下采用无机氮源处理活性炭，通过形成酰胺、酰亚胺和内酰胺、吡啶氮、吡咯氮等基团的形式，将氮引入活性炭骨架或表面，常用的无机氮源有 $NH_3$、$NaNH_2$ 等。然而，相较于原位氮掺杂改性，该方法所得氮杂碳材料的氮含量偏低。

　　（3）硫杂化改性　硫杂化改性中的硫杂碳主要是含硫化合物与碳源混合物在高温条件下反应制得。当硫基团处于氧化形式时，有利于碳材料对 $CO_2$ 吸附。硫杂碳对 $CO_2$ 吸附主要有 3 种相互作用方式，即 $CO_2$ 与含硫基团形成芳环的酸碱作用、$CO_2$ 与亚砜和磺酸等基团之间的极性作用、$CO_2$ 与表面酸性基团的氢键作用。

　　（4）金属杂化改性　金属杂化改性是将金属元素引入碳材料骨架或表面，金属氧化物作为供电子体易吸附 $CO_2$ 等酸性气体，从而提高碳材料表面对 $CO_2$ 分子的亲和力，常用的金属元素有 Ca、Mg、K、Al、Cu、Zn、Fe 等。

　　综上，化学活化法造孔技术效率高，但工艺成本较高，且产生大量废酸、废碱，不利于工业化生产；物理活化法成本较低且无环境污染，但采用该方法难以控制反应进程，从而使孔结构不均匀；现有模板法可通过调控吸附材料的孔径分布提高 $CO_2$ 吸附，但仍存在较多因素影响其规模应用。因此，应在优化碳基吸附材料活化条件的同时，综合考虑选用更低成本的软模板剂和更易处理的硬模板剂。碳基吸附材料表面改性典型案例见表 4-4，其中氮杂化改性和金属杂化改性是最有可能实现碳基吸附材料规模化生产的途径。

表 4-4 碳基吸附材料表面改性典型案例

| 改性方法 | 改性剂 | $CO_2$ 吸附量/(mmol/g) | 吸附条件 |
|---|---|---|---|
| 表面氧杂化改性 | $HNO_3$ | 1.22 | 273K，10kPa |
| | $HNO_3$ | 1.48 | 273K，10kPa |
| | $O_3$ | 0.75 | 303K，100kPa |
| 有机胺浸渍 | PEI | 1.90 | 293K，15kPa |
| | TEPA | 1.02 | 303K，10kPa |
| | TETA | 3.80 | 398K，100kPa |
| 有机胺嫁接 | APTES | 3.70 | 393K，100kPa |
| | CEA | 1.45 | 303K，100kPa |
| | TETA | 1.50 | 303K，100kPa |
| 原位氮掺杂改性 | 尿素 | 1.00 | 298K，15kPa |
| | 尿素 | 0.90 | 303K，15kPa |
| | 三聚氰胺 | 1.48 | 298K，15kPa |
| 无机氨改性 | $NH_3$ | 1.82 | 303K，10kPa |
| | $NH_3$ | 1.20 | 298K，15kPa |
| | $NaNH_2$ | 1.30 | 303K，15kPa |
| 硫杂化改性 | $Na_2S_2O_3$ | 1.90 | 298K，15kPa |
| | $Na_2S_2O_3$ | 1.50 | 303K，20kPa |
| | 硫脲 | 0.80 | 298K，15kPa |
| 金属杂化改性 | $Mg(NO_3)_2$ | 1.60 | 348K，10kPa |
| | KBr | 1.03 | 313K，15kPa |

**2. 活性炭纤维**

活性炭纤维（Activated Carbon Fiber，简称为 ACFs）的前体为聚合纤维（聚丙烯腈、酚醛树脂、聚二乙烯）、纤维素和沥青（煤焦沥青、石油沥青）。由于 ACFs 是纤维炭化过程中形成的一种中间相，因此，ACFs 具有很高的抗拉强度和弹性，与活性炭相比石墨化程度更高。对正在纤维炭化的前体进行气体活化（多用 $CO_2$）即可生成 ACFs，利用不同的前体可以获得不同类型的 ACFs。与活性炭相比，ACFs 的比表面积更大。

ACFs 具有很高的比表面积，BET 比表面积可达到 $1000m^2/g$ 以上。除了具有本身纤维的性质之外，还具有以下独特的优点：孔径分布窄且均匀，与吸附质的相互作用强；孔径小而均匀，吸附、脱附速率快；具有石墨化特征，导电性和耐热性好；强度高、弹性好、可塑性强。

为了进一步提升 ACFs 对 $CO_2$ 的吸附能力，表面化学改性是最有效途径之一。表面化学改性方法主要有溶液浸渍法、化学气相沉积和电极氧化等。其中，浸渍法具有操作简单的优点，一般常用的浸渍液有 $HNO_3$、$H_2SO_4$、KOH、$H_2O_2$、金属化合物溶液（如 $AgNO_3$、$MnSO_4$）等。碱性化合物改性可增加 ACFs 表面的碱性位，金属化合物改性后，金属离子能负载到表面和孔道，增加表面吸附活性位点，同时起到调孔作用，进而增加活性炭纤维的吸附能力。

**3. 碳纳米管**

碳纳米管由石墨片卷曲而成，具有典型层状中空结构，它具有管束内径均一、比表面积较大、机械强度高、水热稳定性高和质量轻等优点。可通过有机胺、氨基硅烷、离子液体等改性剂对碳纳米管进行改性，进一步提高碳纳米管对二氧化碳的吸附能力。根据卷曲石墨的层数，碳纳米管被分为两种：单壁碳纳米管和多壁碳纳米管。单壁碳纳米管由单片石墨卷曲而成，直径约为 $0.7 \sim 2nm$ 范围，单壁碳纳米管的卷曲过程如图 4-10 所示，按卷曲的方向来划分，又可分为完全对称的扶手椅式（Armchair）碳纳米管、不完全对称的锯齿式（Zigzag）碳纳米管和手性（Chiral）碳纳米管；多壁碳纳米管由两层以上的石墨片卷曲而成，直径基本小于 50nm。与多壁碳纳米管相比，单壁碳纳米管的直径较小，均匀性更好。

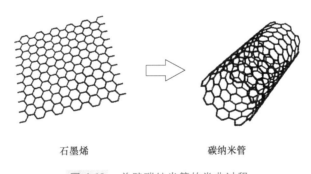

石墨烯        碳纳米管

**图 4-10** 单壁碳纳米管的卷曲过程

碳纳米管较强的表面效应使其表面能和表面结合能快速变大，因此，它表现出很高的化学活性，从而产生特殊的吸附性能。与其他多孔材料相比，碳纳米管的特点是层间距固定，因此它是较为理想的载体，可以负载有机胺。常用嫁接法和浸渍法对碳纳米管进行改性处理。

## 4.2.2 沸石分子筛

沸石分子筛是碱金属和碱土金属氧化物的结晶硅铝酸盐的水合物，是一类由硅铝氧桥连接组成的空旷骨架结构的微孔晶体材料（孔道尺寸为 $0.5 \sim 12nm$），对 $CO_2$ 具有较强的吸附能力。根据硅铝比和晶体类型的不同，沸石分子筛分为 A、X、Y 型等，A 型沸石分子筛具有正立方体晶格结构，X、Y 型沸石分子筛均为六方晶系，A、X、Y 型沸石分子筛结构示意如图 4-11 所示。

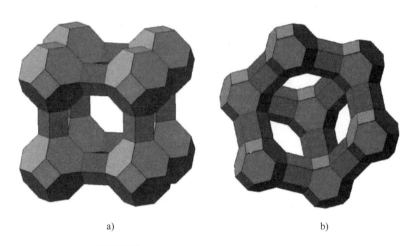

a)　　　　　　　　　　　　　　　　　　　b)

**图 4-11　A、X、Y 型沸石分子筛结构示意**

a）A 型沸石分子筛　b）X、Y 型沸石分子筛

沸石分子筛系由一系列不同规则的孔道构成的具有特殊性质的多孔材料，其优点主要包括：表面积与吸附容量均较大；吸附范围宽泛，可吸附亲水性和疏水性物质；热稳定性和化学稳定性良好等，尤其是规则的孔道大小正好在多数分子的尺寸范围内，可以基于分子大小、形状、极性、不饱和度等性质方便地选择合适的沸石分子筛来分离混合物。沸石分子筛作为吸附剂时，直径比较小的分子能通过孔道被吸附，而大分子由于无法进入孔道，因此，不能被分子筛所吸附。合成沸石分子筛的方法主要包括：水热体系合成法和非水体系合成法。

水热体系合成法是沸石分子筛传统的合成方法，也是最为常用的。它是将硅源、铝源、碱（有机碱或无机碱）和水按一定比例混合均匀后放入反应釜中，在一定温度、压力和 pH 值下反应而生成晶体。水热体系合成法又分为低温水热晶化法和高温水热晶化法，通常低硅铝比的沸石是在低温水热体系中合成的，而高硅铝比的沸石是在高温水热体系中合成的。非水体系合成法则是不以水为溶剂，而以有机物作为溶剂进行沸石的合成。随着沸石分子筛研究的深入，更多的合成方法也相继问世，如微波法、二次法、转晶法、干胶转化法和太空合成法等。

沸石分子筛广泛应用于气体和液体物质的分离、净化、回收、干燥及脱水等。它具有可交换的阳离子，因而可用于离子交换、海水淡化与制备多相催化剂等。作为优良的吸附剂，沸石分子筛的优势主要表现在其对于临界直径、极性、形状、不饱和度等性质不同的分子有选择性吸附的能力，如 $CO_2$ 通过这种材料微孔时，会与碱金属阳离子之间产生强静电作用，从而发生吸附作用。尽管沸石对 $CO_2$ 有较好的吸附和脱附能力，但是沸石的脱附温度通常高于 300℃，而且若 $CO_2$ 中有水，沸石会优先吸附水分子，将造成微孔堵塞，从而大大影响 $CO_2$ 的吸附效果，部分分子筛对 $CO_2$ 的吸附能力见表 4-5。

表 4-5　部分分子筛对 $CO_2$ 的吸附能力

| 吸附剂 | 温度/K | 压强/atm | 吸附量/(mmol/g) |
|---|---|---|---|
| 13X 分子筛 | 298 | 1 | 4.66 |
| NaY 分子筛 | 295 | 1 | 4.06 |
| 4A 分子筛 | 298 | 1 | 2.3~3.1 |
| HY-5 分子筛 | 295 | 1 | 1.13 |

## 4.2.3　天然非金属矿物

天然非金属矿物储量丰富，价格低廉，具有较大的比表面积、丰富的孔道结构、较高的化学稳定性，是一种优良的固体吸附基体材料。常用于 $CO_2$ 吸附的矿物主要包括：高岭石、埃洛石、蒙脱石、膨润土、凹凸棒石、海泡石等。这些矿物主要以物理吸附 $CO_2$，但吸附能力通常有限，多需要对其进行改性，以提高其吸附 $CO_2$ 的能力。

**1. 天然矿物吸附 $CO_2$**

$CO_2$ 通常以物理吸附或化学反应作用于天然矿物表面及内部，其矿物的晶体结构、比表面积、孔隙结构、离子交换等性能都将对 $CO_2$ 的吸附能力有一定影响。高岭石的化学式为 $Al_4[Si_4O_{10}](OH)_8$，它是由一层 $SiO_4$ 四面体层形成的六方体网层和一层 $AlO_2(OH)_4$ 构成的典型的 1:1 型八面体层状黏土矿物，层间主要以强氢键紧密连接，缺乏层间结构域，对 $CO_2$ 的吸附量较低，主要以物理吸附为主。高岭石晶体结构如图 4-12 所示。

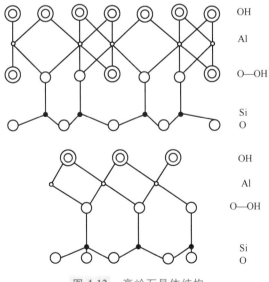

图 4-12　高岭石晶体结构

埃洛石的化学式为 $Al_2Si_2O_5(OH)_4 \cdot nH_2O$，它是一种 1:1 型的层状硅酸盐矿物，同属于高岭土族矿物，其结构单元层由铝氧八面体片和硅氧四面体片组成，并以多壁纳米管状结构存在，结构单元层之间为水分子层，其外表面由四面体的硅氧基团（Si—O—Si）组成，内壁则由八面体的铝羟基（Al—OH）组成，具有较高的比表面积、发达的孔隙结构及丰富的活性基团等优点，有利于 $CO_2$ 吸附。埃洛石结构示意如图 4-13 所示。

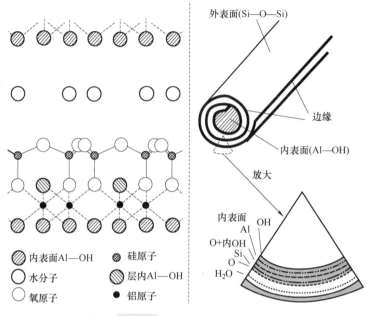

**图 4-13　埃洛石结构示意**

蒙脱石的化学式为 $(1/2Ca, Na)_x(H_2O)_4\{Al_{2-x}Mg_x[Si_4O_{10}](OH)_2\}$，它是由两层硅氧四面体和一层铝氧八面体排列为 2：1 型层状铝硅酸盐，蒙脱石结构示意如图 4-14 所示，相对于高岭石，它具有天然的纳米片状形貌、较高的孔隙率及良好的阳离子交换性等，其吸附 $CO_2$ 的能力通常略高于高岭石。

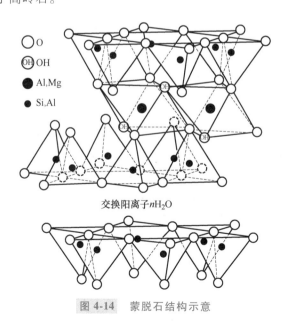

**图 4-14　蒙脱石结构示意**

凹凸棒石的化学式为 $Mg_5(H_2O)_4[Si_4O_{10}]_2(OH)_2$，它具有由硅氧四面体层和非连续排列的八面体层构成的 2∶1 型层链状结构，是一种天然含水富镁铝的矿物，独特的纤维状、链状、棒状微结构和纳米性质决定其具有丰富的孔道、较大的比表面积和高的孔隙率。并且，凹凸棒石中具有丰富的含氧官能团，使电荷分布于凹凸棒石表面，可增强吸附材料与 $CO_2$ 之间的相互作用。凹凸棒石结构示意如图 4-15 所示。

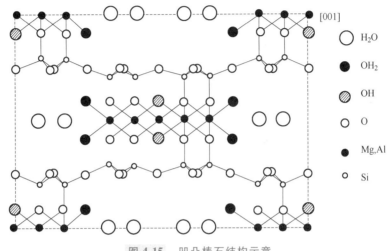

**图 4-15** 凹凸棒石结构示意

海泡石的化学式为 $Mg_8(H_2O)_4[Si_6O_{16}]_2(OH)_4 \cdot 8H_2O$，它是一种轻质的天然水合硅酸镁黏土矿物，由两层硅氧四面体夹一层镁氧八面体结构交替排列组成，具有链状和层状的过渡型结构，含有纳米纤维结构和丰富的硅烷醇基团，具有孔径均匀、孔隙率高、比表面积大的优点，对 $CO_2$ 有良好的吸附作用。海泡石结构示意如图 4-16 所示。

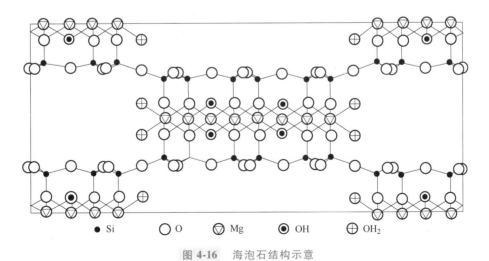

**图 4-16** 海泡石结构示意

部分未改性矿物对 $CO_2$ 吸附量见表 4-6。通常天然非金属矿物对 $CO_2$ 的吸附效能是有限的，所以需要对其进行表面处理，主要包括热处理、酸/碱处理、有机胺浸渍、氨基硅烷接枝、柱撑技术和金属掺杂改性等。

表 4-6　部分未改性矿物对 $CO_2$ 吸附量

| 典型非金属矿 | $CO_2$ 吸附量/(mmol/g) | 吸附条件 |
|---|---|---|
| 高岭石 | 0.29 | 273K，3.0MPa |
| | 0.14 | 298K，3.0MPa |
| | 0.06 | 298K，0.1MPa |
| | 0.14 | 288K，1.7MPa |
| 埃洛石 | 6.17 | 273K，3.0MPa |
| | 0.08 | 348K，0.1MPa |
| 膨润土 | 0.13 | 298K，0.1MPa |
| | 0.14 | 303K，0.1MPa |
| | 0.16 | 298K，0.1MPa |
| | 0.22 | 318K，0.1MPa |
| 凹凸棒石 | 0.27 | 318K，0.1MPa |
| | 0.40 | 298K，0.1MPa |

**2. 改性矿物吸附 $CO_2$**

热处理是一种常见的增加比表面积和孔隙结构的方法，其处理效果主要取决于热处理温度和吸附质的性质，通常可与酸碱处理一起作为预处理环节。酸处理（如 HCl、$H_2SO_4$、$HNO_3$）可将天然矿物中的金属阳离子（如 $Al^{3+}$、$Mg^{2+}$、$Fe^{3+}$、$Na^+$）及杂质浸出，显著增大比表面积和孔容积，改善其结构性质，从而增加对 $CO_2$ 的吸附性能；碱处理（NaOH）相对于酸处理而言，金属阳离子可能是惰性的，导致天然矿物在碱处理过程中效果不佳。另外，天然矿物在采用热处理、酸/碱处理等方式进行预处理时，应选择合适的热处理温度及酸/碱浓度，避免因为过高的热处理温度及过量的酸/碱浓度导致天然矿物的晶体结构受到破坏或孔隙结构坍塌，从而对 $CO_2$ 的吸附性能造成巨大的影响。

有机胺浸渍主要是通过引入有机胺吸收剂增强天然矿物对 $CO_2$ 的吸附性能。有机胺吸收剂是由于分子中的胺基能够与 $CO_2$ 之间发生化学相互作用，因此可作为捕集 $CO_2$ 的吸收剂，并且是工业二氧化碳捕集最有效的吸收方法。常见的有机胺吸收剂主要包括胺醇类，如乙醇胺、二乙醇胺和 N-甲基二乙醇胺等；脂肪胺类，如乙二胺、四乙烯五胺；酰胺类：甲酰胺；其他胺类：聚乙烯亚胺等。但是由于有机胺吸收剂在使用的过程中存在设备腐蚀、溶剂降解、高能量密集型再生等问题，限制了在工业上的应用。因此，将对 $CO_2$ 具有亲和力的胺基吸收剂通过物理浸渍方法引入天然矿物的结构中，可以有效增加 $CO_2$ 的传质及快速吸附，提高胺基复合固体吸附剂对 $CO_2$ 的捕集能力，并且能够减少吸附剂再生过程中的能量消耗。同时传统的有机胺浸渍改性制备的固体吸附剂在循环再生的过程中仍存在稳定性不足的缺点：一方面是由于有机胺沸点低，在循环过程中容易出现老化现象；另一方面是由于有机胺与载体表面的结合能力弱，导致在吸附过程中胺的损失。

氨基硅烷接枝是利用矿物表面的硅醇基团与胺-烷氧基硅烷化合物之间的化学反应进行的，与有机胺浸渍比较，其更加稳定。但是氨基硅烷在改性不同矿物，特别是改性未预处理的海泡石和凹凸棒石等纤维状黏土矿物时，具有不同的改性效果，不一定会增加 $CO_2$ 的吸附能力。因为在接枝的过程中，氨基硅烷很有可能堵塞矿物中的纳米孔道结构，所以不利于 $CO_2$ 在矿物中的扩散。虽然氨基硅烷接枝固体吸附剂相对于有机胺浸渍较为稳定，但是改性后的固体吸附剂吸附容量有限。

层柱黏土（PILC）是因黏土矿物层间的可交换离子全部或部分被特定离子或离子团（"柱子"）替代并固定在其层间域的一种二维分子筛状多孔材料。由"柱子"撑开的层具有二维通道，结焦后不易引起孔道堵塞，抗硫氮、重金属污染强。层柱黏土因其具有较大的比表面积、均匀的孔隙结构、大的层间距等优点，作为催化剂和 $CO_2$ 吸附材料具有潜在的应用前景；由于 $CO_2$ 是酸性气体，所以还可以将一些碱性金属掺杂于矿物中，碱性金属中的活性位点可以与 $CO_2$ 相互作用，从而增强层柱黏土对 $CO_2$ 的吸附能力。

## 4.2.4　介孔二氧化硅

介孔二氧化硅是一种由硅—氧键构成的多孔性材料，孔径在 $2\sim50nm$ 范围，主要包括：二氧化硅纳米粒子、二氧化硅空心球、二氧化硅纳米管、硅粉、介孔二氧化硅泡沫、气凝胶等。该材料具有高的表面积、大的孔体积、窄的孔径分布和优异的再生稳定性。现阶段应用较为广泛的介孔二氧化硅包括 MCM-41、SBA-15 和 KIT-6 系列，可成功从甲烷和氮的混合物中分离出二氧化碳。MCM-41 结构示意如图 4-17 所示。然而，在高温、存在蒸汽的条件下，Si—O—Si 易水解，使得介孔二氧化硅的水热稳定性较低。通过硅烷醇基团的改性，合成复合材料及增厚孔径是提高介孔二氧化硅的水热稳定性的有效方法。

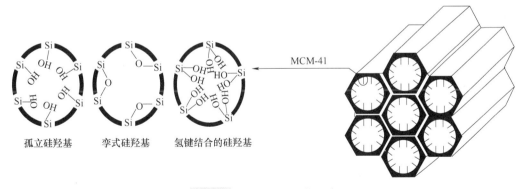

孤立硅羟基　孪式硅羟基　氢键结合的硅羟基

**图 4-17　MCM-41 结构示意**

有序介孔二氧化硅材料具有大的孔径、高的比表面积和表面存在大量的 Si—OH 的特点，使某些易与 Si—OH 作用的有机改性剂进入孔道内并与 Si—OH 键作用成为可能；同时，其骨架中某些 Si 原子可以被其他一些杂原子取代，从而实现介孔材料的改性。实现介孔材料改性的方法可分为直接合成（One-pot synthesis）法和合成后表面修饰（Post-synthesis）法两类方法。直接合成法是指在合成有序介孔分子筛的同时完成分子筛的改性过程，而合成后表面修饰法是指在有序介孔分子筛合成后，再完成其改性。

与合成后修饰法相比，直接合成法的优点：有机基团均匀分布在孔壁上，不只是在孔表面上；孔径所受影响不大；由于有机基团的多样性，可以合成多样有机-无机杂化材料。缺点：合成的材料的有序程度往往较差，功能化合物加得越多，产物的有序程度越差。缺点是由于与正硅酸乙酯比较，缺少一个或多个可聚合的 Si—OR 基团，自由度下降，并且还会存在一定的空间效应和疏水作用，所以影响硅酸盐的聚合反应，导致无机壁的密度降低和缺陷增多，同时也会降低产物的热稳定性。

介孔二氧化硅材料改性主要是嫁接法（Grafting）、共聚法（Cocondensation）、涂层法（Coating）、浸渍法（Impregnation）和镶嵌法（Embedding）五种。这五种方法都可归结为直接合成法和合成后表面修饰法。嫁接法是指在介孔结构形成、去除模板剂以后，在其孔道内连接官能团分子，从而完成表面修饰，是一种后合成（Post-synthesis）法。介孔二氧化硅的表面具有很高浓度的表面 Si—OH，这些基团可以作为嫁接有机官能团的定位点，但并不是所有的 Si—OH 都可以作为定位点。这是由于在介孔二氧化硅的表面有三种 Si—OH，即孤立硅羟基（$\equiv$SiOH）、孪式硅羟基（$=$SiOH）和氢键结合的 Si—OH。嫁接有机官能团的定位点一般只能是 $\equiv$SiOH 和$=$SiOH，而氢键结合的 Si—OH 通常没有活性的，这主要是由于氢键结合的 Si—OH 形成了亲水性质的网状结构。

有机官能团对介孔二氧化硅进行表面修饰通常是通过硅烷化作用来完成的，一般来说，硅烷化作用通过以下三种方式来完成，即

$$\equiv Si-OH + Cl-SiR_3 \longrightarrow \equiv Si-OSiR_3 + HCl \tag{4-5}$$

$$\equiv Si-OH + R_3O-SiR_3 \longrightarrow \equiv Si-OSiR_3 + HOR' \tag{4-6}$$

$$2\equiv Si-OH + NH(SiR_3)_2 \longrightarrow 2\equiv Si-OSiR_3 + NH_3 \tag{4-7}$$

在嫁接官能团分子之后，介孔材料的原始结构一般都能保留，不会发生明显变化。硅烷化作用可以产生钝性表面基团，如烷基链、苯基等。这些钝性基团可以调节孔径大小、提高材料表面的憎水性和钝化硅羟基，从而防止材料骨架的水解，提高材料的稳定性。硅烷化作用也可以产生烃氨基等活性表面基团，这些活性基团又可以与其他基团或离子结合生成新的衍生物。

共聚法又称为一步合成法，是在模板剂和硅源组成的溶胶中直接加入功能有机改性剂进行反应，即在含硅源和模板剂的体系中直接加入改性剂，使之能够和正硅酸酯同时水解并相互产生交联，通过自组装过程，形成含有机功能基团的改性介孔材料；涂层法原理和嫁接法类似，利用介孔二氧化硅表面的硅羟基和有机硅烷反应，同时在少量水分辅助下，有机硅烷之间也可以发生自聚反应，从而形成一种层状物。涂层法可以产生大量的有机官能团，在材料的孔结构不被显著堵塞的情况下，有可能成为一种良好的吸附剂。浸渍法是将一种或几种活性组分通过浸渍载体，负载在载体上的方法。通常是用载体与活性组分溶液接触，使活性组分溶液吸附或储存在载体毛细管中，除去过剩的溶液，再经干燥活化制得吸附剂。镶嵌法是在介孔孔道内装载并形成均匀、稳定且尺寸可调的离子、原子或分子团簇，从而实现对吸附性能的有效调控。

## 4.2.5　金属有机骨架化合物

金属有机骨架化合物（Metal Organic Frameworks，简称为 MOFs）也被称为多孔配位聚合物，是由无机金属中心（金属离子或金属簇）与桥连的有机配体通过自组装相互连接，形成的一类具有周期性网络结构的晶态多孔材料。MOFs 材料的优点包括结晶度高、比表面积大以及具有能够调整的孔隙结构，在 $CO_2$ 的捕集领域中展示良好的应用潜力。但是，MOFs 材料的合成对设备和材料的要求高，且合成条件不易控制。

MOFs 根据组分单元的不同分为以下几个大类：类沸石咪唑骨架材料（Zeolitic Imidazolate Frameworks，简称为 ZIF）、网状金属-有机骨架材料（Isoreticular Metal Organic Framework，简称为 IRMOF）、莱瓦希尔骨架材料（Materials of Institute Lavoisier，简称为 MIL）等。ZIF 是通过 Zn 或 Co 与咪唑配体结合反应合成出的类沸石结构的 MOF 材料。ZIF 的结构简单而稳定，确保了材料的优良热稳定性和化学稳定性。同时，ZIF 系列材料已在捕集烟气和废气中的 $CO_2$ 方面表现出优异的性能，典型 ZIF 系列材料结构如图 4-18 所示；IRMOF 是通过无机基团与芳香羧酸配体，以八面体的形式构建而成的微孔晶体结构。如 IRMOF-1（也称为 MOF-5）是由锌离子和 2,5-二羟基对苯二甲酸作为有机配体构成，具有多孔性和高比表面积，是最为经典的 MOFs 材料之一，典型 IRMOF 系列配合物结构如图 4-19 所示；MIL 是通过将各种过渡金属元素与二羧酸配体（如琥珀酸和戊二酸）相结合而合成的，在 MIL 的家族中最具有代表性的成员就是金属氧化物 $MO_4(OH)_2$（M 代表 $Cr^{3+}$，$Al^{3+}$，$Fe^{3+}$）与对苯二甲酸形成的 MIL-53，其在吸附过程中表现出一种独特的"呼吸"现象，即孔隙结构会随着外部刺激（如压力、温度、光、气体或溶剂的吸附等）而改变，这是由于水分子的氢键与材料的框架结合并与 $CO_2$ 相互作用时产生的强大静电力，促进了材料对 $CO_2$ 的吸附，MIL-100(Cr) 的分子结构如图 4-20 所示。

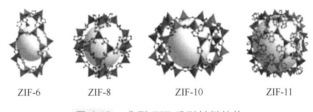

图 4-18　典型 ZIF 系列材料结构

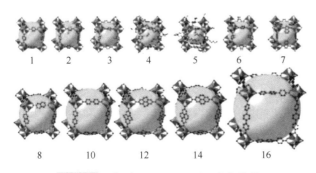

图 4-19　典型 IRMOF 系列配合物结构

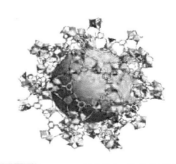

图 4-20　MIL-100(Cr) 的分子结构

溶剂（水）中的热合成是制备 MOFs 材料的常用方法，即把金属前体和有机配体溶解在有机溶剂（或水）中，形成混合均匀的分散体。然后，得到的混合物被转移到一个特殊的密封容器或高压锅中，并在压力和相对较高的温度下重新结晶（通常需要 $12\sim48h$）。该方法的特点：纯度相对较高、分散性好、晶体形状好、生产成本相对较低，但也存在合成周期长、产率低和反应条件苛刻等缺点。

为了进一步提升 MOFs 材料对 $CO_2$ 吸附性能，通常采用改性工艺对 MOFs 材料进行性能优化，主要方法包括：

1）引入金属位点法。$CO_2$ 是一种非极性线性分子，其中 O 原子显示电负性，C 原子显示电正性。因此，具有特殊吸附位点的官能团可以接受或给出电子，对 $CO_2$ 有很强的亲和力。MOFs 由金属离子（或金属簇）和有机配体通过配位键组成，其中一些 MOFs 材料可以接受从 $CO_2$ 转移过来的电子，还有一些 MOFs 材料具有不饱和的配位金属位点，可用于捕集 $CO_2$。

2）引入官能团是改性 MOFs 材料从而改善 $CO_2$ 吸附的常见和有效的方法之一，主要包括碱性和极性 Lewis 基团。用碱性 Lewis 官能团修饰的 MOFs 材料不仅保留了原始材料的结构特性，还创造了新的碱性吸附位点。由于它们的偶极矩特性，极性官能团与 $CO_2$ 在静电偶极矩-四极矩中相互作用。除了碱性 Lewis 官能团以外，腺嘌呤也是常用的改性配体之一，腺嘌呤拥有不止一个碱性基团，其中氨基和嘧啶氮，都能够与 $CO_2$ 相互反应。

3）与纳米碳材料进行无机复合。常用的碳纳米材料包括碳纳米管（Carbon Nanotube，CNT）和氧化石墨烯（Graphene Oxide，GO）。碳纳米材料的加入通常不会破坏 MOFs 材料的结晶结构，它可以增加原始材料的比表面积和孔隙体积，优化孔结构，提高其分散能力，增加 $CO_2$ 的吸附量和选择性吸附。

MOFs 材料的选择性吸附与其他多孔材料的机制基本相同，通常可分为四类，单一吸附剂的吸附分离也可以依靠这几种吸附机制的协同作用：

1）分子筛效应：由于被吸附气体分子的形状和大小不同，混合气体中的某些成分会扩散到吸附剂中并进行选择性吸附，其他成分则被阻挡在吸附剂外面而不被吸附。对于这种类型的吸附剂，选择吸附的重要影响因素是其直径和颗粒形状。

2）热力学平衡效应：由于吸附分子与吸附材料表面之间相互作用的强弱，混合气体的某些成分会优先吸附在吸附材料上，这种现象被称为热力学平衡效应。这种相互作用的强度与吸附剂的表面特性和要吸附的 $CO_2$ 分子的物理特性有关，如极化程度、磁化程度、偶极矩和四极矩。

3）动能效应：由于不同气体分子的扩散速度不同，一些气体分子更倾向吸附在吸附剂的孔隙中，当通过热力学平衡无法实现选择性分离时，可以考虑运用动能分离。

4）量子筛选效应：在具有狭窄微孔通道的吸附剂中，只有轻质分子（如 $H_2$、$D_2$）可以通过孔道进而实现分离。这种选择性的吸附机制被称为量子筛选效应。在低温下，当吸附剂的孔径与分子的德布罗格利波长相近时，扩散速率的差异可以实现气体混合物的分离。

$CO_2$ 在 MOFs 材料上的吸附是一种物理过程，在范德华力和静电力的作用下，$CO_2$ 与 MOFs 材料中的吸附位点形成稳定的结构，从而产生 $CO_2$ 的吸附作用。MOFs 材料对单组分 $CO_2$ 的吸附量见表 4-7。MOFs 材料对 $CO_2$ 的吸附主要受比表面积和官能团的影响。常见 MOFs 材料对多组分 $CO_2$ 的分离系数见表 4-8。MOFs 材料从不同的气体成分中吸附和去除 $CO_2$ 的能力取决于材料的孔隙形状、孔隙大小、温度、压力，可以通过修改有机配体或添加不饱和金属中心来改善。

表 4-7　MOFs 材料对单组分 $CO_2$ 的吸附量

| MOFs 材料 | $CO_2$ 吸附量/(mmol/g) | 吸附条件 |
|---|---|---|
| MOF-2 | 3.2 | 298K，3.5MPa |
| MOF-5 | 21.7 | 298K，3.5MPa |
| IRMOF-3 | 18.7 | 298K，3.5MPa |
| IRMOF-6 | 19.5 | 298K，3.5MPa |
| MOF-74 | 10.4 | 298K，3.5MPa |
| MOF-177 | 33.5 | 298K，3.5MPa |
| MOF-200 | 64.3 | 298K，5MPa |
| MOF-210 | 65.2 | 298K，5MPa |
| MIL-100 | 18.0 | 304K，5MPa |
| ZIF-68 | 1.7 | 298K，0.001MPa |
| ZIF-69 | 1.8 | 298K，0.001MPa |
| ZIF-70 | 2.5 | 298K，0.001MPa |
| ZIF-78 | 2.3 | 298K，0.001MPa |
| HKUST | 12.7 | 298K，1.5MPa |

表 4-8　常见 MOFs 材料对多组分 $CO_2$ 的分离系数

| MOFs 材料 | $CO_2/CH_4$ | $CO_2/N_2$ | 吸附条件 |
|---|---|---|---|
| MOF-5 | 29 | 0.94[①] | 298K，3.5MPa |
| ZIF-68 | 5.0 | 18.7[②] | 298K，3.5MPa |
| ZIF-69 | 5.1 | 19.9[②] | 298K，3.5MPa |
| ZIF-70 | 5.2 | 17.3[②] | 298K，3.5MPa |
| ZIF-78 | 10.6 | 50.1[②] | 298K，3.5MPa |
| ZIF-79 | 5.4 | 23.2[②] | 298K，5MPa |
| ZIF-81 | 5.7 | 23.8[②] | 298K，5MPa |
| ZIF-82 | 9.6 | 35.3[②] | 304K，5MPa |
| ZIF-95 | 4.3±0.4 | 18±1.7[②] | 298K，0.001MPa |

（续）

| MOFs 材料 | $CO_2/CH_4$ | $CO_2/N_2$ | 吸附条件 |
|---|---|---|---|
| ZIF-100 | $5.9\pm0.4$ | $25\pm2.4$[2] | 298K，0.001MPa |
| UiO-66-CH₃ | — | 58[3] | 298K，1.5MPa |

① 选择性扩散模型，30%MOF-5/Matrimid，体积比为50:50。

② 亨利定律选择性，体积比50:50。

③ 基于朗格缪尔模型的选择性。

### 4.2.6 多孔有机聚合物

多孔有机聚合物（Porous Organic Polymers，简称为POPs）是一类由有机结构单元通过共价键连接形成的具有微孔/介孔结构的新型高分子材料。其具有广泛的优点，如高比表面积、高物理化学稳定性、密度低、合成简单、合成方法多样、可大批量合成、孔隙环境可调以及易于对材料进行功能改性等。由于多孔有机聚合物的单元分子之间是由共价键（如 H、C、N 和 O 等元素由共价键强连接）组成，这使得多孔有机聚合物材料本身较 MOFs 等由配位键组成的材料物理化学性质更加稳定，同时又由于本身不具备贵金属，多孔有机聚合物在环境、安全方面更加可靠，正是由于这些优点及该材料本身的优越性，多孔有机聚合物在传感、光电子、能量存储、催化、气体的储存与分离等各种应用领域均表现出了巨大的潜力。此外，多孔有机聚合物可以通过许多反应缩聚获得，如席夫碱（Schiff Base）缩聚、傅-克反应、自由基聚合、重氮偶联反应、水热/溶剂热缩合及交叉偶联反应等，如此丰富的合成方法赋予了多孔有机聚合物种类的丰富性及可设计性。在对 $CO_2$ 等气体进行吸附-脱附的过程中，多孔有机聚合物表现出了高 $CO_2$ 气体吸附容量以及对 $CO_2/CH_4$、$CO_2/N_2$ 等混合气体优异的选择性及分离效果，其在气体分离方面展现出巨大应用潜力。常见的包括共价有机框架材料（COFs）、具有固有微孔的聚合物（PIMs）、共轭微孔聚合物（CMPs）、具有多孔芳香族框架的聚合物（PAFs）、具有共价三氮基框架的聚合物（CTFs）、超交联聚合物（HCPs）等，六种典型的 POPs 材料如图 4-21 所示。

**1. 超交联聚合物**

超交联聚合物（HCPs）是一类具有优良可调性，制备成本较低的多孔有机聚合物材料。HCPs 通常是由聚合物单体利用傅-克反应等反应进行相互交联而形成的非晶态网络，合成方法简单，且可通过对材料单体进行增加官能团及合成后改性的方法来进行超交联聚合物的功能化。无功能芳香族化合物（即没有可以参与聚合反应的基团）则可以通过使用外部交联剂"编织"在一起，通常使用无水氯化铝或者氯化铁作为催化剂，二氯甲烷、二氯乙烷以及二甲氧基甲烷等作为外部交联剂得到"编织"的超交联聚合物材料。由于其合成成本低廉及可设计性强，HCPs 已经被应用于许多不同领域，如气体分离和存储、固态萃取和催化等领域。

**2. 共轭微孔聚合物**

共轭微孔聚合物（CMPs）是一类具有π共轭性、孔隙可控、物理化学性质稳定的多孔有机聚合物材料。与金属有机骨架化合物和沸石等无机、有机多孔材料相比，CMPs 的一个显著特征是其具有 π 共轭环境。基于卟啉结构的共轭微孔聚合物占据 CMPs 中很大比例，如以锌卟啉为基础，可合成一系列 CMPs，并将叠氮化物引入 CMPs 的孔隙结构中，使孔隙环境中具有丰富的极性 N、F 原子，并最终表现出良好的 $CO_2$ 吸附性能。ZnP 基 CMPs 的合成及结构示意如图 4-22 所示。

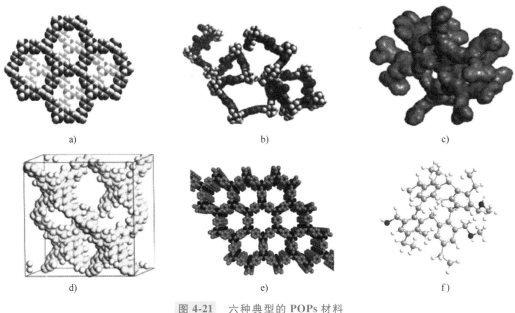

**图 4-21**　六种典型的 POPs 材料

a) COFs　b) PIMs　c) CMPs　d) PAFs　e) CTFs　f) HCPs

### 3. 多孔芳香族框架聚合物

多孔芳香族框架（PAFs）通常由 2D/3D 周期芳烃框架组成，通过共价偶联反应将有机构件进行有效组装而合成，这使得其较其他多孔有机聚合有更高的比表面积和孔隙率。其中最为典型的是多孔芳香族框架 PAF-1，它具有极高的比表面积（7100$m^2$/g）和优异的水热稳定性，并表现出对 $CO_2$ 极为优异的吸附容量。PAF-1 的合成及结构示意如图 4-23所示。

### 4. 共价有机框架材料

共价有机框架材料（COFs）是一种由特定的有机单体以强共价键相互连接得到的多孔结晶聚合物。它具有长程有序的晶体结构，孔径尺寸的分布也比较均匀，但在酸性条件下的稳定性相对较差，限制了其在一些领域的应用。COFs 的合成方法包括微波合成、机械辅助合成、溶剂热合成和室温合成等。对于构建 COFs，可以通过采用具有特定功能基团的有机单体以及调控合成条件，定向设计出不同种类的 COFs 材料，还可以利用可逆化学反应构建的动态共价键连接得到周期性二维或三维网络结构。这使得 COFs 具有良好热稳定性和结晶性，广泛应用于吸附、多相催化、化学传感及生物医学等领域。

COFs 以其永久多孔性、可预先设计结构及规整的通道等特点成为吸附 $CO_2$ 的一种极具发展潜力的吸附材料。为了提高 COFs 吸附 $CO_2$ 的能力，通常会采用自下而上和后合成两种策略对 COFs 进行功能化，以改善 COFs 孔道内部的化学环境和主客体间的相互作用。与后合成相比，自下而上是采用或设计出具有不同功能特性的有机单体，使 COFs 具有一定的功能特性。例如，通过席夫碱反应将丰富的氮原子和氧原子引入骨架，可制备一种 T-COF 微孔材料，T-COF 的平面结构和三维结构示意如图 4-24 所示。该材料具备良好的热稳定性和化学稳定性，以及较高的 CO$_2$ 吸附能力，这归因于骨架上的微孔和孔壁上的甲氧基，而甲氧基单元能够使网络上氧原子的孤对电子离域，从而增强键的稳定性；后合成法是先合成后修饰，是设计合成新型功能性 COFs 的常用策略，即将功能性基团引入已合成的 COFs 中，从而实现 COFs 的功能化。

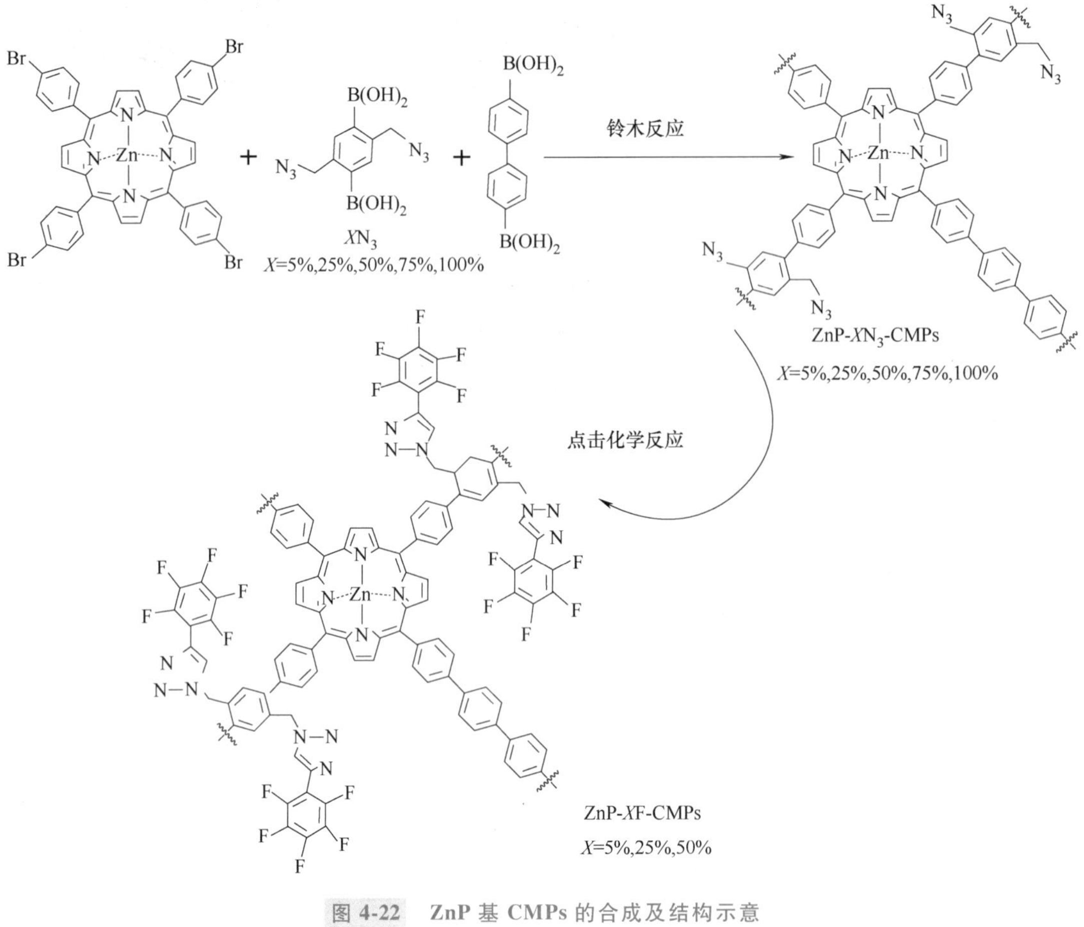

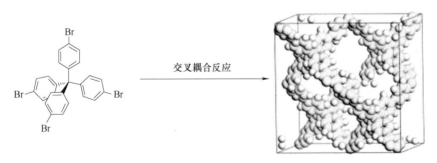

**图 4-22　ZnP 基 CMPs 的合成及结构示意**

**图 4-23　PAF-1 的合成及结构示意**

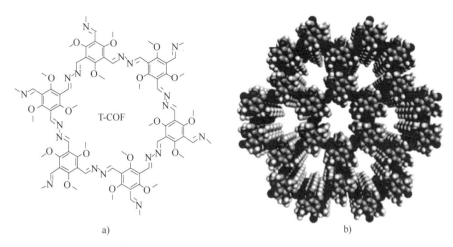

图 4-24　T-COF 的平面结构和三维结构示意

a）T-COF 的平面结构示意　b）T-COF 的三维结构示意

## 4.3　二氧化碳吸附工艺

### 4.3.1　固定床

在进行多相过程的设备中，若有固相参与，且处于静止状态时，则设备内的固体颗粒物料层称为固定床。固定床又称为填充床反应器，是装填有固体催化剂或固体反应物，用以实现多相反应过程的一种反应器。固体物通常呈颗粒状，粒径在 2~15mm，堆积成一定高度（或厚度）的床层。流体通过静止不动的床层，并与床层进行反应。它与流化床反应器及移动床反应器的区别在于其固体颗粒处于静止状态。固定床离子交换柱中的离子交换树脂层、固定床催化反应器中的催化剂颗粒层、固定床吸附器中的吸附剂粒层等均属于固定床。

固定床吸附器作为一种最古老的吸附装置，现阶段仍然应用最广。吸附剂固定在固定床吸附器内的承载板上。根据吸附剂床层的布置形式，固定床吸附器可分为立式、卧式、方形、圆环形和圆锥形等。

工业吸附过程中，吸附设备通常是采用小颗粒的固定床形式，即流体穿过床层，流体中需分离的组分被固体颗粒吸附截留。当床层吸附饱和后，通过加热或者其他方法进行再生，以使被吸附组分（即吸附质）脱附，而回收、再生后的固体吸附剂准备进入下一个吸附过程。

固定床吸附流程如图 4-25 所示。其优点：结构简单、制作容易、价格低廉，适合小型、分散、间歇性污染源的治理，也普遍应用于连续性污染源的治理。其缺点：需要间歇操作，即吸附和再

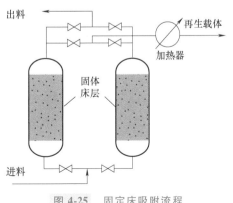

图 4-25　固定床吸附流程

生过程必须周期性更换，这样不但需要备用设备，而且需要较多的进、出口阀门，难以实现大型化、自动化吸附。为了保证吸附器内产品的质量，床层要有一定的富余，需要放置多于实际需要的吸附剂，使吸附剂的耗用量增加；此外，吸附剂再生时需加热升温，由于吸附床层处于静止状态，导致床层热量的输入和导出均存在困难，因此其吸附热不能得以利用，且容易出现床层局部过热现象，从而影响吸附，加热再生后的冷却过程也延长了再生时间。

固定床穿透吸附曲线示意如图 4-26 所示，纵轴表示出料中检测到的 $CO_2$ 的浓度（体积分数），横轴代表吸附时间。$S_1$ 处所在的矩形为有效吸附阶段，$S_2$ 处所在的矩形是固定床正在穿透的阶段，$S_3$ 处所在的矩形部分表示固定床已经穿透。浓度为进料浓度 $c_0$ 为 5% 的点为透过点。在有效吸附阶段，吸附剂能够完全吸附 $CO_2$，因此在出口的尾气中几乎检测不到 $CO_2$；随着吸附剂的吸附量逐渐达到饱和，$CO_2$ 逐渐开始穿透吸附剂，出料中 $CO_2$ 的浓度开始快速升高；之后固定床里的吸附剂完全被穿透，出料中 $CO_2$ 的浓度接近进料处的 $CO_2$ 浓度，此时说明吸附反应已达到平衡，吸附剂不能再进行 $CO_2$ 的有效吸附。理想状态的穿透曲线应为与时间轴垂直的直线，但由于存在传质阻力，穿透曲线呈现出倾斜的状态。通常穿透曲线的斜率反映了固定床的床层利用效率和传质阻力的大小。穿透曲线的斜率越大，说明传质阻力越小，吸附活性越高。

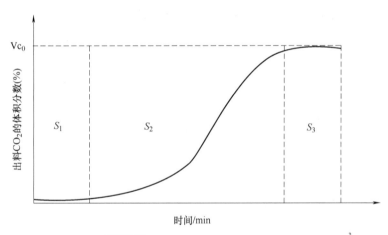

**图 4-26　固定床穿透吸附曲线示意**

固定床吸附量和吸附率的计算方法如下：

设进料气体总流量为 $V$，$CO_2$ 初始浓度为 $c_0$，$Vc_0$ 即为进料口 $CO_2$ 的浓度。在图 4-26 中，穿透曲线下方的面积为未被吸附剂吸附的 $CO_2$ 体积，$S_1+S_2+S_3$ 的面积为体系初始通过的 $CO_2$ 体积，因此，穿透曲线上方的面积为吸附剂实际吸收的 $CO_2$ 体积为

$$V_{CO_2} = Vc_0 t - Vc_0 \int_0^t \frac{c_t}{c_0} dt = Vc_0 \int_0^t \left(1 - \frac{c_t}{c_0}\right) dt \tag{4-8}$$

$CO_2$ 有效吸附质量 $m_{CO_2}$ 为

$$m_{CO_2} = Mn = \frac{Vc_0 M p_0}{RT_0} \int_0^t \left(1 - \frac{c_t}{c_0}\right) dt \tag{4-9}$$

式中　$V$——混合气体的流速；

$c_0$——混合气体中 $CO_2$ 的初始浓度；

$c_t$——$t$ 时刻反应器出料处 $CO_2$ 的浓度；

$M$——$CO_2$ 的相对分子量；

$n$——$CO_2$ 物质的量；

$p_0$——大气压；

$R$——气体常数，取 $R = 8.314 J/(mol \cdot K)$；

$T_0$——室温。

单位有效吸附剂的 $CO_2$ 吸附量 $Q_b(mg/g)$ 为

$$Q_b = \frac{m_{CO_2}}{m} \tag{4-10}$$

式中　$m$——吸附剂质量。

## 4.3.2　流化床

当固体颗粒中有流体通过时，随着流体速度逐渐增大，固体颗粒开始运动，固体颗粒之间的摩擦力也越来越大，当流速达到一定值时，固体颗粒之间的摩擦力与它们的重力相等，每个颗粒可以自由运动，所有固体颗粒表现出类似流体状态的现象，这种现象称为流态化。对于液固流态化的固体颗粒来说，颗粒均匀地分布于床层中，称为散式流态化。而对于气固流态化的固体颗粒来说，气体并不均匀地流过床层，固体颗粒分成群体做紊流运动，床层中的空隙率随位置和时间的不同而变化，这种流态化称为聚式流态化。完成流态化过程的设备称为流化床。

用于吸附操作的流化床一般为双体流化床。双体流化床如图 4-27 所示。该系统由吸附单元与脱附单元组成。流化床的吸附方式为流体自下往上流动，将吸附剂颗粒托起，处于流态化状态下进行吸附。该工艺特点是流体速度必须大于使吸附剂颗粒呈流态化所需的最低速度，导致吸附剂颗粒间的磨损大，多用于气体干燥和回收空气中的 $CS_2$ 等。

含有吸附质的流体由吸附塔底部进入，由下而上流动，使向下流动的吸附剂流态化。净化后的流体由吸附塔顶部排出，吸附了吸附质的吸附剂由吸附塔底部排出进入脱附单元顶部。在脱附单元，用加热吸附剂或用其他方法

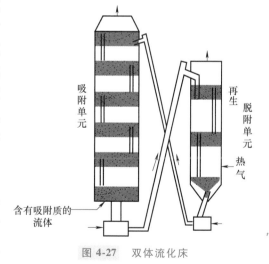

图 4-27　双体流化床

使吸附质解吸，从而使脱附后的吸附剂返回吸附单元顶部继续进行吸附过程。

为了使颗粒处于流态化状态，流体的速度必须大于使吸附剂颗粒呈流态化所需的最低速度，所以它适用于处理大量流体。

由于流化床中吸附剂混合得很充分，所以在吸附的同一段中可认为吸附量相同，流体可

视为接近活塞流状态。

流化床吸附分离其特点是吸附与脱附分别是在吸附单元和脱附单元同时进行，其缺点是吸附剂磨损比较大，操作弹性很窄，设备比较复杂、费用高。流化床吸附分离的另一个严重缺点是床层内高度返混，为了防止返混通常将床层分成几级，在级与级间用溢流堰和溢流管连接。

### 4.3.3 移动床

移动床吸附器是指吸附过程中吸附剂跟随气流流动完成吸附的装置。在这类吸附器中，新鲜吸附剂由塔顶加进，添加速度的大小以保持气、固相有一定的接触高度为原则；塔底有一装置连续地排出饱和的吸附剂，送到另一容器再生，再生后回到塔顶。移动床吸附过程也称为超吸附。其优点：压降较小，避免了固体吸附剂的反混。其缺点：传热效率比较低，系统复杂。模拟移动床过程通称为 Sorbex 工艺。Sorbex 工艺的原理示意如图 4-28 所示。进料是 A 和 B 的两元混合物，同时必须采用解吸剂 D，解吸剂与进料混合物中的最强组分一样被吸附，而且能够通过蒸馏很容易从混合物组分中分离出来。在该系统中吸附强度次序是 D>A>B。

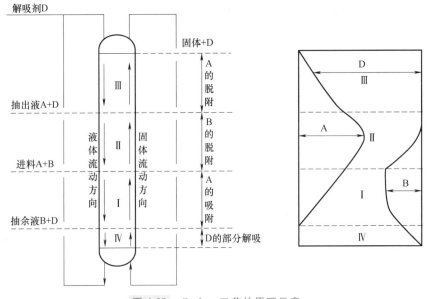

**图 4-28** Sorbex 工艺的原理示意

吸附床分为四个区域，Ⅰ区主要是从混合物中吸附 A。Ⅱ区主要是从吸附剂中脱附出 B，靠调节Ⅱ区中的流体流量，B 可完全从吸附剂中脱附出来，而 A 是不会完全脱附的。Ⅲ区是 A 的脱附区，即由 D 置换出 A 来。同时，从Ⅲ区底部抽出一部分流体作为抽出液抽出，其余部分向下流进Ⅱ区，起回流液的作用。Ⅳ区的目的是减小所需新鲜解吸剂的循环量，也是减小经各精馏塔从产品 A 和 B 中分离解吸剂的负荷。从Ⅰ区底部抽余液主要含有 B+D，从Ⅲ区底部抽出液主要含有 A+D。由图 4-28 右侧液相组成图中可见，Ⅰ、Ⅱ区组分为 A+B+D，Ⅲ区为 A+D，Ⅳ区为 B+D。

Sorbex 工艺用于气体吸附分离的模拟移动床操作示意如图 4-29 所示。在程序控制下，通过旋转阀（RV）的步进，同步改变进料位置和流体流过床层方向上抽出的位置，可以模拟固体吸附剂在相反方向上的移动，而实际上固体吸附剂是不移动的。该过程具有固定床良好的充填性能，又具有移动床可连续操作的优点，同时克服了移动床装填的劣化和易磨损的缺点。

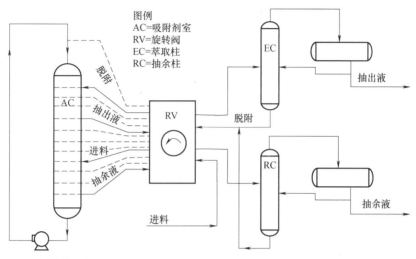

**图 4-29**　**Sorbex 工艺用于气体吸附分离的模拟移动床操作示意**

## 4.3.4　超重力床

超重力技术是一种采用高速旋转填料产生的离心力场模拟超重力场，流体受到巨大的剪切力，形成巨大的相界面积以强化传质过程。超重力床结构示意如图 4-30 所示，超重力床是超重力技术的核心设备，其结构是强化传质过程的核心。超重力技术主要用于强化传递、混合与反应过程，具有快速、连续、易工业化等优点，已广泛应用于吸收、精馏、萃取、纳米材料制备等方面。

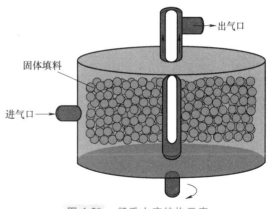

**图 4-30**　**超重力床结构示意**

超重力床中吸附 $CO_2$ 的典型工艺流程如图 4-31 所示。超重力床中，在电动机带动下吸附剂高速旋转，气体与固体相对速度较大，在强剪切作用下，固体吸附剂界面在气相主体中快速更新，气体受到吸附剂的剪切力作用，高速湍动，形成涡旋，涡旋在吸附剂表面存在层状涡，即面涡诱导速度场，也可视为无数个直线涡沿吸附剂界面在空间上的叠加，涡层上、下两侧的速度方向相反，是一个切向速度间断面。在吸附剂界面快速更新状态下，吸附剂界面处于不同方向的诱导速度场中，并且界面更新越快，吸附剂表面速度变化越频繁。此外，旋转的吸附剂尾部涡旋不断变化更新，诱导速度场随之发生高频脉动，导致切向速度间断面对吸附剂的作用不断更新，将 $CO_2$

在固定床内孔中的分子扩散变为超重力床中的部分对流，从而提高了吸附速率。

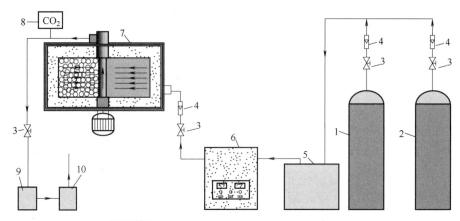

**图 4-31　超重力床中吸附 $CO_2$ 的典型工艺流程**

1—$N_2$ 气瓶　2—$CO_2$ 气瓶　3—阀门　4—气体流量计　5—缓冲罐　6—管式炉

7—超重力床　8—$CO_2$ 检测仪　9、10—尾气吸收装置

# 思 考 题

1. 简述水滑石类化合物结构及提高其 $CO_2$ 吸附量的方法。

2. 简述锂基材料的 $CO_2$ 吸附原理及提高其吸附性能的方法。

3. 金属氧化物 $CO_2$ 吸附剂的优势与缺点有哪些？如何改进其缺点？

4. 优良的 $CO_2$ 低温吸附材料应具备哪些基本条件？

5. 简述现有 $CO_2$ 低温吸附材料的类型、特点与不足。

6. 简述 $CO_2$ 低温吸附材料的发展趋势。

7. 简述固定床、流化床与移动床的 $CO_2$ 吸附原理和优缺点。

8. $CO_2$ 吸附超重力床与固定床、流化床、移动床相比，其优势有哪些？

# 第5章
# 二氧化碳膜分离与膜吸收技术

## 5.1 二氧化碳膜分离材料

膜是两相之间一个具有选择透过性的屏障。膜法分离气体的基本原理是混合气体中各组分透过膜的传递速率不同，使传递速率高的组分在透过侧富集，传递速率低的组分在原料侧富集，从而达到分离的目的。对于不同结构的膜，气体通过膜的传质方式不同，因此分离机理也不同。根据膜的结构和分离原理，可将 $CO_2$ 分离膜分为高分子膜、无机膜、促进传递膜及混合基质膜。

膜在广义上可定义为两相之间的一个不连续区间，在这个区间内三维量度中的一度和其余两度相比要小得多。膜通常具有两个明显的特征：①膜充当两相的界面，分别与两侧的流体相接触；②膜具有选择透过性，这是膜或膜处理过程特有的特性。

物质选择透过膜的能力可分为两类：一类是借助外界能量，物质发生由低位向高位的流动；另一类是以化学位差为推动力，物质发生由高位向低位的流动。

膜分离技术的关键性能指标是透过率与选择性。透过率用于衡量气体分子通过膜的速率，其定义为单位时间内、单位面积的膜上，单位压差下透过膜的气体体积流量。高透过率意味着气体能快速通过膜；选择性用于表征膜对两种特定气体（如 A 与 B）分离效果的优劣，其定义为二者透过率之比，高选择性意味着膜更倾向于让目标气体 A 通过，同时限制非目标气体 B 的渗透。然而在物理定律和分子相互作用的约束下，极高渗透率与极高选择性通常难以同时实现，即 Robeson 上限。

膜技术处理大量含 $CO_2$ 废气时，除了要对 $CO_2$ 有高选择性外，$CO_2$ 的透过率应越高越好。然而，大多数情况下，需要处理的排放气中的主要成分为 $N_2$，其与 $CO_2$ 的分子大小十分接近，高选择性及高透过率往往难以同时实现（Robeson 上限）。另外，除选择性及透过率外，还需要考虑膜的寿命、保养及更换成本等。针对 $CO_2$ 的膜分离过程，理想的膜材料需要满足以下条件：高的 $CO_2$ 渗透性能，高的 $CO_2/N_2$ 或 $CO_2/CH_4$ 选择性，良好的热稳定性、化学稳定性、抗塑化及抗老化性能，成本低且易于组装。

膜分离技术的
关键性能指标

由于膜技术具有能耗低、操作简单、装置紧凑、占地面积少等优点，已成功应用于

$CO_2$、$N_2/H_2$、$N_2/O_2$（富氧、富氮）等气体分离过程中。在工业生产上，膜技术可应用于工业废气（如发电厂尾部烟气）中 $CO_2$ 和 $SO_2$ 脱除，也可应用于从天然气或沼气中脱除 $CO_2$，从而提高天然气、沼气的热值与等级。本节将对 $CO_2$ 膜分离材料进行介绍。

### 5.1.1　二氧化碳分离高分子膜

二氧化碳分离高分子膜是由高分子材料制成的具有特殊微孔结构的膜。高分子膜在低能耗下具有更好的气体选择性和透过性，能够对多组分气体中的 $CO_2$ 进行分离和捕集，但高分子膜渗透性和选择性受权衡效应（渗透性越强的膜倾向于低选择性，反之亦然）限制，且存在 Robeson 上限、抗塑性差、热稳定性差等缺点。

高分子膜按照制备温度可分为橡胶态（即高于玻璃化转变温度）和玻璃态（即低于玻璃化转变温度）。橡胶态高分子膜具有高度链迁移性，对渗透性气体溶解具有快速的响应，表现为高渗透性，但其气体选择性较差，在高压下易膨胀而发生形变。玻璃态高分子膜的分子链堆砌紧密，对比橡胶态高分子膜而言，具有较低的链迁移能力，气体渗透性略低，但结构稳定，同时具有较高的选择性。

**1. 橡胶态高分子膜**

常见的橡胶态高分子膜有天然橡胶膜、聚 4-甲基-1-戊烯（PMP）膜、聚二甲基硅氧烷（也称为硅橡胶 PDMS）膜、聚丙烯酸（PAA）膜、聚丁二烯（PB）膜、聚氧化乙烯（PEO）膜等。其中，聚二甲基硅氧烷是指在硅原子上带有甲基，其 $CH_3/Si$ 的比值近于 2，由硅和氧原子重复交替组成分子主链的有机硅聚合物的总称。作为膜材料的 PDMS 是以 $(CH_3)_2SiCl$ 为主要原料合成的直链黏滞塑性聚硅氧烷。PDMS 从结构上来看是属于半有机、半无机结构的高分子，具有许多独特性能，是气体渗透性能比较好的高分子膜材料之一。PDMS 结构如图 5-1 所示。

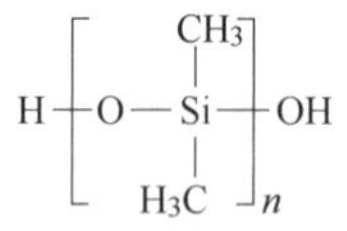

然而，PDMS 的选择系数较低，需对其进行改性或制备硅橡胶复合材料以提升其气体选择性，通常可通过改变 PDMS 侧基或用 $—SiCH_2—$ 取代骨架中的 $—SiO—$ 来进行改性，但这样往往会造成透气性的大幅度下降。由聚二甲基硅氧烷交联聚合形成的硅橡胶膜具有良好的透气性，其分子链高度卷曲且较为柔软，并具有螺旋结构，分子间作用力非常微弱，使其透过组分在膜中间的扩散速度很快，有利于渗透性的提升。通常，硅橡胶的气体渗透性是普通橡胶的 $30\sim40$ 倍。由于聚二甲基硅氧烷在交联固化过程中产生的小分子乙醇，高气体渗透性使得产生的乙醇可以及时逸出，从而使得硅橡胶可以深层交联固化。橡胶态高分子膜的普遍缺点是在高压下容易变形膨胀，若采用交联的手段增加其机械强度，必须以降低其链迁移性从而影响其渗透性为代价。

**2. 玻璃态高分子膜**

玻璃态膜材料具有良好的气体分离性能和力学性能，可工业化生产的气体分离膜多是玻璃态高分子膜或通过对其改性得到的。常用的玻璃态高分子膜有聚酰亚胺（PI）膜、醋酸纤维素（CA）膜、聚砜（PSF）膜、自具微孔有机聚合物（PIMs）膜和共价有机骨架（COFs）膜。

（1）聚酰亚胺（PI）膜　PI 膜由芳香族或脂环族四酸二酐和二元胺通过缩聚反应制备而成，膜材料分子间隙致密，具有良好的选择性、高热稳定性（可在 $100℃$ 下长期使用）、

图 5-1　PDMS 结构

高机械强度、结构多样性、良好的成膜性、耐化学腐蚀性好等优点，也是有机聚合物膜中综合性能比较优异的膜材料之一，PI 膜已经用于工业化分离 $CO_2/CH_4$、$CO_2/N_2$ 等混合气体。但由于 PI 膜具有渗透性偏低、易塑化、溶解度较差等缺点，且受限于 Robeson 上限，一定程度上限制了 PI 膜的大规模工业化应用，PI 结构如图 5-2 所示。

（2）醋酸纤维素（CA）膜  CA 是纤维素与醋酸酯化而成的一种衍生物，可选择木材纤维或棉花纤维作为纤维素原料，是制备有机膜常见的原材料。CA 膜具有成本较低、原料可再生、可生物降解、易加工、抗塑化性强、机械强度高等优点。其中，三醋酸纤维素（CTA）膜已经用于工业分离 $CO_2/CH_4$，也是最早用于天然气脱酸（$CO_2$ 和 $H_2S$）的膜。

传统的气体分离 CA 膜是将湿态的 CA 反渗透膜经过热处理得到的，然而该方法存在着如制膜工艺复杂、膜的稳定性差且难以达到 CA 的特性分离系数等缺点。采用湿相转化法制备的 $CO_2/CH_4$ 乙酸纤维素分离膜，不需热处理工序，通过提高聚合物浓度和延长蒸发时间可使膜表皮层致密，可提高膜对 $CO_2/CH_4$ 的分离选择性，常通过共混、复合等方法对其进行改性。醋酸纤维素适合大规模制造，是最早成功用于制备非对称气体分离膜的材料。另外，CA 膜还表现出良好的 $CO_2/N_2$、$CO_2/H_2$ 选择性，但它也具有耐热性差、易受微生物污染和通量较小等缺点。醋酸纤维素（CA）结构如图 5-3 所示。

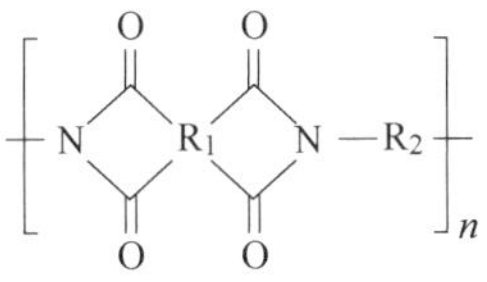

图 5-2  PI 结构 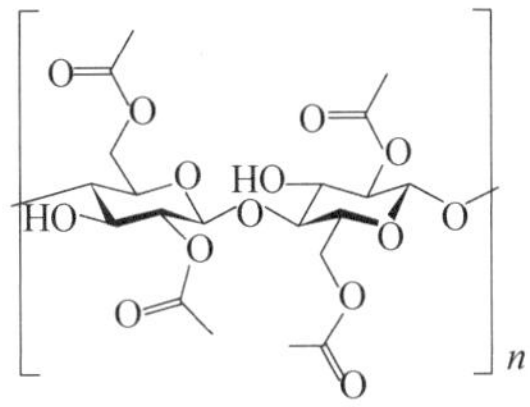    图 5-3  醋酸纤维素（CA）结构

（3）聚砜（PSF）膜  聚砜通常是由双酚和二卤代二苯砜反应得到，常见的聚砜膜是由双酚衍生而来的。聚砜膜具有高机械强度、优良的热稳定性、抗氧化性、耐化学腐蚀性好，无毒、价格低等优点，适用于 $CO_2/CH_4$、$CO_2/N_2$ 等混合气体的分离，此外，聚砜还常作为商品复合膜的支撑层材料。PSF 膜渗透性较差，常通过表面改性（如接枝、涂覆改性）、共混、共聚改性等方法来提高其 $CO_2$ 渗透性，同时可改善其选择性。

聚砜膜厚度薄、膜内孔隙规则且密度大，常用于早期工业气体分离，但其渗透性较差，使其工业化应用受到限制。聚砜膜的渗透性和选择性均低于 PI 膜和 CA 膜，但其塑化压力较高（3.4MPa），适用于 $CO_2$ 分压较高的应用场景。

（4）自具微孔有机聚合物（PIMs）膜  2005 年设计并合成了第一种 PIMs 材料，命名为 PIM-1。它是最具典型的 PIMs 材料，它的 $CO_2$ 渗透性高且 $CO_2/N_2$、$CO_2/CH_4$ 选择性好。PIMs 材料还包括 PIM-SBF、PIM-Trip-TB、PIM-EATB、PIM-TMN-Trip 等。PIMs 具有刚性、扭曲的分子骨架，但其主链无法自由转动，阻碍了大分子链的有效堆积，使膜内形成连续的微孔结构（大部分微孔孔径<2nm），表现出高的气体渗透性，同时 PIMs 还具有较高的机械强度、良好的热稳定性以及优良的成膜性，常用于气体吸附、氢气存储等领域，但其选择性较差。为了提高 PIMs 膜的选择性和稳定性，常常需要对其结构改性（引入侧链

取代基、交联）、共混改性等。PIM-1 侧链氰基具有一定的活性，引入侧链取代基后，体积较大的侧链取代基会降低膜内自由体积，从而提高 PIMs 的 $CO_2$ 选择性。

（5）共价有机骨架（COFs）膜　COFs 是一类由有机结构单元通过可逆共价键结合而成的多孔晶体材料，2005 年国外学者将苯基二硼酸和六羟基苯进行聚合反应，设计并合成了 COFs 材料，命名为 COF-1。COFs 材料具有优良的热稳定性、高孔隙率、比表面积等优点，适用于高温条件下气体的分离，被提出作为沸石分子筛膜的替代物，但 COFs 材料孔径普遍较大（0.8～4.7nm），远大于 $CH_4$（0.380nm）、$N_2$（0.364nm）、$CO_2$（0.330nm）、$H_2$（0.289nm）等气体分子的动力学直径，一定程度限制了其在气体分离方面的应用。

尽管 COFs 具有良好的热稳定性和高比面积，但 COFs 材料的合成条件相对苛刻，制备 COFs 材料的单体价格昂贵，难以大规模化应用。

### 5.1.2　二氧化碳分离无机膜

常见的二氧化碳分离无机膜有陶瓷-碳酸盐双相膜、沸石膜、氧化石墨烯膜、碳分子筛膜、MOFs 膜等，无机膜具有优异的热、机械稳定性，一般可在 400℃ 条件下操作，最高操作温度能达到 800℃ 以上。无机膜可分为致密（无孔）和多孔无机膜。致密无机膜主要是各类金属膜和合金膜（如 Pd 膜及 Pd 合金膜）及致密固体电解质膜，往往具有极高的选择性，但其渗透性较低，常用于工业氢气分离。商业化应用的多孔无机膜有陶瓷膜（$Al_2O_3$ 和 $TiO_2$）、多孔玻璃（$SiO_2$）和多孔金属（如不锈钢和银），不同于致密膜，多孔无机膜具有高渗透性和略低的选择性。无机分子筛和类沸石咪唑骨架膜具有优异的热稳定性和化学稳定性、良好的抗侵蚀性和对可凝气体的高可塑性，在气体分离方面表现出优异的分离性能和高效率、高生产力的气体分离潜力。

无机膜材料缺点是加工性较差（质地脆），难以在大规模的生产中制作出均匀且无缺陷的超薄高性能无机膜，同时其制作成本昂贵，约为相同面积有机聚合物膜的 10 倍。

**1. 陶瓷-碳酸盐双相膜**

致密陶瓷-碳酸盐双相膜是一种在致密固体电解质膜的基础上发展起来的膜，由陶瓷支撑层和碳酸盐分离层组成，具有优异的化学稳定性、耐温性、耐蚀性和机械强度等优点。金属和陶瓷-碳酸盐双相膜分离 $CO_2$ 的原理如图 5-4 所示。在碳酸盐双相膜的基础上，可构建金属-碳酸盐双相膜，其由多孔金属支撑体和熔融碳酸盐两相组成，在温度为 650℃ 时，$CO_2$ 渗透速率达到 74GPU$^{\ominus}$（复合膜选择层厚度无法测量，通过渗透速率 GPU 描述其渗透性）且 $CO_2/N_2$ 选择性为 16。由于高温下 $O_2$ 的存在，金属-碳酸盐双相膜中的多孔金属的材料只能从贵金属（如金、银、铂、钯）中选择，由于成本太高，需要其他成本较低的材料来代

---

$\ominus$　GPU 通常用于描述气体渗透率，尤其是在膜技术中。其定义为在 1atm 的压力差下，每平方厘米的膜面积每秒允许通过 $1cm^3$ 的气体（在标准条件下的体积，即 0℃ 和 1atm）的量，通过 1cm 厚的膜。

$$1GPU = \frac{1cm^3(STP)}{cm^2 \cdot s \cdot atm \cdot cm}$$

$$1GPU \approx 9.86923 \times 10^{-16} \frac{m^3}{m^2 \cdot s \cdot Pa \cdot m}$$

替金属作为复合膜的基底。同时，用金属材料作为支撑体存在较多问题，如金属支撑体在高温下易烧结，导致熔融碳酸盐流失，从而使膜的稳定性变差等。因此，可利用陶瓷材料替代金属制备陶瓷-碳酸盐双相膜，其既能促进膜的进料侧和渗透侧之间 $CO_2$ 和 $O_2$ 的化学梯度，又可以保持长时间（>300h）稳定性。

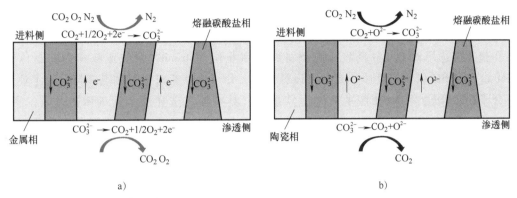

图 5-4　金属和陶瓷-碳酸盐双相膜分离 $CO_2$ 的原理

陶瓷-碳酸盐双相膜在使用过程中不需要气相 $O_2$ 的参与，拓宽了其使用范围，该膜能在高温下直接分离 $CO_2$，能耗低，但存在膜制备过程较复杂、渗透性较差、高温条件下碳酸盐易流失等缺点。

**2. 沸石膜**

沸石膜是最常见的一类无机膜，其孔径均匀、硅铝比和表面性质可调，可以制备出不同结构、孔径和表面性质的沸石膜。采用水热法在多孔 R 型氧化铝管外表面可制备高疏水性 DDR 型沸石膜，在 25℃、进料压为 0.2MPa、渗透压为 0.1MPa 条件下，该膜的 $CO_2$ 和 $CH_4$ 渗透系数分别为 1243Barrer 和 3.55Barrer[○]，$CO_2/CH_4$ 的选择性为 350。尽管沸石膜孔隙结构均匀可调，成本低，热、化学稳定性高，但制备的沸石膜往往存在裂缝，难以形成无缺陷大面积膜，且其机械强度较低，在高温高压下易破裂。

**3. 氧化石墨烯（GO）膜**

氧化石墨烯膜的片层之间具有纳米级的二维选择性通道，其表面存在羟基、羧基及选择性的纳米缺陷，为 $CO_2$ 分子提供了通道，可用于气体的选择性分离提纯，GO 结构缺陷对于 $H_2/CO_2$ 和 $H_2/N_2$ 混合物分离选择性高达 3400 和 900。有国外研究将 GO 纳米片设计成具有分子选择性分离通道的层状结构，膜内的分离通道使得 $CO_2$ 优先通过，该膜的 $CO_2$ 渗透率为 100Barrer，$CO_2/N_2$ 选择性为 91。此外，多层 GO 膜气体分离可以通过控制 GO 片层不同

---

○　Barrer 同样用于描述气体渗透率，定义为在 1cmHg 的压力差下，每平方厘米的膜面积每秒允许通过 $1cm^3$ 的气体（在标准条件下的体积）的量，通过 1cm 厚的膜。所以，

$$1Barrer = \frac{1cm^3(STP)}{cm^2 \cdot s \cdot cmHg \cdot cm}$$

$$1Barrer \approx 7.5 \times 10^{-14} \frac{m^3}{m^2 \cdot s \cdot Pa \cdot m}$$

GPU 和 Barrer 之间存在着一定的换算关系，虽然它们在数值上相差两个数量级。然而实际应用中，这些单位的使用往往取决于特定的领域和习惯，且在换算时应考虑实际操作条件下的精确值。$1GPU \approx 1.31 \times 10^{-2}Barrer$。

的堆叠方式来控制气流的孔道，堆叠结构互锁程度较高的 GO 膜具有优异的 $CO_2/N_2$ 选择性。膜中二维纳米片的本征性质及其堆叠方式和层间间距等，是决定 GO 膜分离性能的主要因素，可通过改变纳米片的化学物理性质，获得高分离性能的 $CO_2$ 分离膜，但氧化石墨烯膜加工难度大、成本高，稳定性相对较差，易发生层间聚合，使其工业应用受到一定限制。

**4. 碳分子筛（CMSM）膜**

CMSM 膜适用于 $CO_2$ 分离，其由有机聚合物前驱体高温热解制备而成，是一种新型的无机多孔膜，常选用 6FDA 型聚酰亚胺类材料和商业化 Matrimid® 聚酰亚胺作为前驱体制备 CMSM 膜。CMSM 膜具有性质稳定、可设计性强、分子筛分能力强等优点。与已经工业化的沸石分子筛膜相比，CMSM 膜的孔道呈狭缝形，具有更高选择性，且气体透过效率更高。CMSM 膜具有远高于有机聚合物膜的选择性，在制备过程中不易形成缺陷结构，制备工艺比沸石分子筛膜更简单，但 CMSM 膜脆性较大，且制备原料成本昂贵，一定程度上限制了其工业化应用。

**5. MOFs 膜**

MOFs 是一类多孔无机膜，由金属离子和有机配体配位形成，常见的 MOFs 材料包括 MOF-5、$Cu_3(BTC)_2$、ZIFs 等，其中类沸石咪唑骨架系列是研究较多的用于 $CO_2$ 分离的 MOF 材料。ZIFs 材料具有四面体型三维网状结构，是一种与沸石结构类似的多孔晶态材料，被归类为一种特殊金属有机框架（MOFs）材料。许多 ZIFs 材料均可用于 $CO_2$ 气体的分离，ZIF-8 是常用于 $CO_2$ 分离的 MOFs 材料之一，ZIF-8 骨架中丰富的 N 位点能对 $CO_2$ 产生较强的吸附作用，同时，ZIF-8 骨架中的孔径（0.34nm）介于 $CO_2$（0.33nm）和 $N_2$（0.36nm）的动力学直径之间，对 $CO_2/N_2$ 具有很好的筛分效应，是一种用于 $CO_2/N_2$ 分离的多孔材料。

ZIFs 膜具有极高的比表面积和孔隙率、出色的稳定性及丰富的功能性，但 ZIFs 膜稳定性较差且制造成本较高，实现规模化生产较难。

### 5.1.3 二氧化碳分离促进传递膜

人们在研究生物膜内传递过程时得到启示，在膜内引入载体可以促进某种物质通过膜传递，通过待分离组分与载体之间发生可逆化学反应实现对待分离组分传递的强化，从而改善膜的分离性能，称为促进传递膜。该膜在一定程度上接近于生物膜，载体能与待分离组分发生特异性的可逆反应，形成中间化合物，在膜相内中间化合物从高势能侧向低势能侧扩散，在低势能侧中间化合物分解为原透过组分及原形载体，原形载体在膜内继续发挥促进传递作用。正是由于载体与透过组分的特异性可逆结合，以及中间化合物在膜内的高速扩散性能，使得促进传递膜具有很高的选择性和透过性，从而突破 Robeson 上限的限制。气体通过促进传递膜过程如图 5-5 所示。

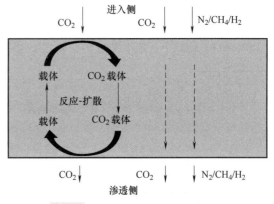

**图 5-5　气体通过促进传递膜过程**

通常根据载体的类型不同可分为液膜、以离子为载体的离子交换膜和以高分子链上的基团为载体的固定载体膜。

**1. 液膜**

按成膜方式不同，液膜分为乳化液膜和支撑液膜或静置液膜。用于分离酸性气体的一般为支撑液膜和静置液膜。支撑液膜由膜液和聚合物支撑体构成，膜液内含有载体，制备方法简单，就是将微孔支撑膜浸渍在溶剂-载体溶液中，利用毛细管力使载体溶液停留在膜微孔内。作为支撑液膜的载体还有单乙醇胺、二乙醇胺等有机胺化合物，虽然支撑液膜性能优异，但仍存在缺点：由于载体溶液蒸发和压差而导致的载体流失造成的膜不稳定性；难以制备高稳定性的薄膜，渗透速率偏低；由于进料气中某些组分同载体的不可逆化学反应而导致的化学降解，使用寿命偏短。含碳酸盐的支撑液膜中 $CO_2$ 的促进传输如图 5-6 所示。

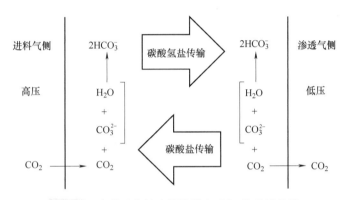

**图 5-6**　含碳酸盐的支撑液膜中 $CO_2$ 的促进传输

液膜相凝胶化是改善稳定性的一种方法，即在支撑膜微孔内形成均匀的微胶网状物，称为凝胶支撑液膜。凝胶支撑液膜具有高度溶胀的交联聚合物（凝胶）的性质而不再具有液体性质。虽然，凝胶相的扩散系数比液相低，但可显著提高液膜的机械稳定性和化学稳定性。通常加入少量低溶剂浓度下具有凝胶能力的聚合物可以制得凝胶化"液层"。常用的聚合物包括聚氯乙烯（PVC）、聚丙烯腈（PAN）、聚甲基丙烯酸甲酯（PMMA）。另外，中空纤维约束液膜采用两组完全相同的中空微孔膜作为支撑膜，这两组中空支撑膜紧密地混合在一起并在两端分开，气体混合物通过一组支撑膜内腔时，吹扫气及渗透过的气体则通过另一组支撑膜的内腔，这两组中空支撑膜间即为具有促进传递作用的液膜，这样液膜就可以得到及时补充，所以比支撑液膜稳定性更强。

由于气体在液体中的扩散系数要比其在聚合物膜中的扩散系数大几个数量级，且载体与渗透组分具有较高的反应性，使得液膜的气体分离不仅具有比较高的传质速率，而且其选择性要远高于聚合物膜的选择性。液膜存在的缺点是稳定性较差，其大规模应用的关键是如何提高稳定性和实现超薄化。

**2. 以离子为载体的离子交换膜**

将离子载体交换到无孔的离子交换膜上形成了不同于液膜的促进传递膜。由于静电引力的作用，离子载体被限制在膜内不易流失，从而提高了膜的使用寿命。例如，聚苯乙烯三甲基氟化季铵盐（PVBTAF）膜采用离子交换的方法将活性载体 $F^-$ 引入其中，由聚苯乙烯三甲基氯化铵（PVBTACI）和氟化钾（KF）为原料制取。由于 PVBTAF 具有很高的 $F^-$ 含量，不仅提供了高浓度的 $CO_2$ 载体，而且提高了膜的极性，有效降低了非极性气体在膜内的溶解度。因此，PVBTAF 膜不仅具有很高的 PVBTAF 透气速率，而且具有良好的分离性能，在适宜的条件下具有优异的稳定性。$CO_2$ 在含有四甲基铵氟化物水合物 $[(CH_3)_4N]F_4H_2O$ 膜中的促进传递机理如图 5-7 所示。

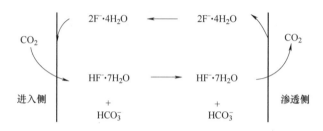

图 5-7　$CO_2$ 在含有 $[(CH_3)_4N]F_4H_2O$ 膜中的促进传递机理

### 3. 以高分子链上的基团为载体的固定载体膜

以高分子链上的某种基团为载体的膜，其载体通常以共价键的形式被固定于支撑基质上，只能在一定范围内摆动，但不能在膜内自由扩散，因而从根本上阻止了使用过程中载体的流失现象。此类固定载体膜同时具备了流动载体膜和传统高分子膜的特性，尤其是含胺基的分离 $CO_2$ 固定载体膜研究广泛。利用仲胺或叔胺与 $CO_2$ 之间的弱酸碱作用可实现 $CO_2$ 的透过分离，但含伯胺或仲胺的固定载体膜在无水或有水存在时都可与 $CO_2$ 发生可逆反应，而含叔胺或羧酸根的促进传递膜只在有水存在时才能与 $CO_2$ 发生可逆反应。固定载体膜内二氧化碳传递示意如图 5-8 所示。

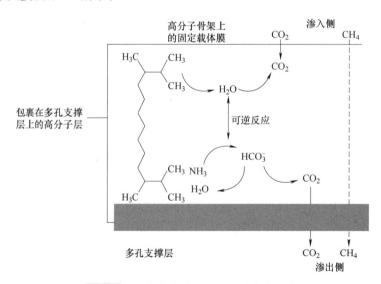

图 5-8　固定载体膜内二氧化碳传递示意

综上，固定载体膜在透过性能方面优于普通高分子膜，但低于流动载体膜，这主要是由于 $CO_2$ 同固定载体膜的相互作用比同流动载体的作用力更弱，但固定载体膜在载体与基质膜的结合方面具有成本低、操作简单、不需补加载体以及稳定性好等优势。

## 5.1.4　二氧化碳分离混合基质膜

传统的有机聚合物膜材料易塑化，且性能受 Robeson 上限的限制，难以同时具备高渗透性和选择性。无机膜材料具有孔道规整，孔径大小和亲疏性可调、机械强度高、耐蚀性好等优点，依靠分子筛分和表面扩散机制实现分离，能突破 Robeson 上限，但无机膜制膜成本较高、加工性能差，且制备过程中易出现结构缺陷，限制了其在 $CO_2$ 分离中的工业化应用。为了结合有机聚合物膜与无机膜二者的优点，通过有机聚合物膜和无机膜结合方式，可以制备一种混合基质膜（MMMs），也称为杂化膜。混合基质膜这一概念于 20 世纪 80 年代中期被提出，即将无机粒子、有机材料及有机金属骨架等作为填充材料，均匀分散到有机聚合物基体中，从而制备气体分离膜。

混合基质膜可以兼具良好的成膜性（有机聚合物膜）和优异的分离性能（无机膜），同时具有高渗透性和选择性，有效克服了二者的不足。由于混合基质膜综合了有机聚合物膜和无机膜的特性，$CO_2$ 在混合基质膜中的传递一般具有 2 种及以上的传递机制。$CO_2$ 在混合基质膜中的扩散速率主要由 $CO_2$ 在膜中的传质阻力决定，合适的填料能降低 $CO_2$ 在膜内的传质阻力，为其提供较快的传输通道，从而提高其渗透性。常用于混合基质膜连续相的有机聚合物主要包括：PI、聚醚砜（PES）、CA、聚乙烯胺（PVAm）、PEI 等。以上有机聚合物膜都具有高渗透性和高选择性，良好的化学稳定性、机械性能及加工性能。为了减少或者避免混合基质膜制备过程中出现颗粒聚集、孔洞形成、孔隙堵塞、聚合物硬化等情况，用于填充的颗粒需要具备以下条件：①能断开相邻有机聚合物链之间的链接，改变有机聚合物的结晶度和自由体积，提高膜的气体渗透性；②引入的纳米填料使混合基质膜具备新的传递机制（如表面扩散机制、分子筛分机制），同时对有机聚合物基质进行修饰，使得多孔材料具有与 $CO_2$ 分子强相互作用的基团，提高 $CO_2$ 分子在膜内的优先吸附能力，提高膜的气体选择性；③混合基质膜局部形成高速传递通道，缩短 $CO_2$ 分子在膜中的传递路径。混合基质膜结构示意如图 5-9 所示。

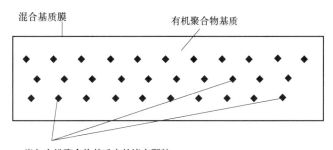

图 5-9　混合基质膜结构示意

**1. 基于无机粒子填充剂的混合基质膜**

用来作为混合基质膜中的无机填充剂需具备以下条件：①填充的颗粒尽可能小，以便制备得到的混合基质膜选择性层厚度不超过 100nm；②填充的无机粒子和有机聚合物之间有良好的相容性；③对于分离过程中的待分离气体，混合基质膜的输运特性匹配。用于填充的无机粒子通常有碳纳米管、分子筛及二氧化硅等。无机填充剂主要通过其结构来控制膜的分离性能。但是，无机填充剂与聚合物膜基质相容性较差，制备得到的混合基质膜中易出现团聚现象，使得膜的分离性能降低，因此，如何利用表面改性技术提升其相容性、分散性是关键。无机填充剂按照形貌不同可分为球形、片状、管状。典型无机粒子材料的特性见表 5-1。

表 5-1　典型无机粒子材料的特性

| 形状 | 无机材料名称 | 特性 |
|---|---|---|
| 球形 | 空心沸石微球 | 具有中空结构，较大的比表面积，能极大地缩短气体扩散路径，稳定性好 |
| | 介孔 $SiO_2$ | 具有孔径分布窄、孔隙直径长、比表面积大、机械强度高等优点 |
| 片状 | 氧化石墨烯 | 具有比表面积大（$>1000m^2/g$）、高机械强度、热稳定性好、与有机聚合物基质相容性好等优点 |
| | 分子筛薄片（AMH-3） | 分子筛薄片具有高纵横比，能产生高度曲折的气体运输路径，制备得到的混合基质膜具有高分离性能 |
| 管状 | 碳纳米管 | 具有高长径比（$>1000$）、良好的热稳定性及高机械强度、表面光滑等优点 |

对无机粒子进行表面化学修饰，强化聚合物与无机粒子之间的相互作用力，其方法为利用硅烷偶联剂对聚合物与无机纳米粒子材料进行表面定位连接。例如，对沸石的表面修饰，一种可能的促进聚合物与沸石之间连接的方法是将聚合物的分子链接枝到沸石的表面。聚合物与无机粒子表面的化学修饰步骤：第一步，将有机官能团引入沸石表面，如图 5-10a 所示；第二步，使硅烷偶联剂同聚合物反应，使聚合物通过化学键连接到沸石表面，如图 5-10b 所示。

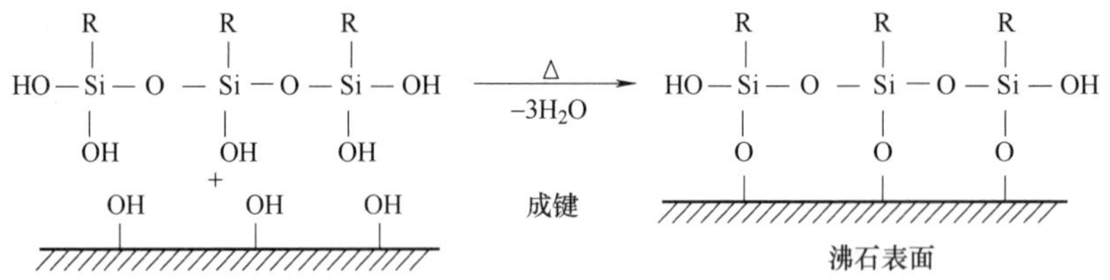

a)

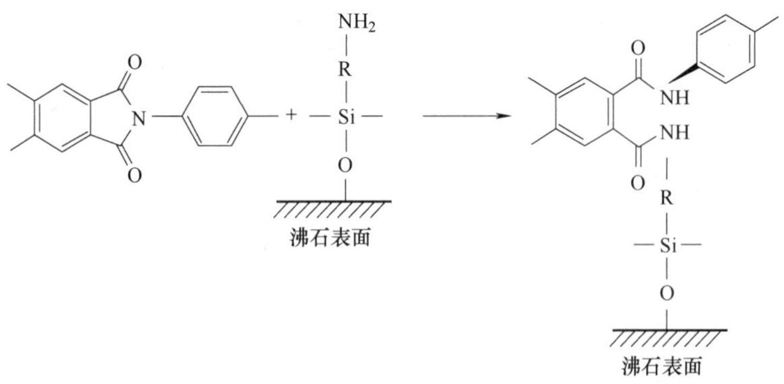

b)

图 5-10　聚合物与无机粒子表面的化学修饰

**2. 基于有机填充剂的混合基质膜**

有机填充剂能在一定程度上避免无机填充剂存在的一些问题。其结构可控并且具有良好的柔韧性，与聚合物基体极易相容，所制备的膜耐溶剂性和耐蚀性较差，在苛刻的操作条件下无法保持良好的气体分离性能。常见的有机填充剂包括多孔有机聚合物（简称为 POPs）、COFs 等。POPs 具有结构可调节，表面积大，热、化学稳定性高等优点。多孔聚苯并咪唑（BILP-101）是 POPs 的一种，具有高孔隙率和含量丰富的咪唑官能团，用于混合基质膜填充剂时，能提高气体在分离膜中溶解度。COFs 主要由 C、N、H、B 等较轻的元素组成，并且由强共价键连接，其密度小且具有较高的热稳定性。

**3. 基于金属有机骨架填充剂的混合基质膜**

MOFs 具有多孔网状结构，是一类由金属阳离子或团簇通过有机配体连接而成的结晶型纳米多孔材料。类沸石咪唑骨架是 MOFs 的一子类，ZIFs 孔径均匀、较高的热稳定性和化学稳定性，适合用于制备混合基质膜。MOFs 具有较高的比表面积（>6000m²/g）、高孔隙率，结构多样，孔径均匀可调，密度低，易化学修饰等特点。MOFs 材料由于气体分离膜在应用中对膜的稳定性、孔径、气体选择性、溶解性和扩散性等要求，仅少数能够用于混合基质膜的制备。MOFs 综合了无机填料和有机填料的优点，与有机聚合物之间存在优异的亲和力，可以有效避免两相之间非选择性间隙等问题，在有机聚合物基体中填充 MOFs，可以显著提高膜的气体分离性能。

## 5.2　二氧化碳膜分离工艺与技术应用

### 5.2.1　二氧化碳膜分离性能评价

不同的应用领域对膜分离技术的要求也不尽相同。若 $CO_2$ 分离过程在高温高压的苛刻条件下进行，如在合成气的重整过程中，可以使用无机膜或混合基质膜进行分离；在常温常压，相对比较温和的条件下所使用的膜材料应该具有 $CO_2$ 的高渗透系数。普通高分子膜的性能不太稳定，无机膜成本最高，而膜接触器最为经济，促进传递膜成本适中。综合考虑，混合基质膜能克服有机聚合物膜和无机膜的不足，是有发展潜力的 $CO_2$ 气体分离膜。

使用膜法处理大量含 $CO_2$ 废气时，除对 $CO_2$ 有高选择率外，同时 $CO_2$ 透过率也越高越好。但是大多数情况下，需要处理的排放气中的主要成分为 $N_2$，其与 $CO_2$ 的分子大小十分接近，高选择率及高透过率不易同时达成。另外，除选择率及透过率外，使用膜分离工艺时还需考虑膜的寿命、保养及更换成本等。高分子薄膜材质的选择及制备是决定其能否应用于 $CO_2$ 回收的关键之一。但由于高效膜分离材料品种仍较为匮乏，仍需不断研究和发展气体膜分离技术（包括膜材料、膜组件及优化、膜技术等）。

膜材料的物理和化学性质对预测膜的适用范围具有十分重要的意义。理想的气体分离膜材料应该同时具有高的透气性和良好的透气选择性、高的机械强度、优良的热稳定性和化学稳定性及良好的成膜加工性能。在气体分离过程中，使用较多的是非多孔聚合物和复合膜，其主要特征参数包括溶解度系数、渗透系数、扩散系数和分离系数。

**1. 溶解度系数**

溶解度系数表示聚合物对气体的溶解能力。溶解度系数与被溶解的气体及高分子的种类有关。高沸点容易液化的气体在膜中容易溶解，具有较大的溶解度系数。

溶解度系数随温度的变化遵循阿伦尼乌斯（Arrhenius）公式，即

$$S = S_0 \exp\left(-\frac{\Delta H}{RT}\right) \tag{5-1}$$

式中　$S$——溶解度系数；

　　$\Delta H$——溶解热；

　　$S_0$——溶解度系数的常数部分，是一个特定条件下（如标准温度或压力下）的溶解度系数；

　　$R$——气体常数；

　　$T$——绝对温度。

**2. 渗透系数**

渗透系数表示气体通过膜的难易程度，是体现膜性能的重要指标。渗透系数的计算公式为

$$P = \frac{qL}{At\Delta p} \tag{5-2}$$

式中　$P$——渗透系数；

　　$q$——气体透过量；

　　$L$——膜厚度；

　　$A$——膜的面积；

　　$t$——时间；

　　$\Delta p$——膜两侧的压力差。

气体分离膜对气体的渗透系数随气体种类、膜材料的化学组成和分子结构的不同而有很大的差别，一般在 $10^{-14} \sim 10^{-8}$ 的数量级。当一种气体透过不同的气体分离膜时，渗透系数主要取决于气体在膜中的扩散系数；而同一种气体分离膜对不同气体进行透过时，渗透系数的大小主要取决于气体对膜的溶解系数。

渗透系数随温度升高而增大，遵循阿伦尼乌斯公式，即

$$P = p_0 \exp\left(-\frac{\Delta E_P}{RT}\right) \tag{5-3}$$

式中　$\Delta E_P$——活化能；

　　$p_0$——气体组分的饱和蒸气压。

对于非对称膜致密皮层厚度无法准确估算，通常不考虑其厚度，而采用气体的渗透速率 $J_i$ 的形式，即

$$J_i = \frac{q}{At\Delta p} \tag{5-4}$$

式中　$J_i$——渗透速率。

**3. 扩散系数**

扩散系数表示由于分子链热运动分子在膜中传递能力的大小。气体分子在膜中传递，需要能量来排开链与链之间的一定体积，而能量大小与分子直径有关。因此，扩散系数随分子增大而减少。扩散系数表示渗透气体在单位时间内透过膜的扩散能力的大小，其与渗透系数

$P$ 之间的关系为

$$P = \frac{DL}{A\Delta p} \quad\quad (5\text{-}5)$$

式中　$D$——气体分离膜的扩散系数。

扩散系数随温度升高而增大，遵循阿伦尼乌斯公式，即

$$D = D_0 \exp\left(-\frac{\Delta E_D}{RT}\right) \quad\quad (5\text{-}6)$$

式中　$D_0$——组分无限稀释时的扩散系数；

$\Delta E_D$——扩散活化能。

典型聚合物对 $CO_2$ 气体的特征参数见表 5-2。

表 5-2　典型聚合物对 $CO_2$ 气体的特征参数

| 聚合物 | | 溶解度系数 | 渗透系数 | 扩散系数和扩散活化能 | | |
|---|---|---|---|---|---|---|
| | | | | $D(298K)$ | $D_0$ | $\Delta E_D(R)$ |
| 弹性体 | 聚丁二烯 | 1.00 | 138 | 1.05 | 0.24 | 3.65 |
| | 天然橡胶 | 0.90 | 153 | 1.1 | 3.7 | 4.45 |
| | 氯丁橡胶 | 0.83 | 25.8 | 0.27 | 20 | 5.4 |
| | 丁苯橡胶 | 0.92 | 161 | 1.0 | 0.90 | 4.05 |
| | 丁腈橡胶 80/20 | 1.13 | 33.1 | 0.43 | 2.4 | 4.6 |
| | 丁腈橡胶 73/27 | 1.24 | 10.8 | 0.19 | 13.5 | 5.35 |
| | 丁腈橡胶 68/32 | 1.30 | 8.5 | 0.11 | 67 | 6.0 |
| | 丁腈橡胶 61/39 | 1.49 | 7.43 | 0.038 | 260 | 6.7 |
| | 聚二甲基丁二烯 | 0.91 | 7.47 | 0.063 | 160 | 6.4 |
| | 丁基橡胶 | 0.68 | 5.16 | 0.06 | 36 | 6.0 |
| | 聚氨酯橡胶 | 1.50 | 17.7 | 0.09 | 42 | 5.9 |
| | 硅酮橡胶 | 0.43 | 3240 | 15 | 0.0012 | 1.35 |
| 半晶状聚合物 | 聚乙烯（高密度） | 0.35 | 0.36 | 0.12 | 0.19 | 4.25 |
| | 聚乙烯（低密度） | 0.46 | 12.6 | 0.37 | 1.85 | 4.6 |
| | 反式-1,4-聚异戊二烯 | 0.97 | 35.4 | 0.47 | 7.8 | 4.9 |
| | 聚四氟乙烯 | 0.19 | 12.7 | 0.10 | 0.00091 | 3.4 |
| | 聚偏氟乙烯 | — | 0.029 | — | — | — |
| | 聚甲醛 | 0.42 | 11.7 | 0.024 | 0.0009 | 4.75 |
| | 聚对苯二甲酸乙二醇酯 | 1.3 | 0.17 | 0.0015 | 0.75 | 5.95 |
| 玻璃态聚合物 | 聚苯乙烯 | 0.55 | 10.5 | 0.06 | 0.128 | 4.35 |
| | 聚氯乙烯 | 0.48 | 0.157 | 0.0025 | 500 | 7.75 |
| | 聚甲基丙烯酸乙酯 | — | 5.0 | 0.030 | 0.021 | 3.95 |
| | 聚双酚 A-碳酸酯 | 1.78 | 1.17 | 0.005 | 0.018 | 4.5 |

注：溶解度系数单位为 $cm^3(STP) \cdot cm/(cm^2 \cdot bar)$（$1bar = 10^5 Pa$）；渗透系数单位为 $10^{-10} cm^3(STP) \cdot cm/(cm^2 \cdot s \cdot cmHg)$；$D(298K)$ 单位为 $10^{-6} cm^3/s$；$D_0$ 单位为 $cm^3/s$；$\Delta E_D(R)$ 的单位为 $10^3 K$。

**4. 分离系数**

分离系数标志膜的分离选择性能，是评价气体分离膜性能的另一重要指标。通常，分离系数计算公式为

$$\alpha_{a/b} = \frac{[a \text{组分的量/b 组分的量}]_{\text{透过气}}}{[a \text{组分的量/b 组分的量}]_{\text{原料气}}} = \frac{p_a}{p_b} = \frac{(1-p_a'/p_a)}{(1-p_b'/p_b)} \tag{5-7}$$

式中  $\alpha$——气体分离膜的分离系数；

$p_a'$、$p_b'$——a 和 b 组分在透过气中的分压；

$p_a$、$p_b$——a 和 b 组分在原料气中的分压。

通常，当原料气（高压侧）的压力高于渗透气（低压侧）的压力时，两组的渗透系数之比将等于分离系数，所以只要知道各组分气体的渗透系数，就可以求出其分离系数。

$CO_2$ 气体在高分子膜中的渗透性和分离系数见表 5-3。

表 5-3  $CO_2$ 气体在高分子膜中的渗透性和分离系数

| 聚合物 | 温度/℃ | 渗透系数 | $CO_2/CH_4$ 分离系数 |
|---|---|---|---|
| 天然橡胶 | 25 | 134 | 4.7 |
| 聚 4-甲基-1-戊烯 | 35 | 83 | 6.3 |
| 硅橡胶 | 35 | 4553 | 3.37 |
| 聚（1-三甲基甲硅烷基-1-丙炔）（TMSP） | 25 | 33100 | 2.07 |
| | 35 | 28000 | 2.15 |
| 聚砜 | 35 | 5.6 | 22 |
| 聚碳酸酯 | 35 | 6.5 | 23.2 |
| 聚苯醚（PPO） | 35 | 61 | 14.2 |
| 聚醚酰亚胺（PEI） | 35 | 1.33 | 36.9 |
| 醋酸纤维素（约 2.5DS①） | 35 | 5.5 | 27.5 |
| 醋酸纤维素（约 2.45DS） | 35 | 4.75 | 32 |
| 乙基纤维素 | 30 | 47.5 | 6.34 |

① 取代度。

注：渗透系数单位为 $10^{-10} \text{cm}^3 (\text{STP}) \cdot \text{cm}/(\text{cm}^2 \cdot \text{s} \cdot \text{cmHg})$。

## 5.2.2  气体膜分离二氧化碳系统组成

气体膜分离 $CO_2$ 系统应包括四项主要组成部分：压缩气源系统、过滤净化处理系统、膜分离系统、取样计量系统。

1）压缩气源系统。压缩气源系统主要包括空气压缩机，其用于将含 $CO_2$ 废气压缩以提供膜分离系统所需要的推动力。

2）过滤净化处理系统。过滤净化处理系统包括油水分离器、超精密过滤器和预热控制系统。油水分离器及超精密过滤器用于废气的预处理，除去废气中的微小颗粒、油、冷凝液等；预热控制系统由温控仪和管状电加热器组成，通过比例积分微分控制器（PID）调节将进气加热在设定的范围内，使膜分离器在适宜的条件下工作。

3）膜分离系统。膜分离系统是整个工艺的核心，是气体分离的主要场所，其关键是选用合适的膜材料及膜组件。膜分离系统中采用的膜组件称为膜分离器。膜组件是按一定技术要求将膜组装在一起的组合构件。由于膜过程应用广泛，因此不同的使用目的对膜组件的设计侧重面也不同。进行气体膜分离采用的膜组件主要是膜分离器，膜分离器要求在单位体积内有较大的膜的装填面积，气体与膜表面有良好的接触。

4）取样计量系统。取样计量系统使用专门的气体分析仪（如红外气体分析仪、质谱仪等）对 $CO_2$ 以及其他相关组分进行浓度监测，以确保最终产品的质量和工艺过程的控制。

气体膜分离器常见的有平板式、螺旋卷式和中空纤维式膜分离器三种。

1）平板式膜分离器。平板式膜分离器的主要优点是制造方便，且平板型膜的渗透选择性皮层可以制得是非对称中空纤维膜的皮层厚度的 $1/3 \sim 1/2$；其主要缺点是膜的装填密度太低。

2）螺旋卷式膜分离器。将做好的平板膜密封成信封状膜袋，在两个膜袋之间衬以网状间隔材料，然后紧密地卷绕在一根多孔的中心管上形成膜卷，再将膜卷装入圆柱形压力容器后形成膜组件，该膜组件称为螺旋卷式膜分离器，螺旋卷式膜分离器如图 5-11 所示。

需要注意：在螺旋卷式膜分离器中，原料气和渗透气之间的流动既不是逆流也不是并流，而是在组件内的每一点上，两种流体的流动方向是垂直的，即错流。螺旋卷式膜分离器的膜装填密度介于平板式和中空纤维式之间。在低压操作条件下，常选用螺旋卷式膜分离器。

3）中空纤维式膜分离器。中空纤维式膜外形为纤维状，具有自支撑作用，是非对称膜的一种。对气体分离膜而言，致密层可以在纤维的外表面，也可位于内表面。工业用气体分离高分子中空纤维式膜分离器如图 5-12 所示。

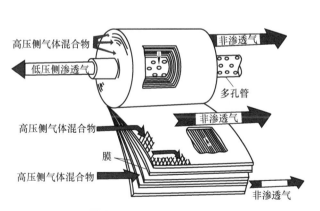

图 5-11　螺旋卷式膜分离器

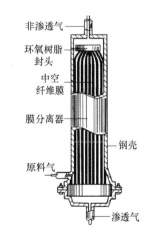

图 5-12　工业用气体分离高分子
中空纤维式膜分离器

中空纤维式的优点是具有自支撑结构，装填密度大，膜分离器的密封和设计比较容易。自支撑结构使得制造过程简单，价格低廉，与平板及螺旋卷式膜分离器设计相比成本更低，其主要缺点是流体通过中空纤维内腔时有相当大的压力降。为了补偿压力降，通常需要考虑产品气的压缩或再压缩，这也增加了应用成本。一般在高压操作条件下，多选用中空纤维式膜分离器。

## 5.2.3 二氧化碳膜分离工艺流程

在膜分离过程中，混合气体沿着膜面流过时，渗透速率快的组分不断渗透而通过膜，在渗透气中被富集；渗透速率慢的组分大部分被留下，在非渗透气中被富集。随着膜过程的进行，渗透速率快的组分分压逐渐降低，渗透速率慢的组分的分压逐渐增加。

由分析膜分离过程可知，分离效率直接与分离系数相关。对于高分离系数，可用较小的膜面积获得高纯度产品，并具有高回收率；产品纯度与回收率也与膜两侧的压力比有关，压力比的增加将提高产品的纯度和增加回收率；渗透气的纯度和回收率随原料气中浓度增加而增加。

气体膜分离过程是一种以压力为驱动力的过程。有高压气源时，采用膜法进行气体分离通常是非常有效的，由于这样无须外加功率消耗即可得到高的渗透流量，操作在高压力比条件下可以实现有效分离。在低压气源时，提高分离所需驱动压力差可以有两种方式：原料气侧采用加压和渗透气侧抽真空。驱动压力差的不同方式如图 5-13 所示。

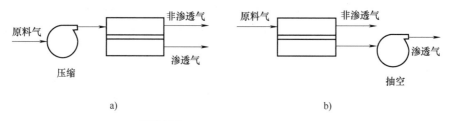

a)                                    b)

图 5-13　驱动压力差的不同方式

图 5-13a 所示为原料气侧采用加压方式；图 5-13b 所示为采用渗透气侧抽真空形成负压方式，以提供所需压力差。通常，采用原料气侧加压的方式可获得较大的渗透流量，而采用渗透气侧抽真空的方式能耗较低，它们各自应用于不同的情况。

**1. 气体膜分离流型**

混合气流沿膜渗透，膜两侧气流中各组分摩尔分率与气流流动方式有关。按原料气和渗透气的相对流动方向，膜分离器中原料气与渗透气之间的流动方式可以采用全流型、逆流型、并流型和错流型四种，如图 5-14 所示。

对于逆流型和并流型，流经膜下游低压侧任一点处的渗透气为包含该点及以前流经膜面上渗透过来的渗透气，因此，沿膜长方向任一点处的渗透气组成和流量可用一组微分方程表示；对于错流型，渗透气流动方向与膜表面垂直，渗透气在膜下游表面上没有流动，在膜下游处表面各点气体仅为该点的渗透气，其组成不受渗透气主体流动的影响。

对给定结构的膜分离器，流型与原料气和渗透气的流速相联系。例如，对于卷式膜分离器，假定透过气流率较高，则膜下游表面渗透气会继续垂直地流动，至与流经该表面处的透过气主体流混合为止，此时气流型符合错流型；对于中空纤维膜式分离器，则大多数可近似考虑为逆流型。在假定二元混合物具有等压力比及等理想分离因子的条件下，全流型和错流型采用精确分析解求解，而逆流型与并流型则必须用数值解。气体膜分离过程常用单级渗透流程，简单一级渗透流程如图 5-15 所示。对于单级流程，往往采用逆流型流动方式操作以取得最佳分离效率。

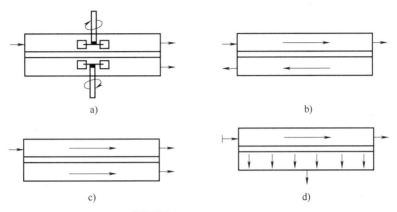

**图 5-14**　四种典型的流型

a）全流型　b）逆流型　c）并流型　d）错流型

**2. 多级过程**

当膜的分离性能采用单级流程不足以满足所需分离要求时，可以采用多级系统，或采用循环气流流程实现所需的分离要求。多级串联流程如图 5-16 所示，循环气流流程如图 5-17 所示。

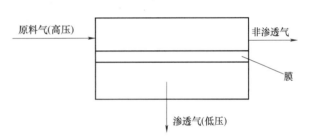

**图 5-15**　简单一级渗透流程

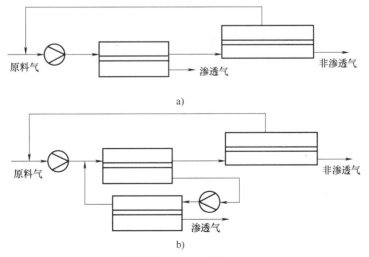

**图 5-16**　多级串联流程

采用多级串联流程可大大提高所需产品纯度。当需得到高纯度"慢气"组分可以采用如图 5-16a 所示的流程；若需同时得到"慢气"和"快气"组分高纯度产品，可采用如

图 5-16b 所示的流程来实现。采用循环式气流也可以改善膜分离过程的分离效率。在存在高压气源时，采用如图 5-17a 所示的流程可实现渗透组分的高纯度，而采用如图 5-17b 所示的流程可以实现"慢气"组分的高纯度。在低压操作时，采用如图 5-17c 所示的流程可得到较高纯度的"慢气"组分。循环气流级联还可采用多种方式，视所需分离要求而定。此外，采用不同膜或更多级串联，循环气流流程可以从组分混合气体制得各组分高纯度产品，但需考虑技术经济性。

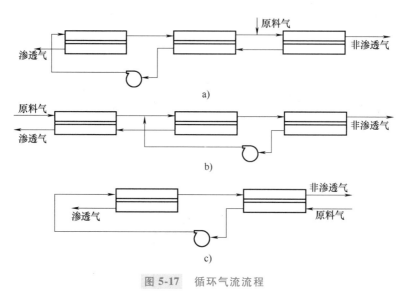

图 5-17　循环气流流程

## 5.2.4　二氧化碳膜分离技术工业应用

用高分子膜分离回收气体的概念已超过 100 年，但气体分离膜在工业生产中的广泛应用从 20 世纪 80 年代才开始。$CO_2$ 的膜分离主要是通过 $CO_2$ 对高分子膜的高渗透率来实现的，而这种高渗透率是由于 $CO_2$ 具有相对大的溶解度。高分压的 $CO_2$ 能塑化和一定程度减弱玻璃态高分子性能。

膜分离 $CO_2$ 主要应用在三方面：①天然气脱酸性气体（从天然气的高压甲烷中除 $CO_2$）；②生物气（沼气）脱除 $CO_2$（为 $CO_2/CH_4$ 分离，但压力相对低一些）；③油田气脱除 $CO_2$（EOR，包括从各种碳氢化合物中分离 $CO_2$）。另外，膜分离技术也逐渐开始在燃煤电厂烟气中 $CO_2$ 的分离回收中应用。

**1. 天然气脱酸性气体**

天然气中 $CO_2$ 含量的变化范围较大，某些地区的天然气中 $CO_2$ 含量很高，可以达到 20%以上，还有的地区的天然气中同时含有 $CO_2$ 和 $H_2S$ 等酸性气体。对于 $CO_2$ 含量较高的天然气，需要进行 $CO_2$ 脱除，这样可以增加天然气的热值，降低输送体积，减少输送和分配过程中的腐蚀等。

采用膜分离法从天然气中脱除 $CO_2$ 很早以前引起了人们的关注。20 世纪 80 年代初，Separex 公司利用卷式膜分离器进行了油田气中 $CO_2/$烃分离的中间试验，初步证明了膜分离

从天然气中脱除 $CO_2$ 的可行性。膜法用于天然气脱除 $CO_2$ 的经济性与天然气价格、处理量等一系列因素有关。由于各种组分的推动力是其分压差，膜分离法更适合于 $CO_2$ 含量较高的天然气的净化。

在某些情况下，将传统的胺吸收法和膜分离法联合应用可以提高天然气脱除 $CO_2$ 的经济性。美国 Kellogg 气体研究所提出了膜分离-吸收法联合工艺从天然气中脱除 $CO_2$ 的可行性研究，其工艺流程如图 5-18 所示。该工艺用膜分离作为主体脱除 $CO_2$，用吸收过程使天然气达到标准。

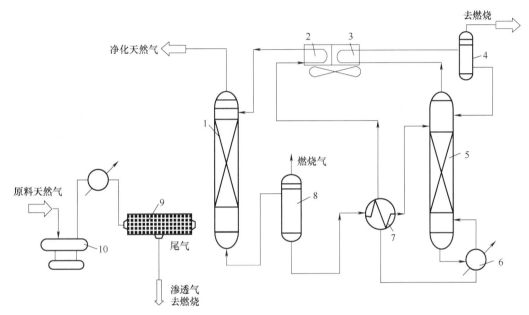

**图 5-18**　膜分离-吸收法联合工艺从天然气中脱除 $CO_2$ 工艺流程

1—胺吸收塔　2—胺冷却塔　3、4—回流冷凝器　5—胺再生塔
6—胺再沸器　7—热交换器　8—胺闪蒸罐　9—膜分离器　10—过滤器

经过近年的发展，膜分离法从天然气中脱除 $CO_2$ 技术日趋成熟，设备规模开始走向大型化。美国 UOP 公司在巴基斯坦的 Kadanwari 建成了处理天然气量达 $5.1 \times 10^6 m^3/d$ 的集气站，采用 Separex 膜不仅可以将 $CO_2$ 含量从 12% 降到 3%，还可以对天然气进行脱水处理。

**2. 生物气（沼气）脱除 $CO_2$**

沼气中含有大量的 $CH_4$，是一种很好的能源和原料代用品。但沼气中 $CO_2$ 含量很高，在利用时需要除去。另外，沼气中通常还含有 $H_2S$ 等微量有毒组分，必须经过净化后方可使用。沼气的典型组成见表 5-4。

表 5-4　沼气的典型组成

| 组成 | 含量 | 备注 |
| --- | --- | --- |
| $CH_4$ | $54 \times 10^{-2} L/L$ | 燃料的主要成分 |
| $CO_2$ | $40 \times 10^{-2} L/L$ | 降低热值 |

（续）

| 组成 | | 含量 | 备注 |
|---|---|---|---|
| N₂ | | $4×10^{-2} L/L$ | 降低热值 |
| O₂ | | $1×10^{-2} L/L$ | 安全隐患 |
| 水蒸气 | | $1×10^{-2} L/L$ | 冷凝成水, 不利于输送 |
| 微量组分 | H₂S | $100mg/m^3$ | 腐蚀管道, 有毒 |
| | 烃类 | $200mg/m^3$ | 有毒 |
| | 卤代烃 | $100mg/m^3$ | 有毒 |

**3. 油田气脱除 $CO_2$**

采油过程中用于强化石油采收率（Enhanced Oil Recovery，简称为 EOR）所用 $CO_2$ 的分离回收过程中，由于采集的石油及烃类气体中含有百分之几十的 $CO_2$，因此，对其分离、回收均非常必要。回收的 $CO_2$ 浓度一般高达 95%，常规胺吸收法并不适用，而膜分离法却非常有效。

理想的多孔无机膜要求对 $CO_2$ 气体的渗透性和选择性恒定，可以在 500℃ 使用，对 $CO_2$ 气体有好的渗透性和高的选择性，同时可以降低成本并克服其不易加工的缺点；新一代的高分子膜要能耐高温高压、热稳定性好、机械强度高，更易于加工，且提高抗增塑作用能力；促进传递膜，主要是考虑膜的稳定性，防止液膜中液相的挥发流失，还要考虑载体的饱和现象；膜接触器要考虑液相对膜的溶胀作用，需要开发一种新的与所用化学吸附剂高效兼容的膜材料，或选择利用容易再生且高效的廉价吸附剂。混合基质膜由于存在有机相和无机相，相界面往往有缺陷，二者相兼容性不好且无机纳米颗粒在有机聚合物膜上的分散度较差。因此，新一代的膜材料应具备高渗透性与选择性、无缺陷、相容性高，还要考虑有机膜的稳定性，从而克服 $CO_2$ 气体对膜的增塑作用。

# 5.3 二氧化碳膜吸收原理与技术

膜吸收技术是膜技术与气体吸收技术相结合的膜过程，通常使用疏水微孔中空纤维膜将气体与吸收液隔开。用于分隔气液两相的疏水微孔膜的可用材料广泛，可以为聚四氟乙烯、聚偏氟乙烯、聚丙烯等。利用膜吸收技术捕集 $CO_2$ 与传统的吸收塔相比，膜吸收可以对气、液两相流速宽范围独立控制，而且气液接触面大，能耗低，避免了液泛、雾沫夹带、沟流、鼓泡等现象发生。

## 5.3.1 二氧化碳膜吸收原理

膜吸收技术是将膜和普通化学吸收相结合而出现的一种新型膜过程，该技术主要采用的是微孔膜。与气体膜分离技术相比，膜吸收过程中在膜的另一侧有化学吸收液的存在。膜吸收技术中的微孔膜材料只是起到隔离气体与吸收液的作用，微孔膜上的微孔足够大，理论上可以允许膜一侧被分离的气体的分子不需要很大的压力就可以穿过微孔膜到另一侧，主要依靠膜一侧吸收液通过和另一侧的被分离组分进行化学反应的原理来达到分离的目的。

气体膜吸收所采用的膜组件主要是膜接触器，是不通过两相的直接接触而实现相间传质的膜过程。在实际中，膜接触器是一个相当广义的概念，是很多具有共同特点膜过程的总称。这类膜过程中膜仅起界面作用，其传递过程是通过扩散而实现的，物质会从高化学位区自发地扩散到低化学位区，膜接触器示意如图 5-19 所示。

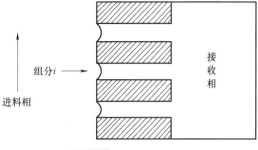

图 5-19　膜接触器示意

两流体接触面在膜孔出口处，组分 $i$ 通过扩散传质穿过接触界面进入膜的另一侧。传质过程分三步进行：组分 $i$ 从进料相进入膜；然后扩散并通过膜；接着从膜另一侧传递到接收相。

### 5.3.2　二氧化碳在膜接触器中的传质

膜接触器过程中膜本身没有分离功能，它仅充当两相间的一个界面。膜最主要的作用是提供更大的传质比表面积，因而膜接触器比常规的分散相接触器更具优越性。膜接触器另一个突出的优点是在膜接触器中由膜分隔开的两相流体是相对独立的：一方面，可消除液泛、夹带、沟流等常规接触器中的常见问题；另一方面，使得膜接触器在各种流速条件下可以保持恒定的接触面积。根据膜材料的疏水和亲水特性及吸收液性能的差异，包括两种方式实现膜吸收过程，即气体充满膜孔的膜吸收过程和液体充满膜孔的膜吸收过程。

膜吸收法中溶质的分压和浓度场如图 5-20 所示。在气体充满膜孔的膜吸收过程中，在气液相间置疏水性膜，膜不易被水溶液所润湿，液体侧压力略大于气体侧，但气液两相的压差不大于临界压力，那么液相就不可能透入膜孔，气液两相的界面固定在疏水膜孔的液体侧，如图 5-20a 所示。气相中的组分通过该界面进入吸收液，一般气相侧的压力不大于液相侧，气体不会鼓泡进入液相侧。显然，这种膜吸收过程中气液相的流速变化不会引起液泛、沟流、雾沫夹带等不利于吸收的现象。

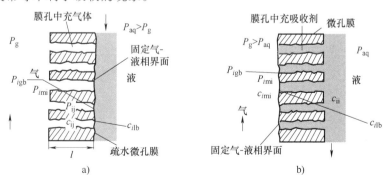

图 5-20　膜吸收法中溶质的分压和浓度场

a）膜孔中充气体　b）膜孔中充吸收剂

$i$—组分　g—气体　b—阻力　l—液相　m—膜　$P_g$—气相分压　$P_{aq}$—液相分压　$P_{igb}$—溶液中待分离组分 $i$ 的与气相的临界压力 $c_{ilb}$ 中即溶液中待分离组分 $i$ 的与液相的临界浓度　$P_{imi}$—组分 $i$ 透膜的临界压力　$c_{imi}$—组分 $i$ 透膜的临界浓度

在液体充满膜孔的膜吸收过程中，气液两相之间是可被吸收液浸润的亲水膜，那么固定的气液相界面在膜孔的气相侧，如图 5-20b 所示。

采用膜吸收法分离 $CO_2$ 的工艺中，通常采用的是气体充满膜孔的膜吸收过程。膜吸收技术所采用的膜接触器主要采用中空纤维膜作为膜材料，即采用中空纤维膜接触器作为吸收分离设备。

**1. 中空纤维膜接触器**

中空纤维膜接触器使用中空纤维微孔膜将两流体分隔开，膜孔为两流体提供传质的场所，中空纤维膜接触器的推动力是浓度差，只需要很小的压力差就可以使两流体的接触界面保持在膜孔出口处。

除此以外，中空纤维膜接触器还具有以下一些优点：

1）固定的传质面积。由于两相相对独立，在一定的范围内可以随意调节两相的流速，而传质面积却没有变化。与此相比，传统的塔器设备的传质面积与流体流速有密切的关系。

2）用于气体吸收时，吸收和分离在组件内同时完成。

3）中空纤维膜接触器的操作参数呈线性关系，易于放大。

4）当体系中某种产物被不断带走，反应平衡始终向右进行，能提高某些平衡反应的转化率。

同时，中空纤维膜接触器也存在一定的不足之处：

1）膜的引入增加了体系的传质阻力。

2）壳程流体分布的不均匀性影响传质效率。

3）膜的沉积物在以浓度差为驱动力的膜过程比以压力差为驱动力的膜过程要小，需要注意膜污染的问题。

4）膜孔的湿润和堵塞会影响到传质，尤其是在气相洁净度不高的情况下。

5）膜的寿命会影响运行的成本。

**2. $CO_2$ 在中空膜接触器中的传质**

作为一种高性能的传质设备，中空纤维膜接触器的传质研究开展得很多，其传质主要涉及两个方面：传质比表面积的计算和传质系数的预测。对于传质比表面积的计算，当传质面积为纤维膜的全面积而不是孔面积时，推导的传质系数理论值与试验值吻合。在膜接触器的传质方面，主要需要重点确定传质系数。对于中空纤维膜接触器，其传质过程主要包括了四步：①气相边界层中的物质传质过程；②膜孔中的物质传质过程；③气液接触界面上物质溶解-吸收过程；④液相边界层中的物质传质过程。由于在气液接触界面上的溶解-吸收过程中伴有化学反应进行，传质过程很容易进行，其阻力很小。因此，这部分的传质可以忽略不计，总传质速率仅考虑①、②和④三个过程。中空纤维膜传质示意如图 5-21 所示。

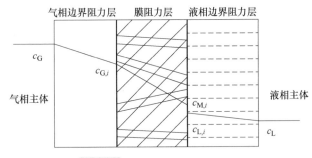

图 5-21 中空纤维膜传质示意

由图 5-21 可以看出，气相中的 $CO_2$ 从气相主体传递到液相主体时，需要经历三个阻力层，即气相边界阻力层、膜阻力层和液相边界阻力层，其传质速率方程为

$$J = k_G(c_G - c_{G,i}) = k_M(c_{G,i} - c_{M,i}) = Hk_L(c_{M,i} - c_{L,i}) = K_G(c_G - c_L) \quad (5-8)$$

式中　$k_G$、$k_L$、$k_M$、$K_G$——气相、液相与膜的分传质系数和总传质系数；

$\qquad\qquad$ $H$——溶解度系数；

$\qquad\qquad$ $c_G$——气相主体中的物质浓度；

$\qquad\qquad$ $c_{G,i}$——气相边界层中的物质组分 $i$ 的浓度；

$\qquad\qquad$ $c_{M,i}$——膜内部的物质组分 $i$ 的浓度；

$\qquad\qquad$ $c_{L,i}$——液相边界层中的物质组分 $i$ 的浓度；

$\qquad\qquad$ $c_L$——液相主体中的物质浓度。

**3. 气相分传质系数**

当气体在膜外（壳程）流动时，流动状态一般为层流流动，$CO_2$ 组分在气相边界层中的传递过程主要为分子扩散，因此气相分传质系数 $k_G$ 计算公式为

$$Sh_G = \frac{k_G d_e}{D_G} = 5.8(1-\Phi)\left(\frac{d_e}{l}\right)Re_G^{0.6}Sc_G^{0.33} \quad (5-9)$$

式中　$D_G$——气相扩散系数；

$\qquad\qquad$ $\Phi$——填充因子；

$\qquad\qquad$ $d_e$——水力直径；

$\qquad\qquad$ $l$——膜长度；

$\qquad\qquad$ $Re$——雷诺数；

$\qquad\qquad$ $Sc$——施密特数。

对于水力直径 $d_e$，其定义式为

$$d_e = \frac{4A_G}{l_w} \quad (5-10)$$

式中　$A_G$——气流横截面面积；

$\qquad\qquad$ $l_w$——湿周。

**4. 膜相分传质系数**

当膜孔中完全被气体充满时，膜相分传质系数不但与气体分子的扩散系数有关，还与膜的微观结构有关。由于实际中空纤维膜的微孔结构比较复杂，通常计算膜传质系数的公式为

$$k_M = \frac{D_M \varepsilon}{\tau \delta} \quad (5-11)$$

式中　$\varepsilon$——孔隙率；

$\qquad\qquad$ $\delta$——膜壁厚；

$\qquad\qquad$ $\tau$——曲率因子；

$\qquad\qquad$ $D_M$——膜等效扩散系数。

由于膜孔径为 $(0.02 \sim 0.2) \times 10^{-6}$ m，而分子平均自由程为 $10^{-8}$ 数量级，可见 $r/\lambda$ 近似为 1，气体在膜孔中的扩散为连续扩散和努森扩散（气体在多孔固体中扩散时，如果孔径小

于气体分子的平均自由程，则气体分子对孔壁的碰撞，较之气体分子间的碰撞要频繁得多）共同作用，其扩散系数可根据分子运动论来计算，即

$$\frac{1}{D_M} = \frac{1}{D} + \frac{1}{D_k} \tag{5-12}$$

式中　$D$——连续扩散系数；

　　　　$D_k$——努森扩散系数。

努森扩散系数与气体压力无关，其计算公式为

$$D_k = 97.0 r \left(\frac{T}{M}\right)^{\frac{1}{2}} \tag{5-13}$$

式中　$r$——膜孔的平均半径；

　　　　$T$——温度；

　　　　$M$——$CO_2$ 的相对分子质量。

**5. 液相分传质系数**

当液相在膜内（管程）中作层流流动时，吸收过程为物理吸收时，液相分传质系数 $k_L^*$ 可通过下式计算，即

$$Sh_L = \frac{k_L^* d_e}{D_L} = 1.62 \left(\frac{d_e}{l} Re_L Sc_L\right)^{0.33} \tag{5-14}$$

$$D_L = 1.173 \times 10^{-16} (x_{H_2O} \Phi_{H_2O} M_{H_2O} + x_A \Phi_A M_A)^{0.5} \frac{T}{\mu_L V_{CO_2}^{0.6}} \tag{5-15}$$

式中　$\Phi_A M_A$——有效相对分子质量；

　　　　$x_A$——该组分的摩尔分数；

　　　　$V_{CO_2}$——$CO_2$ 的分子体积；

　　　　$\mu_L$——吸收液黏度。

与物理吸收相比，化学吸收时由于可溶组分在液相中被反应消耗，改变了液相中的溶质浓度分布，使得液相的传质速率加快，增大了整体吸收过程的传质速率，伴有化学反应的吸收过程的液相分传质系数定义为

$$k_L = \beta k_L^* \tag{5-16}$$

$$\beta = \frac{\sqrt{M \frac{\beta_i - \beta}{\beta_i - 1}}}{\text{th} \sqrt{M \frac{\beta_i - \beta}{\beta_i - 1}}} \tag{5-17}$$

$$\beta_i = 1 + \frac{D_{BL} c_{BL}}{b D_{AL} c_{AL}} \tag{5-18}$$

$$M = \frac{D_{AL} k_2 c_{BL}}{k_L^{*2}} \tag{5-19}$$

式中　$\beta$——反应增强因子；

　　　　$\beta_i$——瞬间反应增强因子；

$M$——化学吸收无因次准数；

$D_{BL}$——液相吸收剂在液相中的扩散系数；

$D_{AL}$——气相中 $CO_2$ 在液相中的扩散系数；

$c_{AL}$——吸收液浓度；

$c_{BL}$——界面平衡浓度；

$b$——反应计量系数；

$k_2$——反应速率常数。

**6. 总传质系数**

总传质系数方程为

$$\frac{1}{K_G} = \frac{1}{k_G} + \frac{1}{k_M} + \frac{1}{Hk_L}$$ （5-20）

式中　$H$——溶解度系数。

### 5.3.3　二氧化碳膜吸收工艺流程

膜接触器最早应用于血液充氧。近年来，国内逐渐开始利用中空纤维膜组件进行分离回收 $CO_2$ 的研究。膜吸收法分离 $CO_2$ 的典型工艺流程如图 5-22 所示。膜吸收技术分离 $CO_2$ 的试验大多采用了相似的工艺流程，具体如下：吸收液通过泵，经过流量计进入膜接触器；在膜接触器中与混合气体逆向接触，吸收混合气体中的 $CO_2$。在早期的试验中，吸收液大多没有被循环利用，随着研究的深入，吸收液的循环利用逐渐受到重视。连续循环试验一般采取的方式是经过膜接触器的吸收液通过热再生，重新进入膜接触器循环利用。膜接触器中气液相在膜两侧流动通常有两种方式：一种是吸收液在膜内流动，烟气在膜外流过，即吸收液走管程，烟气走壳程；另一种是吸收液在膜外流动，烟气在膜内流过，即吸收液走壳程，烟气走管程。

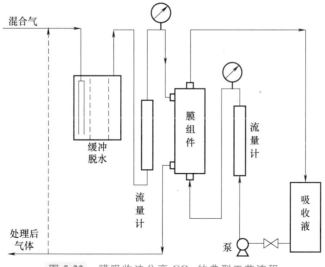

**图 5-22**　膜吸收法分离 $CO_2$ 的典型工艺流程

**1. 系统工艺和性能**

虽然国内外有大量的对中空纤维膜接触器分离 $CO_2$ 的研究，但是大多数试验采用的系统流程是非连续的。试验中，泵将吸收液从存储容器中吸出，通过流量计进入膜接触器，在膜接触器中与原料气逆向接触，将原料气中的 $CO_2$ 吸收；吸收液和原料气在膜接触器入口和出口分别取样分析。

对于膜接触器中原料气的选择，国内外的学者的选择各有不同。有的是利用 $CO_2$ 和空气的混合气作为原料气进行研究；有的是利用 $CO_2$ 和 $N_2$ 的混合气进行研究，还有的是直接利用纯 $CO_2$ 气体进行试验来研究 $CO_2$ 的脱除等。在研究中采用不同的气体和 $CO_2$ 组成混合气时，可以在试验中调整进气中 $CO_2$ 的浓度，以便更好地考察各种条件下的吸收情况。

对于气液两相在膜接触器内的流动，一般有两种流动方式：一种是采用吸收液为管程流动（流经膜内）烟气为壳程流动（流经膜外）的方式；另一种是烟气为管程流动，吸收液为壳程流动的方式。这两种流动方式均有采用，由于尚没有确定的标准，因此，对于这两种流动方式的利弊还没有形成共识。需要注意：当采用第二种流动方式应用于燃煤电厂的烟气时，在实际应用中需要考虑燃煤烟气中粉尘对吸收性能的影响问题，即当烟气流经膜内时，烟气流速在膜内变缓后有可能出现粉尘在膜内的聚集、堵塞膜孔道的情况，从而造成膜接触器利用率的下降。

**2. 吸收液**

膜吸收法是将膜和普通吸收相结合而出现的一种新型吸收过程。通常，普通吸收过程的吸收液也可以用于膜吸收过程，因此，膜吸收法的吸收液可以参考普通吸收过程所采用的吸收液。普通吸收过程常用的吸收液包括醇胺溶液、强碱溶液、热苛性钾溶液等。

在吸收液的选择方面，早期采用的吸收液是 NaOH 水溶液。随着研究的力度和广度的逐渐加大，所采用的吸收液的种类也越来越广泛，如利用碱液、水/甘油、碳酸钠、醇胺的水溶液等作为吸收液吸收 $CO_2$ 的研究。

膜吸收法常用吸收剂特性见表5-5。

表5-5　膜吸收法常用吸收剂特性

| 吸收剂种类 | 优点 | 缺点 |
|---|---|---|
| 乙醇胺（MEA） | 吸收速率快、价格便宜、对碳氢化合物吸收极少 | 吸收容量低、具有较大的腐蚀性、热容量高、解吸能耗大、容易被烟气中的 $SO_2$、$O_2$ 毒化 |
| 二乙醇胺（DEA）、二异丙醇胺（DIPA） | 吸收速率快、热容量低 | 吸收容量低、有一定的腐蚀性 |
| 三乙醇胺（TEA）、N-甲基二乙醇胺（MDEA） | 吸收容量高、热容量低、腐蚀性低、汽提特性佳、解吸能耗低 | 吸收速率慢 |
| 空间位阻胺（AMP） | 吸收容量高、吸收速率快、汽提特性佳 | 热容量高、解吸能耗高 |
| 热苛性钾（$K_2CO_3$） | 吸收容量高 | 热容量高、腐蚀性强、解吸能耗高 |
| 强碱（NaOH、KOH、LiOH） | 吸收速率快，吸收容量大，去除效率佳 | 溶剂无法再生 |

从吸收液的研究发展中可以看出，早期的研究中曾采用纯水作为吸收剂进行物理吸收，这主要是为了测试膜接触器的性能，现阶段对于吸收液的研究大致有统一的方向，即在简单地利用强碱进行 $CO_2$ 吸收研究后，研究工作集中在了弱碱或具有弱碱性质的吸收剂上，这主要是由于弱碱或具有弱碱性质的吸收剂与 $CO_2$ 发生的化学反应均为可逆反应，所生成的弱联合物可以在一定条件下重新分解为 $CO_2$ 和吸收剂，从而实现吸收剂的重复利用。而在各种吸收液的研究中，各种醇胺的水溶液是研究的重点，而氨基酸盐的水溶液是新的研究方向。

针对吸收液的研究主要集中在各种吸收液对 $CO_2$ 的吸收性能方面的测试，通过对各种吸收液吸收性能的比较，试图找到一种可以高效吸收 $CO_2$ 的吸收液；此外，还要考虑膜接触器对吸收液的适应性。

对于中空纤维膜接触器分离回收 $CO_2$ 技术而言，膜接触器的结构选择与设计也是非常重要的，在研究中最常见的是平行流组件结构的中空纤维膜组件，平行流组件结构如图 5-23 所示。

**3. 膜的结构和材料**

平行流组件的特征是管程与壳程的流体以并流或逆流的形式平行流动。这种组件形式突出的优点是制造工艺简单，造价较低，因此，它也是工业上常用的膜组件。但由于在平行流组件中纤维通常是不均匀装填的，从而容易导致壳程流体的不均匀分布，进而影响传质效率。

由于仍需在一定结构的膜接触器上进行吸收传质性能研究，而膜接触器结构对膜吸收过程的传质影响较大，对膜接触器结构的研究受到了重视。荷兰 TNO 对常规膜接触器进行了改进，设计了一种新型的膜接触器并获得了专利。在这种膜接触器中，$CO_2$ 气体垂直纤维膜在壳侧流动，吸收液在膜内流动，总体上两种介质逆向流过组件，具有良好的传质特性和比例特性。TNO 交错流膜组件结构如图 5-24 所示。

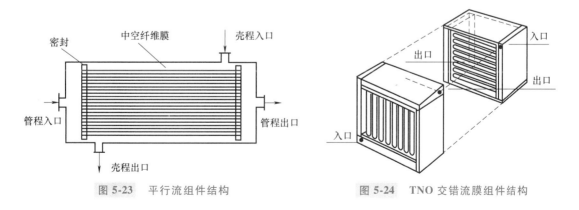

图 5-23　平行流组件结构　　　　图 5-24　TNO 交错流膜组件结构

另外，中空纤维膜接触器中采用的膜材料主要包括：聚乙烯、聚丙烯、聚四氟乙烯、聚偏氟乙烯、聚砜、硅橡胶、聚醚砜等，其中使用最多的是聚丙烯膜材料，这主要是由于聚丙烯膜材料成本低。不同膜材料的特性见表 5-6。

表 5-6　不同膜材料的特性

| 类别 | 单位分子式 | 密度/（kg/m³） | 特性 |
|---|---|---|---|
| 聚乙烯 | —CH₂—CH₂— | 920～960 | 无臭，无毒，耐蚀性好，绝缘性能好，具有刚性、硬度和机械强度大的特性，耐热老化性差 |
| 聚丙烯 | —CH₂—CH(CH₃)— | 900～910 | 具有良好的耐热性、绝缘性和高频性及较高的表面硬度；化学性质比较稳定，能耐 80℃ 以下的酸、碱溶液及多种有机溶剂；收缩率较大，低温呈脆性，耐磨性不够高 |
| 聚四氟乙烯 | —CF₂—CF₂— | 2200 | 具有优秀的力学性能、自润滑性质、耐高低温、耐化学腐蚀性好，耐气候性好，电性能及耐辐照性能优异 |
| 聚偏氟乙烯 | —CF₂—CH₂— | 1750～1790 | 具有优良的耐化学腐蚀性、耐高温、耐氧化、高机械强度和韧性，卓越的耐气候性、耐紫外线、耐辐射性能，及优异的介电性、压电性、热电性能 |
| 聚砜 | — | 1190～1360 | 优异的尺寸稳定性、耐热性、力学性能、抗蠕变性、介电性、耐蒸汽性及化学稳定性 |
| 硅橡胶 | — | — | 具有最广的工作温度范围（-100～350℃），耐高、低温性能优异；此外，还具有优良的热稳定性、电绝缘性、耐气候性、耐臭氧性、透气性，很高的透明度、撕裂强度，优良的散热性，以及优异的黏接性、流动性和脱模性 |
| 聚醚砜 | — | 1370～1580 | 具有韧性、硬度好及显著的长期承载特点。在 200℃ 时性能仍能稳定，耐蠕变，在有负荷下可在 180℃ 下使用。化学稳定性好，耐酸、碱，直链烃，汽油类，部分溶于芳烃。在-40～200℃ 之间电性能无明显改变，尺寸稳定性好 |

## 思 考 题

1. 理想的膜材料需满足的条件有哪些？

2. 分别简述橡胶态高分子膜和玻璃态高分子膜的特点。

3. 常见 MOFs 的分类与特性有哪些？

4. 分别简述二氧化碳分离高分子膜、无机膜、促进传递膜、混合基质膜的特点。

5. 二氧化碳膜分离性能评价的特征参数有哪些？并简述它们的物理意义。

6. 分析影响二氧化碳吸收效率的主要因素，这些因素可能包括操作条件、膜材料特性以及流体力学等方面。哪些条件有助于提高吸收效率？

7. 查阅相关资料，列举一个二氧化碳膜分离技术在工业上应用的案例，并简要介绍。

# 第**6**章
# 集中排放二氧化碳捕集技术

## 6.1 二氧化碳低温分离技术

二氧化碳低温分离技术是指将高浓度二氧化碳通过特殊设备降温至液态和超临界液态，然后将其储存、运输、分离、制备化学品等。这种低温分离技术可以使二氧化碳更加容易储存和分离，并能扩大其应用领域。通常情况下，$CO_2$ 需要在极低的温度下才能成为液态，因此，这种低温技术被称为二氧化碳极冷技术。二氧化碳低温分离技术是物理过程，一般是将烟气多次压缩冷却后，引起 $CO_2$ 相变，从而达到从混合烟气中分离 $CO_2$ 的目的。与传统 $CO_2$ 分离技术相比，二氧化碳低温分离技术更为环保节能。

二氧化碳低温分离技术可以应用于生物医药、工业、能源、环保、农业等许多领域。例如，在生物医药领域，二氧化碳低温分离技术被用于制备药物，储存组织、细胞和血液等；在环保领域，二氧化碳低温分离技术可以用于废气处理和工业废水处理；在能源领域，二氧化碳低温分离技术可以用于煤矿通风系统、火电厂 $CO_2$ 减排等。相对于其他传统的二氧化碳处理方法，二氧化碳低温分离技术具有许多明显的优势：首先，二氧化碳低温分离技术可以有效地减少二氧化碳的体积，可以使二氧化碳以更小的空间占用来储存、运输和分离；其次，二氧化碳低温分离技术可以与许多其他工艺流程集成，并具有广泛的适应性，其低温操作和超临界状态下的高可压缩性使其成为流体物理和化学反应的优良载体，也可以通过对温度和压力进行控制来调节二氧化碳的物理和化学性质，满足各种工业、能源和化学制品的生产和化学反应的需要。

### 6.1.1 二氧化碳深冷分离技术

深冷分离技术是二氧化碳低温分离技术的一种。二氧化碳深冷分离工艺是利用二氧化碳在不同温度下的物理性质差异进行分离。其基本原理是：通过低温和高压的工艺条件，使二氧化碳在液态和气态之间转化，利用其升华与凝聚的物理变化，将二氧化碳与其他气体分离开来。将混合气体先通过压缩、冷却等方法进行液化，再根据各组分沸点的差异，利用精馏法将其中的各类物质依照其蒸发温度的不同，逐一加以分离。二氧化碳深冷分离工艺的工艺流程一般包括冷却、压缩、分离、膨胀等工艺步骤。具体来说，在冷却过程中，原料气体通过换热器进行冷却；在压缩过程中，该气体进入压缩机，提高气体的压力，促使其液化；在分离过程中，使用分离塔进行分离；在膨胀过程中，使分离出来的二氧化碳膨胀，以便再次利用。

$CO_2$ 深冷分离技术的优点在于不需要使用化学吸附剂，并且捕集的 $CO_2$ 浓度高，便于管道运输，可以很好地分离出高纯度的 $CO_2$，并且大大降低 $CO_2$ 的成本，同时，可以提高原料的品质、降低环境污染。然而，其主要缺点在于利用深冷分离捕集 $CO_2$ 需要将混合气体重复地压缩和冷却，使气体充分液化，因此，工艺过程复杂、生产能耗高、工艺设备投资大、操作弹性小，不适用于大规模低浓度烟气排放。此外，$CO_2$ 深冷分离技术预处理要求高，一定程度限制了其在 $CO_2$ 捕集领域的应用。

在以煤为原料的化工生产中，粗合成气中含有大量多余的 $CO_2$、少量的 $H_2S$、COS 等酸性气体，这些酸性气体不利于生产，必须将其脱除和回收。低温甲醇洗工艺是最具竞争实力、最为经济且净化度高、成熟的气体净化技术，已被广泛应用于国内外合成氨、合成甲醇和其他羰基合成、城市燃气、工业制氢和天然气脱硫等气体净化装置中。低温甲醇洗工艺是以冷甲醇为吸收溶剂，利用甲醇在低温下对酸性气体（如 $CO_2$、$H_2S$、COS 等）溶解度极大的优良特性，脱除原料气中酸性气体的一种物理吸收法，会产生压力约为 0.28MPa，温度为 4~10℃的原料气。以从低温甲醇洗脱碳系统产生的原料气为例，以深冷分离技术分离 $CO_2$，$CO_2$ 深冷分离工艺流程如图 6-1 所示。以从低温甲醇洗脱碳系统产生的压力为 0.28MPa，温度为 4~10℃的原料气为例，将其与补充的空气一起送入两台预脱硫塔中，在预脱硫塔内利用常温脱硫剂 $Fe_2O_3$ 反应脱除大部分 $H_2S$。原料气出预脱硫塔后进入吸附塔（一开一备），利用装填在吸附塔内的活性炭吸附除去甲醇等杂质，之后进入 $CO_2$ 压缩机进行压缩。$CO_2$ 压缩机采用二段压缩，终端压力为 2.8MPa 左右。原料气经压缩机二段压缩后，进入水解塔，利用 $Al_2O_3$ 水解剂将 COS 转化为 $H_2S$ 和 $CO_2$，从水解塔出来的气体经过脱硫水冷器，冷却降至常温后进入精脱硫塔，在精脱硫塔中经活性炭精脱硫剂将 $H_2S$ 及微量 COS 脱除，使进入净化塔的原料气总硫含量 $\leq 0.1 \times 10^{-3}$ mg/L。脱硫后的原料气在净化预热器被 $\leq 200$℃的高温净化气预热后，从净化塔上部主线进入，在塔内换热器与催化剂床层来的净化气进行换热至约 380℃；进入催化剂层进行催化氧化反应（若温度不足，需补充热量），使所有的烃、氢气、醇类及可燃物质氧化分解为 $CO_2$ 和 $H_2O$。反应后总烃 $<50 \times 10^{-3}$ mg/L，苯 $<20 \times 10^{-6}$ mg/L 的净化气在塔内换热器与入塔气体换热至 $\leq 200$℃后，出净化塔。出净化塔的净化气进入净化预热器和原料气换热后，通过水冷器冷却至常温后，进入干燥塔，经分子筛吸附剂进一步干燥至水分含量 $\leq 20 \times 10^{-3}$ mg/L，干燥塔一开一备，当水分接近 20mg/L 时，启用备用塔，运行塔退出再生。再生时引入经罗茨风机加压、电加热器加热至 250~300℃，使空气再生，当再生气出口温度 $\geq 120$℃时，再生结束后，再用提纯塔放空气体，冷却到常温后备用。干燥后的 $CO_2$ 气体大部分进入预冷器，利用氨气初步冷却原料气以回收部分冷量；另一部分原料气进入提纯塔，塔釜加热；两部分气汇总后一起进入 $CO_2$ 冷凝器管程，冷凝器中的液氨蒸发吸热，使其降温后冷凝成液态，再进入提纯塔精馏提纯。进入提纯塔的液体 $CO_2$ 与提馏段来的热气体进行传热传质，部分汽化。将低沸点杂质蒸发，进一步提纯，塔顶通过冷凝段用液氨蒸发吸热，将塔下部分与杂质气体一起蒸发的 $CO_2$ 重新冷凝、回流，以降低消

耗，提高产率。从提纯塔底部获得的液体 $CO_2$ 经调节阀减压后进入低温贮槽。提纯塔顶不凝气经气冷器回收冷量后放空，部分利用分子筛或吸附塔再生降温冷却后放空。

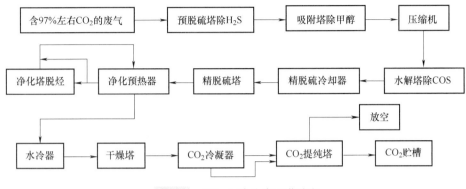

**图 6-1　$CO_2$ 深冷分离工艺流程**

　　深冷分离工艺用于油田伴生气中的 $CO_2$ 分离，整个过程是在低温下将气体中各组分按工艺要求冷凝下来，再用精馏法进行逐一分离。由各组分冷凝和精馏温度不同，当伴生气中 $CO_2$ 含量超过 1.5% 时，深冷装置脱甲烷塔顶部、节流阀出口通常易发生冻堵。通常为了防止冻堵造成机组停机，只能提升脱甲烷塔温度，但是这会导致负温不足，达不到设计工况，不仅会降低轻烃回收率，还会影响深冷装置的平稳运行。从理论上来说，若伴生气中 $CO_2$ 含量超过 3%，为了杜绝 $CO_2$ 凝华而发生冻堵的现象，脱甲烷塔塔顶负温必须保持在 $-91℃$ 以上。随着 $CO_2$ 含量的升高，塔顶负温必须随之升高才能有效降低装置冻堵的风险，而大多数深冷装置塔顶实际设计操作温度为 $-98℃$ 左右。伴生气中 $CO_2$ 含量过高导致冻堵时，会大幅增加脱甲烷塔顶和塔底之间的压差，进而造成深冷处理装置的关键设备压缩机组和膨胀机出口压力升高，甚至憋压停机，即便没有明显冻堵现象的出现，$CO_2$ 含量增高也会导致输气管线不畅，同样会引发管线气量波动和装置压力升高，既影响深冷装置的安全平稳运行，也给关键设备带来了损坏的风险。此外，在深冷工艺处理的过程中，伴生气中的 $CO_2$

的和水容易生成碳酸，而生成碳酸的量和伴生气中 $CO_2$ 的含量成正比，因而随着 $CO_2$ 含量的不断升高，对深冷处理装置管线腐蚀的强度越来越大。

　　在 1.3MPa 压力下，不同 $CO_2$ 含量与温度情况如图 6-2 所示。深冷装置设计原料气中 $CO_2$ 的含量（物质的量分数）为 1.43%~1.54%，但实际上入口气 $CO_2$ 年平均含量在 3% 以上，远高于设计值。当 $CO_2$ 含量较高时，理论上制冷温度 $-57℃$ 时会有固体 $CO_2$ 析出。在脱甲烷塔的设计压力和温度条件下，原料气中 $CO_2$ 含量超过 1.8% 便会出现

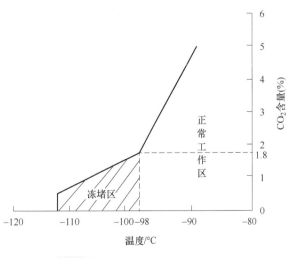

**图 6-2　不同 $CO_2$ 含量与温度关系**

冻堵现象。$CO_2$ 含量与温度的关系曲线斜率下降，代表着出现了冻堵情况，其原因是固体 $CO_2$ 析出过多。因此，需要提高装置制冷负温，以此避免 $CO_2$ 冻堵，但是会造成轻烃的回收率大大降低，尤其是当 $CO_2$ 含量超过3%后，单一地提高制冷负温并不能从根本上解决冻堵的问题。

$CO_2$ 防冻堵检测方式主要包括：①增设冻堵预报警装置，由于冻堵可能产生于脱甲烷塔顶部和节流阀出口，且两处冻堵时现象并不相同，所以需分开考虑；②设立解冻管线，由 $CO_2$ 含量过高导致深冷处理装置冻堵通常发生在温度最低处，通过一条解冻管线将温度较高（25℃）的原料气引至低温冻堵位置（−100℃）。使用原料气作为解冻气，既避免了在系统中混入其他组分，也避免了装置停机后再间接加热解冻的烦琐步骤。

随着原料气中的 $CO_2$ 含量越来越高，深冷装置必须脱除 $CO_2$。普遍采用的脱碳工艺主要包括物理吸收法、化学吸收法和膜分离法三类，它们各适用于不同的深冷处理工况。物理吸收法是利用物理溶剂在高压和低温的环境下将 $CO_2$ 从伴生气中解脱出来而不发生性质上的变化，进而降低原料气 $CO_2$ 含量的一种工艺方法，然而由于环丁砜、聚乙二醇二甲醚、甲醇等典型的物理溶剂对天然气中的重烃有较大的溶解度，因而，该方法通常用于重烃含量不高的原料气脱碳处理，具有一定的局限性。化学吸收法与物理吸收法相比净化度更高，而且有效避免了物理溶剂再生程度有限的问题，通常采用乙醇胺为主化学溶剂在吸收塔内吸收原料气中的 $CO_2$ 成为富液，然后进入解析塔加热分离出 $CO_2$，尽管该方法工艺成熟且分离程度高，但是当原料气中的 $CO_2$ 含量超过20%时，该方法能耗太高，无形中增加了产品的成本。此时，应当选择常温下进行、适应性强且能耗低的膜分离法，如在深冷装置中加装分子筛来分离水和 $CO_2$。综合上述三种方法，当原料气 $CO_2$ 含量在3%~20%时，一般采用物理吸收法或化学吸收法脱碳；当 $CO_2$ 含量超过20%时，一般采用膜分离法脱碳。

## 6.1.2　二氧化碳低温冷冻氨技术

低温冷冻氨工艺（CAP）是一种 $CO_2$ 捕集技术，利用碳酸铵和碳酸氢铵混合浆液作为循环利用的 $CO_2$ 吸收剂，可实现90%脱碳率，并高效脱除烟气中残留的 $SO_2$、$SO_3$、HCl、HF、PM 等污染物。低温冷冻氨工艺吸收剂性质稳定，成本及能耗低，具有良好的工程应用前景。

采用氨水作为吸收剂的冷冻氨吸收技术是为了低温下吸收 $CO_2$，吸收温度范围为0~20℃，最佳工作温度范围为0~10℃。因此，该技术首先需要将包含 $CO_2$ 的烟气通入直接接触冷却塔（DDC），将烟气温度冷却到0~10℃。烟气离开直接接触冷却塔后，其中包含的挥发性物质、酸性气体和颗粒物大部分被吸收。另外，由于在低温条件下，蒸汽的饱和压力降低，烟气中包含的蒸汽大部分冷凝成水，离开直接接触冷却塔后，烟气量大幅度减小。随后，烟气进入 $CO_2$ 吸收和再生系统。冷烟气从吸收塔底部进入，由下而上流动，而贫液从吸收塔顶部进入，由上而下流动。贫液主要由 $H_2O$、$NH_3$ 和 $CO_2$ 组成。在该项技术中，氨在溶剂中的质量分数可高达28wt%。吸收塔的工作压力接近大气压，而温度应在0~20℃范围，最佳温度范围为0~10℃。低温条件降低了氨的挥发。该技术能够实现90%以上 $CO_2$ 捕集率，每吨 $CO_2$ 再生能耗仅为1.0GJ，且对酸性气体、$PM_{2.5}$ 等均可以有效脱除。其中与 $CO_2$

吸收相关的化学反应如下：

$$CO_2(g) \rightleftharpoons CO_2(aq) \tag{6-1}$$

$$(NH_4)_2CO_3(aq) + CO_2(aq) + H_2O(1) \rightleftharpoons 2(NH_4)HCO_3(aq) \tag{6-2}$$

$$(NH_4)HCO_3(aq) \rightleftharpoons (NH_4)HCO_3(s) \tag{6-3}$$

$$(NH_4)_2CO_3(aq) \rightleftharpoons (NH_4)NH_2CO_2(aq) + H_2O(1) \tag{6-4}$$

式（6-1）~式（6-4）均为可逆反应，反应方向主要取决于温度、压力和浓度。从左向右的反应是放热反应，为了维持合适的 $CO_2$ 吸收温度，需要将反应产生的热量带走。从右向左的反应是吸热反应，需要补充热量再生 $CO_2$。低温冷冻氨法正是利用反应的可逆性，维持吸收塔和再生塔在不同的温度、压力和浓度下，实现 $CO_2$ 的吸收和再生，以及吸收剂的循环利用。

冷冻氨吸收 $CO_2$ 的过程中用于冷却烟气、维持吸收塔低温环境和处理后的烟气清洗的能耗相对不高，电站锅炉在最低过量空气系数条件下工作和蒸汽的凝结会造成烟气中 $CO_2$ 的分压增加，可以实现 90% 以上的 $CO_2$ 捕集率；由于再生塔获得的高压 $CO_2$ 流，从而减少了进一步压缩所需要的能耗；因为氨与 $CO_2$ 的反应热、汽化热和显热都低，再生热耗低；烟气经过直接接触冷却塔时，大部分的挥发性物质、酸性气体和颗粒物被吸收；通过吸收塔的水洗装置，氨逃逸可以减少到 $10^{-6}$ 级。

由于电厂烟气流量大，因此吸收塔通常设计为常压运行。烟气中 $CO_2$ 的浓度基本不变，烟气中的其他污染物通过烟气冷却，随蒸汽冷凝一起去除，对吸收塔内反应的影响可以忽略不计。

**1. 对吸收塔内反应有影响的主要因素**

（1）温度　在温度变化下的 $CO_2$-$NH_3$-$H_2O$ 液固相平衡图如图 6-3 所示。

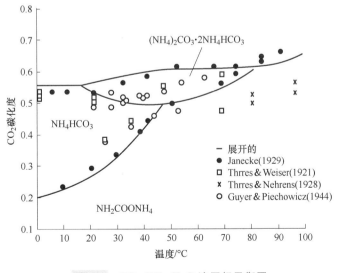

**图 6-3　$CO_2$-$NH_3$-$H_2O$ 液固相平衡图**

（2）碳化度　碳化度是指浆液中 $CO_2$ 与氨的摩尔比。只有当吸收塔内富液碳化度超过 0.5 时，才能保证最终反应产物为碳酸氢铵并结晶析出（见图 6-3）。适宜的富液碳化度为

$0.5 \sim 1.0$，最佳范围为 $0.67 \sim 1.0$。反之，如果进入吸收塔的贫液（$CO_2$ 含量低的浆液）碳化度过高，其吸收能力就会下降，影响 $CO_2$ 脱除率。贫液碳化度过低，则会导致吸收塔出口氨逃逸率增加。适宜的贫液碳化度为 $0.25 \sim 0.67$，最佳范围为 $0.33 \sim 0.67$。

（3）贫液负载　贫液负载反映了吸收剂的吸收能力，对吸收过程也有重要影响。负载越低，吸收液中有更多的 $NH_3$，所以单位量吸收液的吸收能力越大。随着负载增加，吸收液的流量不断增加，随着贫液负载增加，富液中的固体组分质量分数缓慢增加，意味着在不同负载条件下，碳酸氢铵的析出变化不大，适宜的贫液负载量约为 $4.24m^3/t\ CO_2$。

**2. 低温冷冻氨工艺**

低温冷冻氨工艺过程主要分为烟气的冷却和清洁、$CO_2$ 的吸收、$NH_3$ 的脱除和回收、吸附剂的再生四部分，工艺流程如图 6-4 所示。

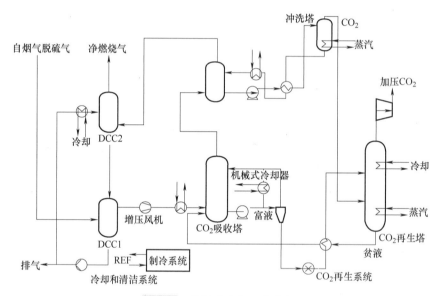

**图 6-4　低温冷冻氨工艺流程**

（1）烟气的冷却和清洁　吸收塔的最佳工作温度范围为 $0 \sim 10℃$，而经过烟气脱硫技术（FGD）处理的含有残余 $SO_2$、$SO_3$、$NO_x$、$HCl$、$HF$ 和 PM 的湿饱和烟气温度为 $50 \sim 60℃$，因此在进入吸收塔前需要进行冷却。在工业装置中，通常从底部进入直接接触式冷却塔（DCC1），向上流动与塔顶喷淋的冷却水逆流接触而被冷却，其中的蒸汽也携带残余污染物冷凝析出。从 DCC1 顶部排出的烟气经增压风机增压后进入机械式冷却器，进一步冷却至 $2℃$，进入 $CO_2$ 吸收塔。DCC1 中的凝结水与冷却水混合后呈弱酸性，一部分通过冷却塔冷却后，进入 DCC2，吸收烟气中的残余氨而循环利用，一部分排向电厂废水处理系统或用于制造氨肥。机械式冷却器中的凝结水被收集起来重新进入工艺系统或作为补充水送至脱硫吸收塔。

（2）$CO_2$ 的吸收　烟气从底部进入 $CO_2$ 吸收塔，向上流动，与塔顶喷淋的富液逆流接触，90% 的 $CO_2$ 被吸收后进入冲洗塔，通过水洗将携带的氨吸收，然后进入 DCC2，进一步吸收残余氨后通过烟囱排放。吸收塔底部排出的富液分为两部分：一部分通过旋流器分离，

底流进入 $CO_2$ 再生系统，溢流从上部返回吸收塔；另一部分通过机械式冷却器（REF）冷却后返回吸收塔，将吸收反应产生的热量排出，用于维持吸收塔内的设定温度。为了弥补氨逃逸的损失，将少量新鲜的碳酸铵溶液补入吸收塔。水洗塔排出的含氨的水排至 $CO_2/NH_3$ 分离塔，在蒸汽加热器的作用下，氨被分离出来作为吸收剂重新利用。干净水经过二级换热器冷却后进入冲洗塔循环利用。

（3）$NH_3$ 的脱除和回收　离开吸收塔中含有 50~3000ppm 的氨浓度。如此高氨浓度的烟气不能直接排入大气，且从烟气带走的氨，需要加入新的吸收剂来弥补，这样降低了捕集过程的经济性。因此，需要氨的脱除和回收装置。工业上使用水洗装置完成对氨的吸收，氨的再生需要提供一定的热量，这部分热量通过抽取电厂蒸汽的形式提供。

（4）吸附剂的再生　由于再生塔工作处于高压条件下（5~30atm），因此，离开吸收塔的富液需要通过泵将压力提高到与再生塔工作压力。随后富液进入贫-富液热交换器，在此富液被加热温度上升，富液中的碳酸氢铵沉淀溶解，同时贫液被冷却温度降低。在富液进入再生塔前需要将溶液中碳酸氢铵沉淀溶解完全，旋流器浓缩的富液通过高压泵加压至 2MPa，进入换热器与贫液换热。富液在换热器中加热至 80℃，结晶的碳酸氢铵完全溶解后进入再生塔。溶液在再生塔内向下流动，通过蒸汽加热器加热至 120~150℃，$CO_2$ 被分离出来并向上流动，在再生塔顶部被冷却、去湿和除氨后离开再生塔。成品 $CO_2$ 的纯度超过 99.5%，可直接工业利用或经压缩、输送后储存在岩层中。贫液从再生塔底部流出，通过换热器冷却后进入吸收塔循环利用。

低温冷冻氨工艺具有以下优点：$CO_2$ 脱除效率高，可达 90% 以上；CAP 法吸收剂不降解，对烟气中氧和其他污染物不敏感；CAP 法吸收剂可选择碳酸铵、碳酸氢铵、氨水或液氨等，选择性高且成本低；CAP 法吸收剂吸收能力强，最高可达 $1.2kgCO_2/kg\ NH_3$；CAP 法对电价的影响较小，能耗较低。CAP 法低能耗主要表现在两方面：一方面，CAP 法 $CO_2$ 再生所需热量少，主要是由于 CAP 法解吸反应吸热量较少，以及再生塔压力高，抑制了水分蒸发及其带走的热量，其所需的低压蒸汽量只有乙醇胺法的 15%；另一方面，CAP 法厂用电较低，CAP 法烟气温度低，增压风机功率小，成品 $CO_2$ 压力高，后续压缩功耗少。

## 6.2　脱碳 IGCC 技术

整体煤气化联合循环发电（IGCC）系统是将煤气化技术和高效的联合循环相结合的先进动力系统。IGCC 可将燃煤与高效环保的燃机技术通过煤的气化和清洁工艺有机结合在一起，在发电效率和环保等方面具有显著优势。IGCC 电站还可以通过水气变换反应实现制 $H_2$ 和 $CO_2$。

IGCC 技术为多种技术的集成，主要包括高性能燃气轮机、煤的气化技术、煤气净化技术、空分装置、匹配协调的余热锅炉和汽轮机以及系统一体化优化等。由于工作条件变化很大，构成部件与常规电力设备有很多不同。整体煤气化联合循环发电系统是将煤气化技术和高效的联合循环相结合的先进动力系统。它主要由两大部分组成，即煤的气化与净化部分和燃气-蒸汽联合循环发电部分。第一部分的主要设备包括气化炉、空气分离（空分）装置、煤气净化设备；第二部分的主要设备包括有燃气轮机发电系统、余热锅炉、蒸汽轮机发电系统。

## 6.2.1 IGCC 系统原理及工艺过程

IGCC 系统工艺过程如下：煤在气化炉中与氧气、蒸汽或水发生气化反应后生成的粗合成气主要经过辐射换热器、对流换热器、湿法洗涤除尘、脱硫、煤气湿化等单元后进入燃气轮机燃烧室。燃气轮机排气进入余热锅炉降温产生蒸汽驱动汽轮机做功，如图 6-5 所示。图中代表空气的虚线表示空分单元可采用集成方式，代表氮气的虚线表示空分后的氮气可回注燃气轮机燃烧室。

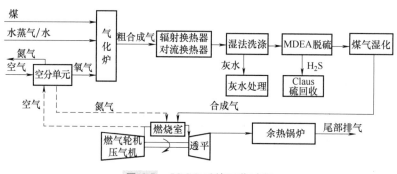

图 6-5　IGCC 系统工艺过程

由图 6-5 中可见，IGCC 整个系统大致可分为煤的制备、煤的气化、热量的回收、煤气的净化和燃气轮机及蒸汽轮机发电等部分。在整个 IGCC 系统的设备和系统中，燃气轮机、蒸汽轮机和余热锅炉的设备和系统均是已经商业化多年且十分成熟的产品，因此，IGCC 系统能够最终商业化的关键是 IGCC 气化炉及煤气的净化系统。

对 IGCC 气化炉及煤气的净化系统的要求包括：气化炉的产气率、煤气的热值和压力及温度等参数能满足设计的要求；气化炉有良好的负荷调节性能，能满足发电厂对负荷调节的要求；煤气的成分、净化程度等需要满足燃气轮机对负荷调节的要求；具有良好的煤种适应性；系统简单，设备可靠，易于操作，维修方便，具有电厂长期、安全可靠运行所要求的可用率；设备和系统的投资、运行成本低。

## 6.2.2 煤气化技术原理及分类

### 1. 煤气化技术原理

煤的气化过程是热化学过程，是煤或煤焦与气化剂（如空气、氧气、蒸汽、氢气等）在高温下发生化学反应，将煤或煤焦中的有机物转变为煤气的过程。该过程是在高温、高压下进行的一个复杂的多相物理及物理化学过程。通过煤气化方法，几乎可以利用煤中所含的全部有机物质，因此，煤气化生产是获得基本有机化学工业原料的重要途径。

煤气是煤与气化剂在一定条件下反应得到的混合气体，即气化剂将煤中的碳转化成可燃性气体。煤气的有效成分为一氧化碳、氢气和甲烷。煤气组成随气化时所用的煤或煤焦的性质、气化剂的类别、气化过程条件及煤气发生炉的结构不同而有差异。因此，在生产工业用煤气时，必须根据煤气用途来选择气化剂和气化过程操作条件，才能满足生产的需要。

煤气化主要包括四个过程：煤的干燥、干馏、热解、氧化和还原。

（1）煤的干燥　煤的干燥过程受干燥温度、气流速度等因素的影响。干燥过程主要与水分蒸发温度有关。煤的干燥过程实质上是水分从微孔中蒸发的过程，理论上应在接近水的沸点下进行，但实际生产中，煤的干燥和具体的气化工艺及其操作条件又有很大的关系，例如，对于移动床气化而言，由于煤不断向高温区缓慢移动，且水分蒸发需要一定的时间，因此，水分全部蒸发的温度稍大于100℃；而在气流床气化时，由于粉煤是直接被喷入高温区内的，几乎是在2000℃左右的高温条件下被瞬间干燥。

综上，增加气体流速、提高气体温度都可以增加煤的干燥速度。若煤中水分含量低、干燥温度高、气流速度大，则干燥时间短；反之，煤的干燥时间就长。煤干燥过程的主要产物是蒸汽，以及被煤吸附的少量一氧化碳和二氧化碳等。

（2）煤的干馏　煤是由生物经复杂生物化学作用和物理化学作用转变而成的，是含碳、氢、氧、氮和硫等元素的极其复杂的有机化合物，并夹杂一部分无机化合物。当加热时，分子键的重排将使煤分解为挥发性的有机物和固定碳。挥发分实质上是由低分子量的氢气、甲烷和一氧化碳等化合物及高分子量的焦油和沥青的混合物构成的。

对移动床，煤气化过程的热解从温度和工艺条件分析，基本接近于低温（500~600℃）干馏。从还原层上来的气体基本不含氧气，而且温度较高，可以视为隔绝空气加热即干馏。而对于沸腾床和气流床气化工艺，由于不存在移动床的分层问题，因而情况稍微复杂，尤其对于气流床来讲，煤的几个主要变化过程几乎瞬间同时进行。

（3）煤的热解　煤的加热分解除了和煤的品位有关系，还与煤的颗粒粒径、加热速度、分解温度、压力和周围气体介质有关系。

无烟煤中的氢和氧元素含量较低，加热分解仅释放出少量的挥发分；烟煤加热时经历软化为类原生质的过程，在煤颗粒中心达到软化温度以前，开始分解出挥发分，同时其本身发生膨胀基本没有关系；当颗粒粒径大于$100\mu m$时，热解速率取决于挥发分从固定碳中的扩散逸出速率。

压力对热解有重要影响，随着压力的升高，液体碳氢化合物相对减少，而气体碳氢化合物相对增加。

通常，在200℃以下，并不发生热解作用，只是放出吸附的气体，如水等；当大于200℃时，才开始发生煤的热解，释放出大量的蒸汽和二氧化碳，同时，有少量的硫化氢和有机硫化物释放出；继续升高温度，当达到400℃左右时，煤开始剧烈热解，释放出大量的甲烷和同系物、烯烃等，此时煤转变为塑性状态；当温度达到500℃时，开始产生大量的焦油蒸气和氢气，此时塑性状态的煤因分解作用的进行而变硬。

煤的热解结果生成三类分子：小分子（气体）、中等分子（焦油）和大分子（半焦）。对单纯热解作用的气体组成而言，煤气热值随煤中挥发分的增加而增加；随煤的变质程度的加深，氢气的含量增加，而烃类和二氧化碳的含量减少。煤中的氧含量增加时，煤气中二氧化碳和水的含量增加。煤气的平均分子量随热解的温度升高而下降，即随着温度的升高，大分子变小，煤气数量增加。

（4）煤的氧化和还原反应  煤气化过程中存在许多化学反应，既有煤和气化剂之间的反应，也有气化剂与生成物之间的反应。可以用影响化学反应平衡和化学反应速率的一般规律来讨论这些重要的煤气化反应。具体反应式如下：

$$C+O_2 \Longleftrightarrow CO_2（放热） \tag{6-5}$$

$$2C+O_2 \Longleftrightarrow 2CO（放热） \tag{6-6}$$

$$C+CO_2 \Longleftrightarrow 2CO（放热） \tag{6-7}$$

$$C+2H_2O \Longleftrightarrow CO_2+2H_2（放热） \tag{6-8}$$

$$C+2H_2O \Longleftrightarrow CO_2+2H_2 \tag{6-9}$$

$$C+H_2O \Longleftrightarrow H_2+CO \tag{6-10}$$

首先是煤的燃烧反应，通过燃烧一部分燃料来维持气化工艺过程中的热量平衡。煤的燃烧是指煤在空气、富氧空气或氧气中，当温度达到着火点时剧烈氧化，放出大量热量的过程，完全燃烧时生成二氧化碳，而不完全燃烧时则生成一氧化碳。不论采用哪一种具体的气化工艺，产生的热量基本上用于以下几方面：灰渣带出的热量、蒸汽和碳的还原反应需要的热量、煤气带走的热量，以及传给水夹套和周围环境的热量。其次是还原反应，包括碳和二氧化碳的反应，以及蒸汽和碳之间的反应，是制煤气的主要反应，主要生成一氧化碳和氢气。综上，煤气化过程的两类主要反应即燃烧反应和还原反应是密切相关的，是煤气化过程的基本反应。

**2. 煤气化技术分类**

煤气化技术是利用空气或氧气，使煤炭发生部分氧化反应，生成以 $CO+H_2$ 为主要成分的粗合成气过程。气化反应器（气化炉）是煤气化的核心设备，依据气化炉的操作状态不同，按照最常用的流体力学状态分类，主要包括气流床（Entrained Flow Bed）、固定床（Fixed Bed）和流化床（Fluidized Bed）三种类型。

（1）气流床气化技术  气流床气化技术理论上适用于任何煤种，但考虑到技术应用综合效益，建议选取粒径较小、比表面积较大、灰熔点较低的煤种。气流床气化技术反应温度高，以氧气为气化剂，反应过程中可适当加入水蒸气，控制炉膛温度，减少氧气消耗量。气流床气化技术根据原料输送性能可分为湿法气流床气化技术与干法气流床气化技术两种类型。

气化炉

湿法气流床气化技术流程如图 6-6 所示，原料以水煤浆或水炭浆形式同气化剂一起进入炉内，在气化剂作用下发生各种反应。该技术的优点：原料选择范围广，进料参数可控性较强，操作流程简单，碳化转化率较高，粗煤气质量高，煤气化过程中产生的污染物较少。该技术的缺点：喷嘴、耐火砖应用周期较短，煤耗量与氧耗量较高，系统材料质量与性能要求较高。

干法气流床气化技术主要是指原料以粉煤形式同气化剂一起进入炉内，在气化剂作用下发生各种反应。该技术的优点：煤种适应范围广，气化强度大，气化效率高（最高可超过99%），氧耗、煤耗量低（约是湿法气流床气化技术的 70%～85%），维修成本低，运转周期长，热效率高（最高可超过 98%）等。该技术的缺点：气化压力低（约是湿法气流床气化技术的 37%～50%），运行稳定性较差，气化炉结构复杂，粉煤制备投资成本高等。

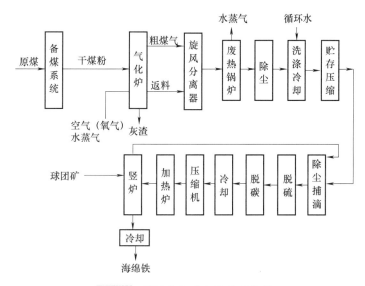

图 6-6　湿法气流床气化技术流程

（2）流化床气化技术　流化床气化技术以细粒煤（如褐煤、烟煤、次烟煤等）为原料，以空气、氧气、富氧等为氧化剂，以蒸汽、二氧化碳等为气化剂，反应过程中煤粒在反应装置中呈现悬浮（流化）状态，气体与固体能够充分混合。通常，流化床气化技术多用于民用燃气、工业染料、合成气体等大中规模生产，操作压力为常压 3.0MPa，单台最大处理量为 150~2000t/d，单台有效气产量为 10000~80000Nm³/h。

应用比较广泛的流化床气化技术包括以下三种：

1）灰熔聚流化床煤气化技术：该技术成熟度较高，适用褐煤、烟煤、次烟煤、无烟煤、石油焦等，气化反应区域内温度均匀性较高，气化温度较高，约为 1000~1100℃。某企业配套煤气工程中应用 3 台灰熔聚流化床气化炉，单台气化炉处理量达到 450t/d，单台产气量达到 30000~38000Nm³/h。

2）复合流化床气化技术：该技术是灰熔聚流化床气化技术创新下形成的一种新流化床气化技术。该技术将灰熔聚流化床与干煤粉气流床气化炉相结合，使系统具备灰熔聚流化床工艺与干煤粉气流床气化工艺优势，有效提高了流化床气化技术碳转化率，增加了有效气体产量。

3）多段分级转化流化床气化技术：该技术是针对合成天然气大规模生产研发的流化床气化技术。该技术汲取不同流化床气化技术优势，在工艺与设备创新下，实现煤热解过程、气化过程、燃烧过程有机结合。多段分级转化流化床气化技术以长焰煤、褐煤为主要原料，碳转化率可达到 90% 以上，冷煤气效率可达到 72% 以上。

（3）固定床气化炉　固定床气化炉是最早研发的气化炉，它与燃煤的层燃炉类似，炉子下部为炉排，用以支承上面的煤层。通常，煤从气化炉的顶部加入，而气化剂（氧或空气和蒸汽）则从炉子的下部供入，因此，气-固间是逆向流动的。这种气化炉和燃煤的层燃炉一样，对煤的粒径有一定的要求。

IGCC 固定床气化炉有两种煤气出口的设计。一种设计是将粗煤气唯一出口位置设计在干燥区上面煤层的顶部，称为单段气化炉，此时出口处煤气的温度为370~590℃，在此煤气温度下，气化的油和煤焦油等会发生裂解和聚合反应，从而生成彼一时质焦油和沥青。同时，高温煤气穿过煤层时产生的剧烈干馏会使煤发生爆裂，产生大量煤尘，并随粗煤气一起带出气化炉，进而造成粗煤气质量较差。另一种设计是有两个煤气出口，除了一个在干燥区上部的出口外，还有一个在气化区的顶部，煤气产量的一半从这个出口离开气化炉。由于流经挥发分析出区和干燥区的煤气量只有单段炉的，有利于防止由于煤的爆裂而产生的大量煤尘，而且不会产生彼一时质焦油和沥青。因此，两段炉产生的粗煤气质量较好。用于IGCC系统的固定床气化炉主要是鲁奇炉。世界上最早的德国IGCC示范厂采用的就是鲁奇固定床单段固态排渣气化炉。鲁奇炉最大的缺点：使用焦结性煤时，容易造成床体阻塞，使气流不畅，煤气质量不稳定。此外，煤在气化炉内缓慢下移至变成灰渣需停留0.5~1h，因而单炉的气化容量设计偏小。而且，排出的煤气中还含有大量的沥青、煤焦油和酚等，造成煤气的净化处理困难。

为改善上述问题，同时进一步强化煤的气化过程，英国在固态排渣鲁奇炉的基础上，将其发展成液态排渣鲁奇炉。液态排渣气化炉燃烧区的温度较高，因而有利于提高煤的氧化速率和碳的转化率，缩短煤在炉内的停留时间，对煤粒直径的要求比固态排渣炉宽，但颗粒尺寸小于6mm的要限制在10%以下。液态排渣气化炉具有以下特点：碳转化率是三种气化炉中最高的，排渣的物理热损失大；相对安全可靠；煤气生产能力有限，是三种炉型中能力最低的。

### 6.2.3　IGCC技术的关键工艺

**1. 气化炉参数**

采用热力学平衡方法对气化炉进行模拟，模拟过程保证物质进出口的质量平衡、构成煤各元素的原子守恒及过程能量平衡，结合转化率作为动力学参数修正平衡模型。气化炉中发生的主要反应如下：

$$C + H_2O \rightleftharpoons CO + H_2 \tag{6-11}$$

$$CO + H_2O \rightleftharpoons CO_2 + H_2 \tag{6-12}$$

$$C + 2H_2 \rightleftharpoons CH_4 \tag{6-13}$$

$$3C + 2O_2 \rightleftharpoons 2CO + CO_2 \tag{6-14}$$

$$N_2 + 3H_2 \rightleftharpoons 2NH_3 \tag{6-15}$$

$$COS + H_2O \rightleftharpoons H_2S + CO_2 \tag{6-16}$$

气化炉的能量平衡主要由气（空气/氧气）煤比、水（汽）煤比、气化炉操作温度、热损失四个因素决定。

**2. 湿法除尘及灰水处理**

湿法除尘是一种利用分散洗涤液液体生成的液滴、液膜和气泡捕集气流中粉尘的方法。文丘里除尘器是一种常见的湿法除尘装置，主要是在除尘过程中采用高速气流雾化的水滴捕集烟气中的颗粒，除尘效率高，但耗水量较大。它在化工、冶金、电力行业中得到广泛应用。空塔和填料塔也是水洗过程中的重要设备，主要用于发生炉煤气站、水煤气站的冷水洗涤，且在冷煤气净化冷却工艺中冷却和除尘是同时进行的，即空塔、填料塔设备要同时兼具煤气冷却的任务。

　　湿法除尘后的灰水须经灰水处理单元沉淀净化后循环利用，灰水处理工艺流程如图 6-7 所示。灰水经高压闪蒸、中压闪蒸及真空闪蒸后进入沉淀池沉淀，闪蒸出的含气体送往中燃烧。灰水处理单元中涉及的设备为灰水循环水泵及增压水泵。

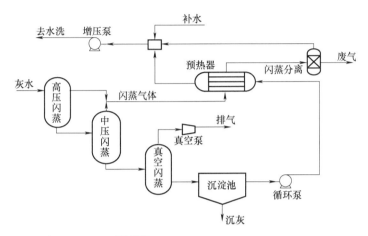

**图 6-7**　灰水处理工艺流程

**3. N-甲基二乙醇胺**（简称为 MDEA）**脱硫**

　　MDEA 是一种对酸性气体具有较强选择性吸收作用的有机胺溶液，在 $H_2S$ 与 $CO_2$ 共存时，MDEA 对 $H_2S$ 的吸收速率远远高于对 $CO_2$ 的吸收速率。MDEA 溶液不与合成气中 COS 反应，因此在脱硫之前通常设置 COS 水解反应器，将 COS 转化为能够吸收的 $H_2S$。如图 6-8 所示，该工艺主要由吸收塔和解吸塔组成。合成气在吸收塔中同 $H_2S$ 逆流接触，产生的富液经节流、预热后在解吸塔再生，酸性气体经回收利用，冷却后的贫液循环回吸收塔。

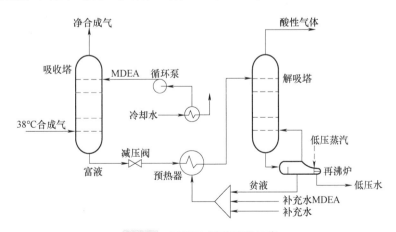

**图 6-8**　**MDEA 脱硫流程示意**

　　选择性吸收过程吸收合成气中几乎全部的 $H_2S$ 以及少量的 $CO_2$，$H_2S$ 的吸收过程为平衡反应方程控制，$CO_2$ 的吸收过程为反应速率方程控制。模型通过气体的蒸发效率来修正 $H_2S$

与 $CO_2$ 偏离平衡的程度，$i$ 成分的气体的蒸发效率 $Eff_{i,v}$ 定义式为

$$Eff_{i,v} = \frac{y_{ij}}{K_{ij}x_{ij}} \quad (6\text{-}17)$$

式中　$y$——气相中气体摩尔分数；

　　　$x$——液相中气体摩尔分数；

　　　$i$——成分；

　　　$j$——当前的板号；

　　　$K$——平衡常数。

**4. Claus+SCOT 硫回收**

脱硫后的酸性气体采用 Claus 硫回收工艺制取单质硫，Claus 硫回收工艺流程示意如图 6-9 所示。

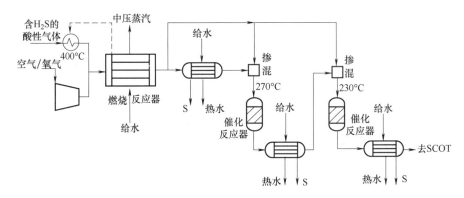

**图 6-9　Claus 硫回收工艺流程示意**

含 $H_2S$ 的酸性气体在燃烧炉燃烧，氧化剂量须满足三分之一的 $H_2S$ 完全燃烧，以保证足够的 $SO_2$ 与 $H_2S$ 反应。反应为放热反应，燃烧温度约为 1000℃。燃烧后的酸性气体中 S 单质经冷凝分离后，气体进入一、二级催化反应装置继续反应，反应所需的温度通过燃烧后的高温气体掺混提供。催化反应器中发生的主要反应式为

$$2H_2S+SO_2 \Longleftrightarrow 3S+2H_2O \quad (6\text{-}18)$$

Claus 硫回收工艺中的尾气中含有少量的 $SO_2$ 与 $H_2S$，为了降低酸性气体的排放，对该部分气体采用还原吸收工艺 SCOT 进一步处置，所发生的主要反应为加氢还原反应，反应式为

$$3H_2+SO_2 \Longleftrightarrow H_2S+2H_2O \quad (6\text{-}19)$$

**5. 深冷空分工艺**

深冷空分工艺是技术成熟、应用广泛的大规模空分技术。其按照压力分为低压空分工艺和高压空分工艺，低压空分工艺操作压力在 6bar 左右，高压空分工艺的操作压力基本在 10bar 以上；按照产品的压缩方式可分为内压缩和外压缩，外压缩流程中，氧以气态形式被压缩送往气化炉，内压缩流程中，氧以液氧形式由液氧泵压缩，复热后送往气化炉，内压缩流程相对而言安全性更高，但能耗略高。典型深冷空分外压缩流程如图 6-10 所示。该空分系统中，空压机、氧压机、氮压机功耗分别受空分系统操作压力、氮气与氧气在 IGCC 系统

中的目标压力（如回注燃烧室压力、气化炉压力）影响。

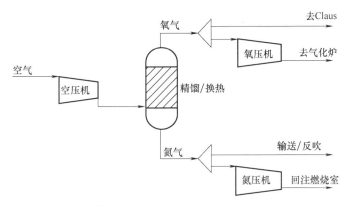

**图 6-10**　典型深冷空分外压缩流程

## 6.3　富氧燃烧技术

富氧燃烧技术通常也称为氧燃料燃烧技术，由空气分离器分离得到的纯氧与循环烟气混合作为燃料燃烧的氧化气体，产生的尾部烟气主要由 $CO_2$ 和 $H_2O$ 组成，通过冷凝处理，可以很容易地将其分离，获得用于储存的高纯度 $CO_2$。20 世纪 80 年代，燃煤电站使用富氧燃烧技术来捕集 $CO_2$，采用较高纯度的氧气取代传统的燃烧空气，并掺混部分由锅炉排出烟气再循环回来的烟气完成燃料的燃烧过程，燃烧所需要的全部氧气均来自专门设置的大规模工业制氧设备。由于采用氧气与再循环的 $CO_2$ 烟气组织煤的燃烧过程，烟气中 $CO_2$ 的浓度可提高到 90% 以上，因此，可以直接将锅炉排出的烟气冷却并压缩得到液态 $CO_2$，避免了昂贵复杂的分离工艺过程，达到捕集与封存 $CO_2$ 的目的，也称为 $O_2/CO_2$ 烟气再循环燃烧技术。该技术需要将燃烧后的烟气进行重新回注燃烧炉，不仅可以降低燃烧温度，而且可进一步提高 $CO_2$ 的体积分数，从而显著降低 $CO_2$ 捕获的能耗，但必须采用专门的纯氧燃烧技术设备和空分系统，投资成本高，且纯氧燃烧技术的大型化仍是难题。

### 6.3.1　富氧燃烧技术原理及工艺过程

富氧燃烧技术利用空分系统制取富氧或纯氧，然后将燃料与氧气一同输送到专门的纯氧燃烧炉进行燃烧，生成烟气的主要成分包括 $CO_2$ 和蒸汽。燃烧后的部分烟道气重新回注燃烧炉，一方面降低燃烧温度，另一方面进一步提高尾气中 $CO_2$ 的浓度，最终尾气中 $CO_2$ 浓度可达 95% 以上。由于烟道气的主要成分是 $CO_2$ 和 $H_2O$，可不必分离而直接加压液化回收处理，从而显著降低 $CO_2$ 的捕集能耗。

以燃煤发电锅炉为例，其采用的富氧燃烧技术是利用空气分离装置制取的富氧空气（$O_2$ 含量在 95% 以上）按一定比例与锅炉尾部排烟的一部分再循环烟气混合，与煤一起送入炉膛，在炉膛内发生与常规燃烧方式类似的燃烧过程，并完成与锅炉工质的传热过程。经除尘与除湿后循环回来的烟气用于维持安全经济的炉膛温度、合理的锅炉辐射，进行对流受热面吸热，以及进行固态或液态排渣。锅炉尾部排出的其余烟气产物经净化后直接压缩冷凝液化，最终可得到液态 $CO_2$，以备运输及进一步处理，一小部分不凝气体经烟囱排放。富氧燃烧原理示意如图 6-11 所示。由于在制氧的过程中绝大部分氮气已被分离，可直接将大部分的烟道气液化回收处理，少部分烟道气（再循环烟气）与氧气按一定的比例送入炉膛，进行与常规燃烧方式类似的燃烧过程。再循环烟道气的量基于其理论燃烧温度值与常规空气燃烧温度值相等的原则确定，以保证常规燃烧室的正常工作。

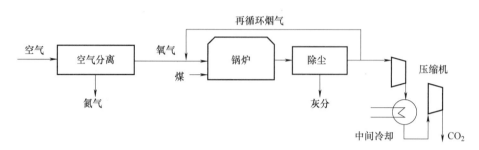

**图 6-11** 富氧燃烧原理示意

理论上，凡需要空气燃烧燃料的场合均可用富氧来代替。富氧燃烧技术在钢铁冶金行业已有应用，在炼铁的过程中，向高炉内喷入各种燃料（如天然气、焦炉煤气、煤粉等）的同时吹入工业纯氧或提高空气中的氧含量进行富氧燃烧，以强化燃烧、促进杂质氧化及强化熔炼。在其他工业炉窑的强化燃烧中也有采用。但是，在火力发电行业，只有在大规模捕集 $CO_2$ 的前提下，富氧燃烧方式才具备实际应用意义，同时才可以大幅度减少，甚至消除燃煤产生的其他污染物的排放。

对不同种类的燃料，采取 $O_2/CO_2$ 烟气再循环燃烧方式的经济性也不同。对氢/碳比值较高的燃料，如天然气，其中氢的燃烧也需要氧气，制备这部分额外的氧气与捕集 $CO_2$ 无关，相对于 $CO_2$ 的捕集量来说，氧气用量比氢/碳比值很低的煤要多。因此，以捕集 $CO_2$ 为目的的 $O_2/CO_2$ 燃烧方式更适合于燃煤发电锅炉。

该技术的主要优点：①燃烧产物中 $CO_2$ 的浓度高（约为95%），可以直接回收；②硫化物 $SO_2$ 也能被液化回收，可省去烟道气脱硫设备；③氮氧化物 $NO_x$ 的生成量减少，因此，有可能不用或少用脱氮设备，减少成本；④常规燃烧中，过量空气确定后燃烧产物的量也相应确定，因此，在考虑燃烧与传热最优化设计时从未将烟道气量作为一个可变的因素加以考虑。而采用富氧燃烧技术后，由于燃烧中的 $CO_2$ 再循环的比例是可变因素，即燃烧产物的量是可以选择的，有可能在燃烧、辐射传热、对流传热等方面做最优化设计，使煤粉的燃烧与燃尽水平、污染物的产生、传热及阻力损失、材料消耗、运行费用等方面达到最优。

## 6.3.2 富氧燃烧技术分类

在富氧燃烧概念的基础上，结合不同种类燃烧装置的特点，人们先后提出了以下几种基于火力发电锅炉的富氧燃烧技术。

**1. 煤粉锅炉富氧燃烧技术**

在常规燃煤粉锅炉上实施烟气再循环 $O_2/CO_2$ 燃烧与捕集 $CO_2$ 技术是研究最早、实施难度相对较小、无明显技术障碍且最先进行工程示范的富氧燃烧技术。此外，由于煤粉锅炉在燃煤火力发电领域应用最多、技术最成熟，富氧燃烧改造对制粉系统、锅炉燃烧、锅炉受热面、辅助设备、烟气净化及蒸汽循环系统影响不大。

煤粉锅炉富氧燃烧与空气燃烧煤粉锅炉类似，煤粉锅炉富氧燃烧系统示意如图 6-12 所示。空气分离装置制取的氧气、再循环烟气与锅炉制粉系统制备的煤粉一起送入炉膛，煤粉在 $O_2/CO_2$ 气氛下燃烧，并依次在炉膛内进行辐射换热及与对流受热面进行对流换热。锅炉排出的烟气中 $CO_2$ 的浓度可达到 80%以上，先经过除尘器，除去绝大部分烟尘，再脱除大部分水分，其中一部分烟气作为再循环烟气送回锅炉。再循环烟气量比例的选取，一般要使其理论燃烧温度值接近常规空气燃烧时的理论燃烧温度，以保证常规燃烧室的正常工作，一般在 70%左右。其余 $CO_2$ 浓度达到 90%以上的烟气经过净化与压缩得到液态 $CO_2$，以备埋存或其他用途。

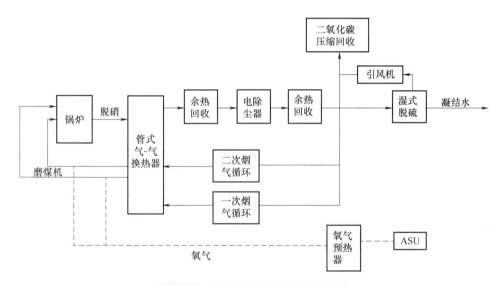

图 6-12　煤粉锅炉富氧燃烧系统示意

和传统燃烧相比，由于氧气浓度提高，燃烧特性有了很大改变，主要体现在以下几方面：①降低着火热和着火温度有利于燃料的点燃；②加快燃烧速率；③提高燃烧温度场；④促进燃料燃烧完全；⑤降低过量空气系数；⑥减少烟气排放量和排烟损失；⑦提高炉膛温度，强化炉内传热，从而改进燃烧，特别是对低发热值的燃料。

锅炉煤粉燃烧采用富氧燃烧方式具有以下优点：①提高锅炉的能源利用率；②采用富氧空气作为氧化剂，可以减小过量空气系数氧化剂的体积，从而减小排烟损失体积量；③可以采用较小的风机提供送风量，还可以促进燃料完全燃烧，减小飞灰含碳量；④提高粉煤的燃尽率、降低烟气排放量。

**2. 循环流化床锅炉富氧燃烧技术**

循环流化床锅炉富氧燃烧技术是一项在循环流化床锅炉燃烧中捕集 $CO_2$ 的技术。其技术原理：利用空气分离后的纯氧和再循环烟气（RFG）替代空气作为氧化剂，燃料燃烧后产生具有高浓度 $CO_2$ 和蒸汽的烟气，经过烟气脱水和净化后可以对 $CO_2$ 直接封存或利用。

循环流化床锅炉富氧燃烧技术 Oxy-CFBC 系统主要由空气分离单元（ASU）、Oxy-CFBC 锅炉、$CO_2$ 压缩纯化单元（CPU）三部分组成，如图 6-13 所示。

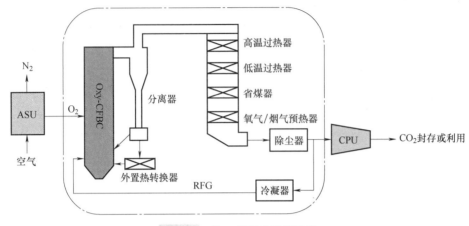

图 6-13　Oxy-CFBC 系统示意

采用循环流化床锅炉富氧燃烧技术，燃烧用氧气纯度在 95% 以上，烟气中 $CO_2$ 含量 90% 以上，但烟气再循环比例大幅度减小，可以炉内脱硫，烟气直接压缩捕集 $CO_2$。该技术具有的主要优点：①由于富氧燃烧的循环流化床锅炉的炉膛截面与再循环烟气量可以较大幅度减小，因此，锅炉、风机、烟道等设备的投资及运行维护费用均相应降低；②循环流化床锅炉富氧燃烧无须设置独立的脱硫装置，而且炉内脱硫率也比空气燃烧的循环流化床高，主要是由于高浓度的 $CO_2$ 抑制了石灰石的烧结，以及部分烟气参与再循环，增加了烟气中 $SO_2$ 在炉内的停留时间，提高了石灰石和 $SO_2$ 的反应概率等因素，也可以不在炉内脱硫，而在烟气压缩液化 $CO_2$ 过程中回收 $SO_2$；③循环流化床锅炉富氧燃烧系统较煤粉富氧燃烧锅炉简单，在捕集 $CO_2$ 方面更具有技术优越性；④由于再循环烟气量减小而导致排烟量增加，因此，由排烟损失带来的锅炉热效率提高幅度会小于煤粉富氧燃烧锅炉。但是，燃煤循环流化床锅炉自身也存在的一些问题，如受热面磨损、运行控制难度大等。

**3. 增压富氧流化床燃烧锅炉技术**

将锅炉燃烧系统的烟气侧压力提高到 6~7MPa，采用增压富氧流化床燃烧锅炉技术，燃烧用氧气纯度在 95% 以上，采用烟气再循环，烟气中 $CO_2$ 含量在 90% 以上，烟气水分的汽化潜热可以回收利用，在常温下能够直接冷却得到液化的 $CO_2$，并可实现与电站热力系统的经济整合。燃煤增压富氧流化床锅炉整体化发电系统流程如图 6-14 所示。在增压富氧流化床锅炉中完成煤的富氧燃烧与炉内换热，从增压富氧流化床锅炉出来的烟气首先流经省煤器，再到排烟冷凝器加热凝汽器出来的低温锅炉给水，释放了水分的汽化潜热并脱除了水分的高压烟气的一部分，作为再循环烟气送回锅炉燃烧室，完成富氧燃烧，另一部分高压烟气直接送入 $CO_2$ 冷凝器，采用略低于常温的水进行冷却即得到液态 $CO_2$。

将增压富氧流化床锅炉技术用于增压富氧燃烧系统，比用于蒸汽-燃气的联合循环系统更能体现其优越性，其省去了高温高压烟气除尘净化处理，且不存在燃气轮机的磨损等问题，还可以燃烧褐煤及生物质等高水分燃料。另外，增压富氧流化床燃烧系统只是与热力系统的回热加热器整合，与发电机组参数是亚临界还是超临界基本无关。综合比较，增压富氧流化床燃烧锅炉技术是迄今为止可以有效捕集 $CO_2$ 并维持较高经济性的较理想的燃煤火力发电技术。

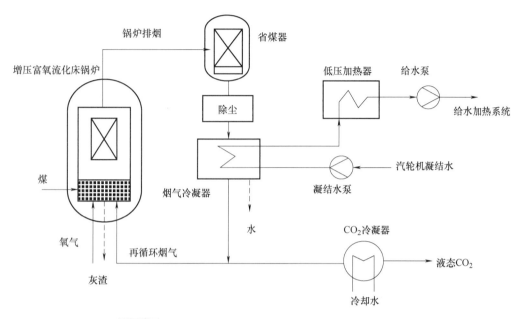

图 6-14　燃煤增压富氧流化床锅炉整体化发电系统流程

**4. 氧气与空气混合燃烧的富氧燃烧技术**

氧气与空气混合燃烧的富氧燃烧技术采用空气为主、纯氧气为辅的混合燃煤方式，燃烧气体中氧气含量范围在 30% ~ 40%，取消烟气再循环，烟气中 $CO_2$ 含量范围在 30% ~ 40%；采用物理吸附方法分离烟气中的 $CO_2$，再压缩液化，并与电站热力系统整合。氧气与空气混合燃烧系统示意如图 6-15 所示。

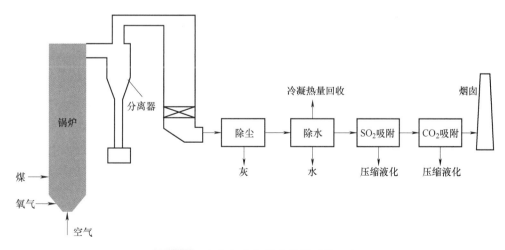

图 6-15　氧气与空气混合燃烧系统示意

氧气与空气混合燃烧的富氧燃烧技术主要优点包括：

1）与纯氧燃烧方式相比，微富氧燃烧技术显著地降低了氧气的消耗量，纯氧气需要量减少至纯富氧燃烧的2/5左右，从而降低了ASU的功耗。

2）不再采用烟气再循环，简化了烟气系统与运行维护费用；与空气燃烧相比，排烟烟气量有所减少，炉内燃烧改善，锅炉效率提高2%以上。

3）适合采用循环流化床燃煤锅炉技术，$NO_2$污染物排放量也可大幅度降低。由于烟气中$SO_2$被吸附利用，因此不必采用石灰石炉内脱硫，也回避了炉内脱硫效率较低且石灰石耗量大的缺点。

4）实现在干法条件下$CO_2$与$SO_2$一体化脱除和封存，具有工艺简单、占地面积小、能耗较低且与电站热力系统整合及$SO_2$资源化利用等优点，且使整体发电效率相对于空气燃烧方式下降不多，并优于纯富氧燃烧技术。

**5. 蒸汽调节富氧燃烧技术**

蒸汽调节富氧燃烧技术将氧气（纯度达95%以上）与一定比例的蒸汽混合送入炉膛，与燃料一起燃烧，不采用再循环烟气调节炉膛火焰温度，而用蒸汽参与燃烧过程来实现火焰温度的调节。锅炉尾部排烟中的大量蒸汽可在下游烟气处理过程中冷凝为液态水，既保证烟气中高浓度的$CO_2$，也省去了烟气再循环系统，简化了辅助设备。

蒸汽调节富氧燃烧技术对常规富氧燃烧技术进行了改进。常规富氧燃烧技术不仅需要烟气再循环，还需要对烟气进行冷凝脱水处理。而蒸汽调节富氧燃烧技术不采用再循环烟气调节炉膛中火焰温度，而选用蒸汽参与燃烧过程来实现火焰温度的调节。在蒸汽调节富氧燃烧系统中，高纯度氧气与一定比例蒸汽混合送入炉膛，与燃料一起燃烧，并完成传热过程。锅炉尾部排烟中的大量蒸汽可在后面烟气脱水处理的过程中冷凝为液态水，同时获得高浓度的$CO_2$烟气，完成$CO_2$的捕集。因此，蒸汽调节富氧燃烧系统省去了烟气再循环系统，但是，烟气脱水冷凝设备的负荷大大增加。

蒸汽调节富氧燃烧系统示意如图6-16所示。从空气分离装置出来的氧气与从二次能量回收系统出来的蒸汽按所需比例混合送入炉膛，与煤粉组织燃烧。在锅炉出口处，锅炉尾部排烟中包含大量蒸汽、相对较少量的$CO_2$、少量漏入的$N_2$和过量$O_2$。锅炉排烟首先送入二次能量回收系统来加热补水提供锅炉燃烧时所需混入的蒸汽，接着进入静电除尘器中除去灰粒。从静电除尘器出来的烟气送入烟气冷凝器进行冷凝处理，干燥烟气送入烟气处理设备进行压缩液化，以备进一步的处理。同时，在烟气冷凝中被加热的水作为补水进入二次能量回收系统继续加热至蒸汽，作为调节蒸汽送入炉膛。

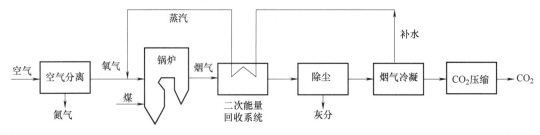

**图6-16　蒸汽调节富氧燃烧系统示意**

## 6.4　化学链燃烧技术

化学链燃烧（CLC）技术是一项可以高效捕集 $CO_2$ 的技术。该技术中燃料和空气不直接接触，无须消耗额外能量即可将 $CO_2$ 从燃烧产物中直接分离出来，实现了燃烧和分离一体化，还可以控制 $NO_x$ 生成。另外，化学链燃烧系统还实现了能量的梯级利用，拥有更高的能量利用效率和环境友好性。

化学链燃烧过程为金属氧化物与燃料发生反应被还原后，再与空气反应被氧化，再将金属氧化物与燃料反应构成循环，该过程即为化学链燃烧的基本过程和原理。化学链燃烧是将原本的燃料燃烧反应分解，利用载氧体从空气中获得氧气并向燃料提供晶格氧，使燃料发生氧化，生成二氧化碳和 $H_2O$，通过冷凝蒸汽提纯 $CO_2$ 并实现捕集。若利用 CLC 反应器代替现有燃烧设备组成新的联合循环发电系统，将有望实现燃料的高效利用和 $CO_2$ 近零排放。化学链燃烧具有 $CO_2$ 内分离性质，并能降低 $NO_x$ 生成量和提高能源利用率，符合社会和经济可持续发展的需求，是一种高效、低污染的新型"燃烧"方式。化学链燃烧技术和现有的技术耦合将会大大降低 $CO_2$ 捕集成本。

对化学链燃烧技术的研究主要集中在三个方面：载氧体、反应器和化学链燃烧反应系统，包括：①载氧体的选择与性能研究；②化学链燃烧反应器的设计与优化；③化学链燃烧反应系统分析及与其他技术的耦合。

### 6.4.1　化学链燃烧基本原理

化学链燃烧技术的原理就是将传统的燃料与空气直接接触的燃烧反应借助于载氧体的作用分解为两个反应：一个是还原状态的载氧体和空气中氧在氧化反应器（也称为空气反应器）中发生的氧化反应；另一个是氧化状态的载氧体和燃料在还原反应器（也称为燃料反应器）中发生的还原反应。载氧体的这两个反应分别在两个反应器之间循环交替进行，实现氧的转移和燃料的燃烧。燃料与空气不直接接触，是一种无火焰的燃烧方式。化学链燃烧的原理如图 6-17 所示。

化学链燃烧

CLC 系统由空气反应器、燃料反应器和载氧体组成。其中载氧体由金属氧化物（MeO）与载体组成，金属氧化物是真正参与反应传递氧的物质，而载体是用来承载金属氧化物并提高化学反应特性的物质，通常使用天然气、氢气等作为燃料气体。

燃料与金属氧化物首先在还原反应器内发生还原反应，生成 $CO_2$ 和 $H_2O$，金属氧化物与燃料进行隔绝空气的反应，产生热能、金属单质（Me）、$CO_2$ 和水，$CO_2$ 产生在还原反应器中，从而避免空气对 $CO_2$ 的稀释。金属单质再输送到空气反应器中与氧气进行反应，从而生成金属氧化物。反应生成的 $CO_2$ 和水处于反应器中，因此易于实现 $CO_2$ 的捕集。以金属氧化物载氧体（$Me_xO_y$）为例，具体反应式为

$$C_xH_y+\left(2x+\frac{y}{2}\right)MeO=xCO_2+\frac{y}{2}H_2O+\left(2x+\frac{y}{2}\right)Me-H_{red} \tag{6-20}$$

$$\left(2x+\frac{y}{2}\right)Me+\left(x+\frac{y}{4}\right)O_2=\left(2x+\frac{y}{2}\right)MeO-H_{ox} \tag{6-21}$$

$$C_xH_y + \left(x + \frac{y}{4}\right)O_2 = xCO_2 + \frac{y}{2}H_2O + H_c \tag{6-22}$$

式中　　$H_{red}$——还原反应热值；

　　　　$H_{ox}$——氧化反应热值；

　　　　$H_c$——总反应热值。

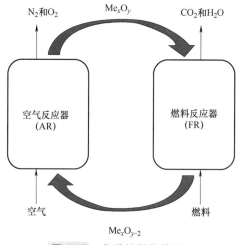

**图 6-17**　化学链燃烧的原理

化学链燃烧的基本原理是借助于载氧体的氧传递作用将反应分解为两个气/固氧化还原反应，燃料与空气无须直接接触，而是通过载氧体将空气中的氧传递到燃料中，化学链燃烧属于新型的无火焰燃烧技术。

化学链燃烧系统通常包含两个反应器：燃料反应器（FR）和空气反应器（AR）。在燃料反应器中，由于没有 $N_2$ 的稀释，燃料的燃烧产物只包含 $CO_2$ 和 $H_2O$，其中 $CO_2$ 的浓度很高，只需要通过简单的冷凝干燥后即可得到高纯的 $CO_2$，从而实现了近零能耗捕集 $CO_2$。另外，从能量利用的角度来看，虽然化学链燃烧反应的反应热总和与传统燃烧反应的反应热相同，化学链燃烧过程并没有增加反应的燃烧焓。但相关研究指出，化学链燃烧将传统的燃烧分解为两步氧化还原反应，具有更高的能量利用效率，可以实现能量的梯级利用，从而可以减少能量的㶲损失。

由于燃料反应器中，燃料仅与固体氧载体颗粒反应，从燃料反应器中出来的烟气没有被 $N_2$ 稀释，$CO_2$ 浓度较高，不需要专门的 $CO_2$ 分离设备，仅经过简单的冷凝除去其中的蒸汽和其他杂质，即可得到几乎纯净的 $CO_2$，实现了零能耗分离 $CO_2$，同时降低了 $CO_2$ 分离设备的投资。另外，传统燃烧方式的燃烧反应温度较高，局部火焰温度可达 2000℃，容易产生 $NO_x$；而化学链燃烧氧化反应器中反应温度较低，且固体颗粒的高热容降低了局部温度，可有效避免 $NO_x$ 的产生。因此，化学链燃烧还被认为是一种有效控制 $NO_x$ 排放的洁净燃烧方式。

通过对燃料直接燃烧和化学链燃烧的化学能品位和㶲损失的比较，发现化学链燃烧反应化学能品位与热烟品位之差小于直接燃烧时的化学能品位与热烟品位之差，同时化学链燃烧利用吸热的还原反应将中低温热源的品位提升到燃烧反应温度下的热烟品位，增加了系统做功能力。CLC 技术的优势包括：①在无焰燃烧过程燃料通常不与气体分子氧直接接触，从而大幅度降低了燃料型氮氧化物（$NO_x$）的生成；②通过分步燃烧的方式，在没有额外能量损失的情况下实现了 $CO_2$ 原位分离，还实现了能量的梯级利用，比传统燃烧技术具有更高的利用效率，极大地降低了二氧化碳捕集的成本；③在理想燃烧工况下，燃料反应器出口烟气中仅含有 $CO_2$ 和蒸汽，减少对环境的排放污染。

CLC 技术的缺点也很明显，以煤化学链燃烧为例，焦炭在燃料反应器内的气化反应是一个缓慢的反应过程，是限制煤化学链燃烧过程的主要因素，也是实现燃料高效转化的重大挑战。煤作为固体燃料在燃烧反应器内的反应过程面临的关键技术问题主要包括：①焦炭气化速率受限。焦炭颗粒在燃料反应器内停留的时间过短，焦炭的气化反应将会受到限制，造成含碳气体产物减少，从而导致碳转化率降低；②$CO_2$ 捕集效率较低。残余的焦炭颗粒被载氧体携带，从燃料反应器逃逸至空气反应器，空气反应器出口烟气中的含碳气体无法实现有效捕集；③气体燃烧效率较低。燃料反应器内的气固分布不均，以及气泡、团簇和节涌的存在，使可燃性气体与载氧体的接触受阻，导致反应器内需氧量较高，气体燃烧效率较低。同时可燃性气体不能完全燃烧，部分载氧体颗粒也无法深度还原。

## 6.4.2　化学链燃烧技术的要素

### 1. 载氧体

载氧体颗粒通过在空气反应器和燃料反应器中循环流动，不断地为燃料反应器中还原反应提供所需要的氧，同时将空气反应器中氧化反应产生的热量传递给燃料反应器。载氧体是实现化学链燃烧技术的关键，从反应过程看，化学链燃烧系统中起主导作用的是还原过程，因为氧化反应过程即使没有完全反应，最后排出的也只是多余的 $N_2$ 和 $O_2$，不会造成污染或损失。但如果还原反应没有完全反应，还原反应器排出的气体中会混有未反应完全的燃料气体，增大了分离 $CO_2$ 的难度，同时载氧体一般都是循环使用的，其循环反应特性、抗积炭能力及机械强度在化学链燃烧的应用中都是至关重要的；另外，由于循环材料的氧化和还原反应为气-固反应（个别为固-固反应），固体颗粒的性质对气-固反应动力学特性影响很大，因此，适合于不同燃料的高性能氧载体是化学链燃烧能成功实施的先决条件。制备或合成具有较高的反应能力、稳定的循环特性、抗积炭能力好和机械强度高的氧载体一直是化学链燃烧研究的主要方向。

不同载氧体的物性差异导致载氧能力和化学反应速率不同，载氧体颗粒反应过程中会发生磨损、烧结和团聚等现象。应用的载氧体主要集中在金属类载氧体和非金属类载氧体。金属类可分为镍基载氧体、铜基载氧体、铁基载氧体、锰基载氧体和复合金属氧化物载氧体；非金属类载氧体主要为硫酸盐类载氧体。各类载氧体的优、缺点如下：

（1）镍基载氧体　镍基载氧体具有很高的活性、较强的抗高温能力、较低的高温挥发性和较大的载氧量，所以较早地受到关注。但其存在价格昂贵和对环境有害等不足，反应产物中一般有 CO 和 $H_2$ 产生，碳沉积严重等缺点阻碍其发展。

（2）铜基载氧体　铜基载氧体具有较高的活性、较大的载氧能力，而且不易与载体发生反应，碳沉积现象也较少。但铜金属氧化物较低的熔点使得其在高温下易发生分解，降低了在高温下运行的活性。

（3）铁基载氧体　铁基载氧体具有相对较高的活性，其较高的熔点使得其可以在高温下也能维持较好的反应性，而且具有稳定性好和不易发生碳沉积作用等优点。其存在的不足在于和他几种常用金属载氧体相比，反应性稍差。但相对于镍、钴等载氧体，它具有来源广泛和环保等优势，是一种非常经济且有应用前景的载氧体。

（4）锰基载氧体　锰是一种高活性元素，其氧化物常被用来制备载氧体。相比镍、铜、铁基等载氧体各自的优缺点，它相对折中的性价比可使得其成为一种良好的载氧体。对锰基载氧体的开发现阶段主要集中在制备和测试复合载氧体。

（5）复合金属氧化物载氧体　由于各种单金属氧化物构成的载氧体均存在自身难以克服的缺点，而多种金属氧化物之间发生的相互协同作用能够有效抑制高温下的相态转变和焦炭的产生，使得载氧体能够维持高活性和高温稳定性。

（6）非金属类载氧体　研究对象主要包括 $CaSO_4$、$BaSO_4$、$SrSO_4$ 等硫酸盐非金属载氧体，其具有载氧能力大、物美价廉等优点。但其存在的不足是在高温反应过程中易发生分解反应，生成 $SO_2$ 等有害气体。而且其较低的机械强度也是一个重要的限制因素。

载氧体的制备方法主要包括机械混合法、浸渍法、分散法、冷冻成粒法、溶胶-凝胶法等，不同制备工艺对氧载体的性能也有一定的影响。综上所述，载氧体对于化学链燃烧过程至关重要，找到载氧能力大、反应速率高、耐高温、耐蚀性好、抗烧结、抗磨损、环保、价格低廉的载氧体是化学链燃烧获得工业化应用的先决条件。

**2. 化学链燃烧反应器**

在固体燃料化学链燃烧过程中，燃料反应器的角色至关重要，该反应器系统由两个互相连接的流化床——高速提升流化床（即空气反应器）和低速鼓泡流化床（即燃料反应器）组成。化学链燃烧串行流化床系统示意如图 6-18 所示。载氧体在两反应器间循环反应。在燃料反应器中，载氧体颗粒与燃料反应，载氧体颗粒被还原后经溢流装置进入空气反应器。在空气反应器中，载氧体氧化再生后被高速气流带入旋风分离器中进行气固分离，分离出固体载氧体颗粒进入燃料反应器中重新进行还原反应，从而实现了载氧体的不断氧化和还原，也实现了化学链燃烧技术。

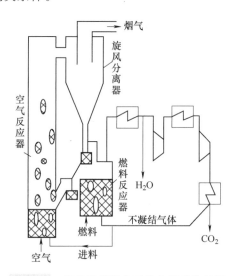

**图 6-18**　化学链燃烧串行流化床系统示意

化学链燃烧系统要求反应器的设计要使得运行过程中气体与固体载氧体能够很好地接触，还原反应器与氧化反应器间循环良好，且尽量避免反应器漏气，这是由于漏气不仅会稀释 $CO_2$ 的浓度，也会降低 $CO_2$ 的捕集效率。

**3. 空气反应器**

空气反应器是载氧体与新鲜空气接触并进行反应的场所，因此，在空气反应器中需要提供充足的氧气，一方面可以满足载氧体颗粒的充分氧化，另一方面为燃料反应器内的吸热反应提供热量传递，从而保证气固体的充分接触和良好的传热传质效率。此外，作为控制系统内循环速率的关键因素，空气反应器的设计应能够保证颗粒循环的稳定性。空气反应器提升管中的气体流化速度应大于固体颗粒的终端流化速度，使得载氧体颗粒在流化风的作用下能够被携带至空气反应器提升管的顶部并进入旋风分离器中，被分离后的高氧势金属氧化物再进入燃料反应器中完成循环。

## 思 考 题

1. 什么是二氧化碳深冷分离技术和二氧化碳低温冷冻氨技术？简述其基本原理。
2. 如何脱出原料气中过多的 $CO_2$？
3. 冷冻氨吸收 $CO_2$ 的工艺优势有哪些？
4. 什么是 IGCC？简述 IGCC 的工艺流程。
5. 什么是煤气化技术？简述主要气化炉的分类及特点。
6. 简述 IGCC 技术的特点。
7. 简述富氧燃烧技术的工艺流程和优点。
8. 简述富氧燃烧技术中氧的来源和制备方法。
9. 简述富氧燃烧技术按照燃烧装置的分类及技术特点。
10. 简述化学链燃烧技术的工艺流程与基本原理。
11. 简述化学链燃烧技术的技术优势。

## 7.1 从空气中捕集二氧化碳的迫切性

### 7.1.1 生物体利用二氧化碳的局限性

在自然界碳循环过程中，植被、浮游生物、藻类等利用太阳能进行光合作用，从空气中固定 $CO_2$ 创造新的生物体。这些生物体经过亿万年，被厌氧生物逐渐转化成煤炭、石油、天然气等化石燃料。但是光合作用将太阳能转化成糖、纤维素、木质素等化学物质的过程效率并不高，是长期而缓慢的。大多数植物的光合效率通常为 0.5%～2%，即使是转化太阳能效率较高的甘蔗，也仅有 8% 左右，比太阳能电池效率（商业系统中为 10%～20%）低很多。当然生物质可以作为生产生物材料和作为有用的化学物质来源，用来燃烧转化成热能或者电能，还可以转化为乙醇、甲醇或生物柴油等液体燃料。但按照现阶段的世界能源消耗情况，生物质仅能满足能源需求的 10% 左右。

生物质作为能量来源，不像其他可再生能源，其能够以化学键的形式稳定地储存能量。同时，生物质提供的能源形式多样，包括：固体燃料，如木材或作物残留物；液体生物燃料，如乙醇和生物柴油；气体燃料，如沼气或合成气。从环保的角度来看，生物能源是植物利用光合作用捕获空气中的 $CO_2$ 形成的，整个过程中未实现净 $CO_2$ 排放，难以减缓温室效应带来的气候变化的速度。此外，采用粮食作物生产生物乙醇、生物柴油等生物燃料仍存在争议。粮食作物越来越高的价格和政策补贴使得大量的森林、草原和牧地被开垦成农田，尤其是在东南亚和美洲。在通过这种方式增加耕地面积的过程中，树叶和其他植物组织腐败产生了大量的 $CO_2$，这些 $CO_2$ 被称为"$CO_2$ 负债"。

生物体通过光合作用或化能合成作用可以利用 $CO_2$ 制造有机物，并释放出氧气。这是自然界中最主要的 $CO_2$ 循环过程，也是维持生命和生态平衡的基础。但是，由于人类活动的影响，大量燃烧化石燃料和毁林开荒等，导致大气中的 $CO_2$ 排放量远超过生物体利用 $CO_2$ 的能力，造成了全球碳循环失衡和大气温室效应加剧。据统计，2019 年全球 $CO_2$ 排放量达到了 369 亿 t，而全球陆地植被和海洋生物每年只能吸收约 250 亿 t 二氧化碳。因此，仅靠生物体利用 $CO_2$ 是无法有效降低大气中的 $CO_2$ 浓度的，需要采取其他措施来减缓或逆转全球变暖的趋势。

生物体利用 $CO_2$ 的过程中存在一些局限性和挑战，主要包括：

1）外部 $CO_2$ 浓度限制：许多生物体对 $CO_2$ 的利用受到环境中二氧化碳浓度的限制，而较低的 $CO_2$ 浓度会限制光合作用速率和生物体的生长。

2）混合碳源：某些生物体需同时利用 $CO_2$ 和有机碳作为碳源，而不仅依赖于 $CO_2$。例如，某些微藻类会在有机碳可用时优先利用有机碳，并对 $CO_2$ 的利用产生竞争。

3）能量需求：将 $CO_2$ 转化为有机物需要消耗能量。这些能量来自光合作用或其他代谢途径。因此，生物体在利用二氧化碳时需要平衡能量获取和利用的关系，这可能对其生长和繁殖产生影响。

## 7.1.2　二氧化碳捕集和封存技术的局限性

为了降低大气中的 $CO_2$ 浓度，一种常见的方法是在工业或能源生产过程中捕集并封存 $CO_2$，即二氧化碳捕集与封存（CCS）技术。CCS 技术可以分为三个步骤：捕集、运输和封存。捕集是指将 $CO_2$ 从电厂、工厂或其他排放源分离并收集；运输是指将捕集到的 $CO_2$ 通过管道或其他方式运送到合适的地点；封存是指将 $CO_2$ 注入地下咸水层、油田、煤层或其他地质结构中，使其与大气长期隔离。

CCS 技术存在的最大难题是运输成本太高。管道运输是输送大量 $CO_2$ 的最经济方法，其成本主要由以下部分组成：基建、运行维护、设计、保险等其他费用。由于管道运输技术成熟，其成本下降空间不大。此外，运输路线的地理条件对成本影响很大，例如陆上管道成本比同样规模的海上管道高 40%～70%。当运输距离较长时，船运将具有竞争力，船运的成本与运距的关系极大。当输送 500 万 t $CO_2$ 到 500km 的距离，每吨 $CO_2$ 的船运成本为 10～30 美元（或 5～15 美元/250km）。当运距增加到 1500km 时，每吨 $CO_2$ 的船运成本为 20～35 美元（或 3.5～6.0 美元/250km），与管道运输成本相当。

以现阶段的速度，人类每年向空气中净排放的 $CO_2$ 一半来自发电厂和水泥制造厂之类的集中排放，另一半来自家庭和办公室供暖、降温、交通运输工具等分散的排放源，且难以作为 $CO_2$ 的捕集源，技术操作性或是经济可行性比较低。虽然从技术角度来讲，从汽车上直接捕集 $CO_2$ 是可行的，但成本过高，而且 $CO_2$ 捕集之后需要运送到封存点，这需要额外的配套基础设施。由于会增加飞机的载重，从飞机上捕集 $CO_2$ 的可行性则更低。以家庭或办公室为基本单位，捕集和运输的成本也过高。因此，CCS 技术主要针对发电厂这样集中、固定的 $CO_2$ 排放源。

## 7.1.3　空气中直接捕集二氧化碳的原理及分类

直接空气捕集（Direct Air Capture，简称为 DAC）技术被认为是一项极具发展前景的碳捕集技术。DAC 技术是指通过工程系统从环境空气中去除 $CO_2$ 的技术，该技术可以有效降低大气中的 $CO_2$ 浓度，并且不受排放源的位置和类型的限制。DAC 技术可以分为两种类型：液体 DAC 和固体 DAC。液体 DAC 是指利用化学溶液来吸收空气中的 $CO_2$，并通过加热或变压来再生溶液和释放 $CO_2$；固体 DAC 是指利用固体吸附剂来吸附空气中的 $CO_2$，并通过加热或变压来再生吸附剂和释放 $CO_2$。大部分 DAC 技术的主要目标是生产不含 $CO_2$ 的空气，而不是得到纯净的 $CO_2$ 气体。从 19 世纪 30 年代开始，空气中直接捕集二氧化碳的技术就被用来防止设备污染和运转不畅，同时 $CO_2$ 还可以制备干冰。此外，如潜水艇和宇宙飞船等封闭的呼吸系统中，必须持续地从空气中吸收多余的 $CO_2$，使系统中 $CO_2$ 的浓度在一定范围内，以保证人类的正常生命活动。若能发展经济和技术上都可行的 DAC 技术，则可稳定甚至降低空气中的 $CO_2$ 含量，对于最终解决 $CO_2$ 问题是十分理想的方案。与 CCS 技术相比，DAC 技术具备一定优势。首先，安装地点的选取相对灵活。DAC 技术在选择安装地点时更加灵活。可以选择拥有丰富风力资源、易于获取可再生电力且距离油田或封存地点较近的地方进行部署，这样有助于降低风机功耗和运输成本。其次，无须考虑杂质气体的影响。DAC 技术不需要考虑一些气体杂质（如 $NO_x$ 和 $SO_x$）的影响，这使得 DAC 技术更为简便、可靠，并且降低了处理过程中的复杂性。最后，可持续利用捕集的二氧化碳。通过 DAC 技术直接捕集的二氧化碳可以作为工业原料投入生产过程，或者用于对土地进行改良，实现碳循环闭环，这种方式有效地将捕集到的碳转化为有用的资源，进一步减少碳排放并推动可持续发展。CCS 技术的优势在于与现有的化石能源体系相容性较好，但这种相容性也限制了 CCS 技术应用的速度和 CCS 工厂的设计规模。整合 CCS 技术的发电厂必须在地理位置和规模上和一个现有的发电厂相匹配。相反，DAC 技术设备不是一个能源中介，它只是一个能源使用终端，也就是说 DAC 技术与现有的能源体系的交点只是其需要现有的能源体系输送正常运行所需的能量。此外，与生物体利用二氧化碳相比，DAC 技术直接从空气中捕集和利用 $CO_2$，效率比生物质要高很多，并且理论上 DAC 技术能从任何地方捕集 $CO_2$，成本几乎恒定，有望真正使维持甚至降低空气中 $CO_2$ 的浓度成为可能。

DAC 技术的基本原理是利用空气泵将空气吸入收集器，其中 $CO_2$ 被收集在收集器内部的高选择性过滤材料的表面上。待过滤材料充满 $CO_2$ 后，关闭空气泵，将温度提高或压力降低，使 $CO_2$ 从过滤材料上脱附并排出回收，再循环利用过滤材料。

DAC 技术系统基本流程如图 7-1 所示。空气中 $CO_2$ 通过吸附剂被捕集，完成捕集后的吸附剂通过改变热量、压力或温度再生，再生后的吸附剂再次用于 $CO_2$ 捕集，而纯 $CO_2$ 则被储存起来。

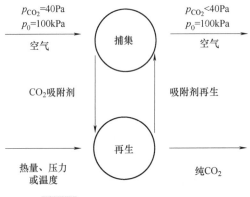

**图 7-1  DAC 技术系统基本流程**

基于该流程，可采取不同吸附剂材料和工艺流程，以及若干 $CO_2$ 捕集方案。按吸附材料相态不同可分为两大类：液体 DAC 材料和固体 DAC 材料。

**1. 液体 DAC 材料**

（1）碱性氢氧化物溶液　代表性碱性氢氧化物溶液主要有 $Ca(OH)_2$、NaOH、KOH 等，其反应原料成本低，但再生能耗较大。针对 $Ca(OH)_2$ 体系对 $CO_2$ 的吸收速率慢、再生能耗高的问题，构建了以 KOH 和 $Ca(OH)_2$ 为核心吸收溶液的工艺。

（2）有机胺溶液　有机胺溶液是典型的化学吸收剂，常见的包括乙醇胺、二乙醇胺和 N-甲基二乙醇胺等。有机胺溶液在固定源 $CO_2$ 捕集领域的应用较成熟，但作为固定源的吸收剂通常不能用于 DAC。其中将吡咯里西啶基二胺溶于聚乙二醇 200（PEG200）溶液可实现在 DAC 中的应用，该体系能够以溶液形式捕集 $CO_2$，且 $CO_2$ 的吸附具有可逆性，同时具有良好的循环稳定性。

（3）氨基酸盐溶液　氨基酸盐具有挥发性小抗氧化能力强、环境危害小等优点，其功能基团与醇胺相同，可以代替醇胺吸收剂。一些氨基酸盐溶液已经在 $CO_2$ 分离领域得到了应用，如宇宙飞船、潜艇等密闭空间内的生命保障系统就曾将氨基酸盐溶液用于 $CO_2$ 脱除工艺。

**2. 固体 DAC 材料**

（1）固体碱（土）金属　固体碱（土）金属包括纯碱（土）金属 DAC 吸附剂与负载型碱（土）金属 DAC 吸附剂。CaO、$Ca(OH)_2$ 及 NaOH 等碱（土）金属的氧化物或氢氧化物是燃烧后 $CO_2$ 捕集的常用固体吸附剂之一。以 CaO 为例，其 $CO_2$ 捕集过程主要包括两步：第一步，CaO 与 $CO_2$ 接触后发生碳酸化反应，转化为 $CaCO_3$；第二步，$CaCO_3$ 煅烧释放出 $CO_2$；上述两步连续循环进行。碱（土）金属的氧化物或氢氧化物同样可应用于空气中 $CO_2$ 的捕集，只是由于空气中 $CO_2$ 的浓度远低于烟气中 $CO_2$ 的浓度，导致空气中直接捕集 $CO_2$ 所需能量大幅增加。另外，在氧化铝、活性炭与分子筛等多孔基质中浸渍碱（土）金属的氧化物或氢氧化物，得到的混合固体吸附剂。由于反应接触面积增大使碳酸化速率增加，因此，认为这种负载型碱（土）金属 DAC 技术也可以用于空气直接捕集 $CO_2$。

碱（土）金属作为活性组分对复合吸附剂的吸附性能有很大的影响，在 $CO_2$ 吸附容量和吸附动力学方面，$K_2CO_3$ 通常优于 $Na_2CO_3$，因此，现阶段多将 $K_2CO_3$ 作为活性组分负载在多孔载体上，此外，载体的性能对活性组分的分散及吸附剂性能也有很大影响。负载型碱（土）金属吸附剂具有吸附效率高与再生稳定性好等优点，但是通常需要在 200℃ 以上的较高温度下再生，再生过程需要消耗较多能量，因此，高再生温度是负载型碱（土）金属吸附剂实际应用的主要限制因素。

（2）固态胺吸附剂　固态胺吸附剂是通过有机胺与固体多孔材料结合在一起形成的一种吸附材料，胺与 $CO_2$ 在干燥条件下反应生成氨基甲酸铵，或在有水条件下反应生成碳酸铵或碳酸氢铵。即使在空气中 $CO_2$ 分压较低的情况下，负载的胺也可与空气中的 $CO_2$ 反应从而进行高效捕集，且其再生也较容易。因此，固态胺吸附剂捕集 $CO_2$ 能够有效降低能耗和成本。

根据制备方法及氨基与载体结合方式不同，可将固态胺吸附剂分为四类，这四类固态胺吸附剂的结构示意如图 7-2 所示。第一类吸附剂基于物理浸渍法将氨基与载体通过物理吸附作用结合，制备方法简单，吸附容量较高但稳定性较差，吸附效果受温度、湿度及吸附/脱附循环次数影响较大；第二类吸附剂利用化学嫁接法使氨基与载体通过化学键结合，耐热性及寿命比第一类吸附剂有所增加，但由于外表面硅羟基数量限制了接枝氨基的数量，使得吸附容量比第一类吸附剂降低；第三类吸附剂利用原位聚合法将胺单体接枝于载体，合成过程比较复杂，但由于富含较多的胺，吸附能力及稳定性能均优于前两类吸附剂；第四类吸附剂是将第一类与第二类吸附剂相结合得到的，具有氨基硅烷接枝的二氧化硅表面，以及由氨基硅烷包围的氨基聚合物组成的浸渍层，关于第四类固态胺吸附剂的研究比较少，但它在 $CO_2$ 吸附方面表现优异。

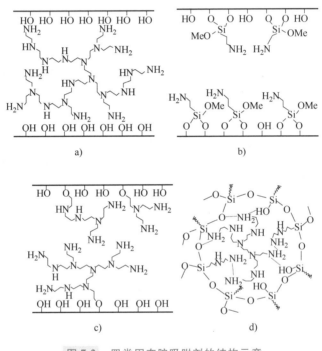

**图 7-2** 四类固态胺吸附剂的结构示意

a) 第一类  b) 第二类  c) 第三类  d) 第四类

现阶段关注较多的载体材料包括金属有机骨架化合物（MOFs）、二氧化硅、活性炭、碳纳米管、硅胶等，负载的有机胺包括聚乙烯亚胺、四乙烯五胺、五乙烯六胺与聚丙烯胺等。选择吸附剂时，既要关注载体内部结构及其表面性质，也要选择合适的有机胺及其改性方法，通过表面修饰与孔径优化调节实现最佳吸附效果。

固态胺吸附剂 DAC 的典型工艺流程示意如图 7-3 所示，采用变温-真空再生（TVSA）方式，主要包括空气接触器、控制阀、真空泵以及冷热供应系统，单个循环过程可分为吸附、吹扫、再生和再增压四个步骤：在吸附步骤中，空气在环境条件下进入空气接触器，空气中的 $CO_2$ 和 $H_2O$ 被吸附剂选择性吸附后，将贫 $CO_2$ 空气排出；吹扫步骤是利用外部热源将吸附剂预热，使吸附剂空隙中的空气（主要成分为 $N_2$ 与 $O_2$）被移除，以提高再生得到 $CO_2$ 的浓度；在再生步骤中，利用真空泵产生真空，并将吸附剂继续加热至再生温度，$CO_2$ 在

100℃左右的蒸汽中从吸附剂上脱附下来，再将 $CO_2$ 与 $H_2O$ 分离后得到高纯 $CO_2$ 气流；最后，通过再增压，利用周围冷空气使吸附材料冷却并增加系统压力，使系统恢复至最初状态。利用蒸汽作为加热介质，虽然增加了一定的再生能耗，但提高了解吸动力且得到的 $CO_2$ 浓度较高。

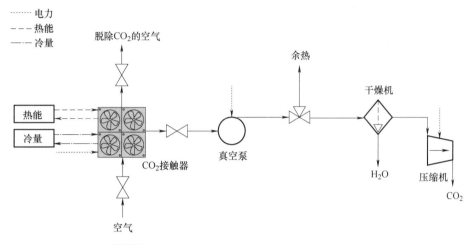

**图 7-3**　固态胺吸附剂 DAC 的典型工艺流程示意

（3）MOFs 吸附剂　通过改变其金属离子与有机配体的种类，可设计组装成不同拓扑结构的 MOFs 吸附剂，MOFs 吸附剂具有比表面积高、孔隙结构发达、结构组成多变的特点。MOFs 已成为 DAC 技术领域的研究热点，可通过在 MOFs 上负载有机胺基团，或调整孔径及活性点位分布来获得较强的 $CO_2$ 吸附能力。

其中氟化 MOFs，低浓度下对二氧化碳具有高亲和力，可以高效地去除微量二氧化碳，孔径为 0.321nm，氟中心周期性排列，在 0.0004% 和 298K 下表现出最高 1.3mmol/g 的 $CO_2$ 吸附量。虽然 MOFs 具有诸多优势，但现有 MOFs 对于空气中二氧化碳的吸附选择性不高，难以满足 DAC 的要求。除了精确调整材料孔径以外，可以采用包括引入多功能配体或金属节点、Lewis 酸性位点和氨基修饰等方法来提高二氧化碳吸附选择性。另外，MOFs 在蒸汽存在的情况下稳定性相对较低，这是由于金属节点与水分子的强相互作用力，导致金属节点与有机配体之间的配位键断裂，造成骨架崩塌。通过采用具有多个节点的高价态金属离子，包括 $Cr^{3+}$、$Al^{3+}$ 和 $Zr^{4+}$ 等，增强金属离子与有机配体之间的连接强度来提高 MOFs 的水稳定性。或者在 MOFs 合成过程中，将疏水基团原位引入其骨架结构。比较常见的是，使用氟化配体对 MOFs 进行修饰，形成疏水骨架结构，最大限度地降低水分对材料骨架结构的影响。MOFs 优异的吸附分离性能已得到了广泛证明和充分认可，但要拓展其在实际工程中的应用，仍存在诸多缺陷，如明显的放大效应（即利用小型设备进行化工过程试验得出的研究结果，在相同的操作条件下与大型生产装置得出的结果往往有很大差别），阻碍了 DAC 的实际应用，还需要进一步开发。

（4）变湿吸附剂　变湿吸附剂是指以季铵阳离子配对不同种类的阴离子形成的聚合物吸附材料，通过调节环境中蒸汽分压来控制材料的吸附-脱附过程。变湿吸附材料在干燥环境下吸附二氧化碳，在潮湿条件下脱附二氧化碳，最后经过干燥后获得吸附剂再生。变湿吸附剂可在常温下进行二氧化碳捕集，环境中湿度变化可作为能量消耗来源，因此，该技术的再生能耗最低。

变湿吸附 DAC 原理示意如图 7-4 所示，图中的 R 为与基质骨架通过共价键相连的季铵盐阳离子，变湿吸附 DAC 主要分为三个步骤：第一步，在干燥环境下，吸附剂表面的碱性基团（$OH^-$ 或 $CO_3^{2-}$）吸附空气中的 $CO_2$；第二步，在湿度较高或水合度较高条件下，吸附剂所吸附的 $CO_2$ 逐渐解吸；第三步，解吸后得到的 $CO_2$ 压缩后封存或利用。

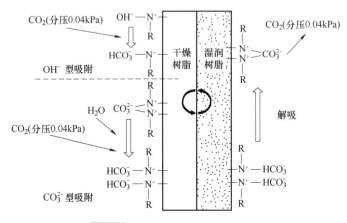

图 7-4 变湿吸附 DAC 原理示意

可以采用热压法、流延法或浸涂法制得物理复合型季铵吸附剂，也可以将季铵官能团接枝到不同种类载体上得到化学嫁接型季铵吸附剂。变湿吸附 DAC 技术利用水的蒸发自由能作为 $CO_2$ 解吸的能量来源，且水与 $CO_2$ 的吸附方向相反，消除了与水共吸附相关的能量损失，可显著降低 DAC 能耗。但是，变湿吸附 DAC 技术对水质的要求较高，应使用相对清洁的水以避免杂质阴离子污染树脂，且由于水的使用量大，变湿吸附 DAC 装置应设置在水源充足的地方。要注意的是，变湿吸附 DAC 技术最终得到的 $CO_2$ 分压相对较低，因此，在 $CO_2$ 利用或封存之前需要设置增压环节。

（5）双功能碳捕集材料　双功能碳捕集材料（Dual Function Materials，简称为 DFM）是指含有 $CO_2$ 捕集和转化两种活性位点的纳米材料。DFM 可从空气中直接捕获 $CO_2$，并通过引入活性气体（如 $H_2$）将其转化为 $CH_4$，能够同时实现 $CO_2$ 捕集和转化。该材料将 DAC 技术与燃料合成相结合，大大降低捕集后 $CO_2$ 压缩和长距离运输的能耗与成本。

DAC 联合甲烷化（DACM）技术是将双功能材料用于点源 $CO_2$ 捕获并原位催化转化为 $CH_4$。DACM 技术流程示意如图 7-5 所示。DFM 在环境条件下从空气中捕集 $CO_2$，然后将吸附 $CO_2$ 后的 DFM 在 $H_2$ 气氛中加热至一定温度，以便将捕获的 $CO_2$ 在催化剂的作用下转化为 $CH_4$。将 DAC 与燃料合成相结合，同时实现 $CO_2$ 捕集与转化，可有效减少后续 $CO_2$ 压缩及运输成本。

液态 DAC 材料再生工艺主要采用变温再生法，固态 DAC 材料循环工艺设计主要包括变湿吸附法、变温再生法及变压吸附法。其中，变湿吸附法、变温再生法均已介绍，故本章后续将主要介绍吸收式极稀浓度二氧化碳捕集技术和变压式极稀浓度二氧化碳捕集技术。此外各种 DAC 材料的优缺点对比见表 7-1。

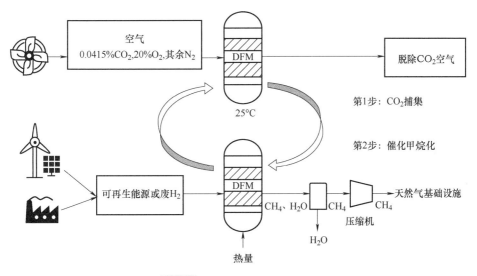

图 7-5　DACM 技术流程示意

表 7-1　各种 DAC 材料的优缺点对比

| DAC 材料名称 | 优点 | 缺点 |
| --- | --- | --- |
| 碱性氢氧化物溶液 | 技术成熟，吸收速率高 | 再生温度及再生能耗高，损失大量水分 |
| 有机胺溶液 | 吸收速率较高 | 伴随胺液挥发，再生效率低 |
| 氨基酸盐溶液（BIGs） | 吸收速率高，再生温度较低，溶剂损失少 | 能耗较高，捕集效果因 BIGs 而异 |
| 固体碱（土）金属吸附剂 | 吸附效率较高，再生稳定性较好 | 再生能耗较高，成本较高 |
| 固态胺吸附剂 | 技术成熟，吸附速率快，再生温度低 | 吸附剂的热稳定性有待提高 |
| MOFs 吸附剂 | 在较低温度下有应用优势 | 捕集效果受环境中水含量影响较大，原材料成本较高 |
| 变湿吸附剂 | 吸附与解吸速率高，再生温度及再生能耗较低 | 用水量大，对水质要求高，得到的 $CO_2$ 分压较低 |
| 双功能碳捕集材料 | 可同时实现 $CO_2$ 捕集与转化，受湿度影响较小 | 再生温度较高，催化剂起决定性作用 |

　　在现有的 DAC 装置中，最初的设计都是使用热能和电能作为能量来源，且热能在总能量中所占的比例受再生温度的影响。再生温度较低的 DAC 技术可充分利用低品位余热及各种低碳能源，如生物质燃料、太阳能及地热等；需要高温再生的 DAC 技术则仅能利用高品位热，最多仅可使用如生物甲烷或氢燃料等低碳燃料。此外，应重点关注低成本、高吸附/吸收性能且循环稳定性好的 DAC 吸附/吸收剂的研发，优化或开发吸附/吸收剂再

生工艺，同时开发适用于 DAC 技术的过程强化技术，为 DAC 的后续规模化与商业化应用奠定基础。

## 7.2 吸收式极稀浓度二氧化碳捕集技术

针对二氧化碳捕集的多种技术中，吸收式极稀浓度二氧化碳捕集技术是有效且易实现的一种捕集方式。该技术是指从低浓度的烟气或空气中分离和富集二氧化碳的技术，其特点是能够适应不同的二氧化碳来源和浓度，具有能耗低、适用性广等优点，可用于从大气中直接捕集二氧化碳，为碳封存或碳利用提供原料。

### 7.2.1 二氧化碳吸收材料

吸收式极稀浓度二氧化碳捕集技术的核心是吸收剂的选择和设计。碱性氢氧化物溶液、有机胺溶液、氨基酸盐溶液、相变吸收剂和变极性吸收剂等为代表吸收剂各有特点和优缺点，适用于不同的工况和要求。

化学吸收法是指利用碱性溶液与 $CO_2$ 发生化学反应，生成碳酸盐、碳酸氢盐或氨基甲酸盐，在一定条件下发生逆向反应，释放 $CO_2$ 以实现 $CO_2$ 捕集的方法。$CO_2$ 是一种酸性气体，通常选用呈碱性的化学吸收液来吸收 $CO_2$，如有机胺类吸收剂、钾碱吸收剂和氨水吸收剂等。化学吸收法对低分压 $CO_2$ 气体吸收效果好、反应稳定，但解吸时能耗较大。有机胺吸收 $CO_2$ 是吸收 $CO_2$ 现阶段唯一实现大规模工业化应用的碳捕集技术，具有吸收量大、吸收效果好、成本低、吸收剂可循环再生等优势。依据氮原子连接的氢原子个数不同，胺可分为伯胺（—$NH_2$）、仲胺（—$NR'H$）与叔胺（—$NR'R''$），伯胺和仲胺在与 $CO_2$ 的反应中会生成氨基甲酸酯。氨基甲酸酯中的 C—N 键较强，使得解吸能耗高、解吸速率低。叔胺由于没有活泼的氢原子，所以不能直接与 $CO_2$ 反应生成氨基酸甲酯，但叔胺可以促进 $CO_2$ 解离生成氢离子，与氢离子生成碳酸氢盐。常见的有机胺溶液吸收剂见表 7-2。与使用单一烷基胺吸收剂相比，混合胺吸收剂可以克服吸收效率较低和再生塔重沸器负荷较高的问题，且应用性能更为优异。物理吸收剂普遍单独使用时效果不够理想，可引入胺基吸收剂来增强其对 $CO_2$ 的吸收效果，称为胺基功能化。常用的胺基功能化方法主要有浸渍法、嫁接法和直接合成法。

表 7-2  常见的有机胺溶液吸收剂

| 类型 | 吸收剂 | 特点 |
| --- | --- | --- |
| 伯胺 | MEA | 吸收速率快、吸收效率高、吸收和再生能耗大，易腐蚀设备 |
| 仲胺 | 二异丙醇胺（DIPA） | 与 MEA 相比，吸收和解吸能力弱，但化学稳定性强，且腐蚀性小 |
| | DEA | 吸收速率快、易于回收、溶液成本低 |
| 叔胺 | MDEA | 化学稳定性强、脱碳能耗低、吸收速率慢 |

二氧化碳吸收技术的相关内容已在第 3 章进行了详细论述，本节只做概述。典型 $CO_2$ 化学吸收法的优缺点见表 7-3。

表 7-3　典型 $CO_2$ 化学吸收法的优缺点

| 技术名称 | 优点 | 缺点 |
| --- | --- | --- |
| 有机胺法 | 吸收容量高、技术相对成熟 | 易降解、氧化、发泡、腐蚀性强 |
| 热钾碱法 | 成本低、稳定性高、再生能耗低、毒性小、降解速率慢 | 吸收速率慢、部分活化剂易造成二次污染 |
| 氨法 | 成本低、再生能耗低、腐蚀性低、抗氧化降解性强 | 挥发性强、易对环境造成污染 |
| 离子液体法 | 结构可调节、化学稳定性强、热稳定性高、蒸气压低、挥发性低、选择性强 | 成本高、合成工艺复杂、黏度大 |
| 相变吸收剂法 | 吸收容量高、再生能耗低 | 固体沉淀难分离（液-固相变）、富相黏度大（液-液相变）、再生效率低 |
| 酶促吸收法 | 再生能耗低、无二次污染、吸收容量大、吸收速率快 | 易受温度、pH 等条件影响，可控性低 |

## 7.2.2　二氧化碳吸收工艺

　　碱性氢氧化物溶液 DAC 技术包括两个循环反应：一是，大气中的 $CO_2$ 与碱性氢氧化物（NaOH 或 KOH）溶液反应，生成可溶于水的碳酸盐；二是，通过苛化反应实现碱性氢氧化物的再生，并将苛化反应生成的碳酸钙（$CaCO_3$）加热至 900℃ 以上并释放出 $CO_2$。KOH 溶液 DAC 流程示意如图 7-6 所示，该流程是在造纸业中广泛应用的卡夫流程的基础上提出的，主要包括吸收、苛化、煅烧以及消化四个化学反应。在空气接触器中，空气中的 $CO_2$ 被 KOH 溶液吸收后转变为 $K_2CO_3$ 形式；随后 $K_2CO_3$ 在颗粒反应器中进行苛化反应，实现了 KOH 的再生；苛化反应生成的 $CaCO_3$ 在煅烧炉中在高温条件下分解为 CaO 和 $CO_2$；CaO 在消化反应器中与水反应生成 $Ca(OH)_2$ 完成循环。碱性氢氧化物溶液 DAC 技术的缺点是所需能耗较大，且无法避免的大量水分损失，因此，$CaCO_3$ 所含的水分在进入煅烧炉中煅烧之前必须去除。

碱性氢氧化物
溶液 DAC 技术

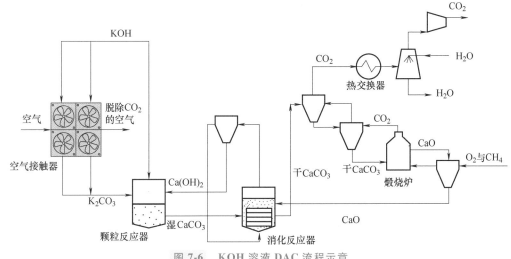

图 7-6　KOH 溶液 DAC 流程示意

胺溶液 DAC 技术在 $CO_2$ 燃烧后捕集中的应用比较广泛，其核心原理是先在环境温度下利用胺溶液从烟道气体中吸收 $CO_2$，然后在 120℃ 左右的温度下通过汽提使胺溶液再生。以乙醇胺为代表的胺溶液 DAC 技术流程示意如图 7-7 所示，它与碱性氢氧化物溶液 DAC 技术流程相比要更为简单。由于 MEA 的蒸气压相对较高，使用时会有大量的 MEA 挥发到大气环境中，而 MEA 是一种毒性较大的物质，对人体健康及周边环境危害较大，因此，在空气接触器中需增设洗涤水以减少 MEA 的挥发。MEA 在空气接触器内吸收空气中的 $CO_2$，得到的富 $CO_2$ 溶液首先经泵增压至汽提塔压力，然后分为两股：一股大流量溶液经热交换器预热后送入汽提塔；另一股小流量溶液则保持较低温度从汽提塔顶部送入，这样底部热流体散发的热量可以用来加热顶部冷流体，从而降低再沸器负荷。最后，富 $CO_2$ 溶液在汽提塔内通过蒸汽汽提再生得到 MEA，从而完成一个吸收—再生循环过程。

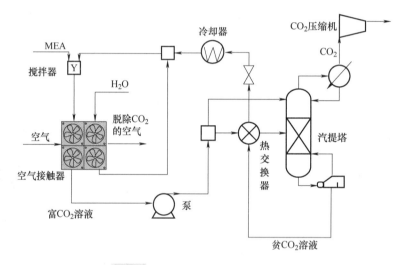

图 7-7　胺溶液 DAC 技术流程示意

氨基酸盐溶液（BIGs）DAC 技术是将吡啶-2,6-二亚氨基胍（PyBIG）作为吸收溶剂，通过胍氢键将大气中的 $CO_2$ 转化为碳酸盐结晶 $[PyBIGH_2(CO_3)(H_2O)_4]$，这种结晶的溶解度极低，进而可从溶液中过滤分离。氨基酸盐溶液（BIGs）DAC 技术流程示意如图 7-8 所示，主要分为三个环节：一是，空气中的 $CO_2$ 与氨基酸盐溶液反应，生成相应的碳酸氢盐；二是，碳酸氢盐与 BIGs 作用，使氨基酸盐再生并同时得到碳酸盐结晶；三是，碳酸盐晶体在相对较低温度（80~120℃）分解，实现 BIGs 的再生并得到高纯度的 $CO_2$。

氨基酸盐溶液（BIGs）DAC 技术兼具碱性氢氧化物溶液 DAC 技术吸收速率快与固体 DAC 技术再生温度低的优点，溶剂蒸发损失与热降解损失也较低。此外，与胺溶液 DAC 技术相比，氨基酸盐溶液（BIGs）技术具有更快的吸收速率，溶剂的毒性与挥发性更低。氨基酸盐溶液（BIGs）技术较低的再生温度可最大限度地减少加热和氧化过程中溶剂的损失，虽然其再生能耗仍较高，但可充分利用低品位热实现再生，有助于降低 DAC 系统成本。需要注意：BIGs 的种类及分子结构决定了其结晶结构及水溶液溶解度，将会直接影响 DAC 效果。

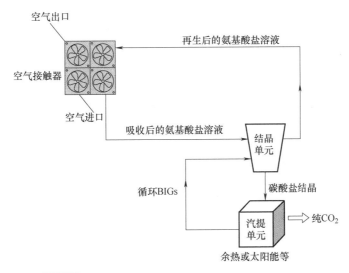

**图 7-8**　氨基酸盐溶液（BIGs）DAC 技术流程示意

　　碱度浓度变化 DAC 技术是采用稀碱性水溶液吸收空气中的 $CO_2$（见图 7-9），溶液与空气达到平衡时，碱度由初始碱度增至平衡碱度，随后将溶液浓缩，使溶液中溶解的无机碳增多、碱度增加至最高碱度，$CO_2$ 在溶液中的分压随之增加，将系统压力降至低于 $CO_2$ 分压后溶液中吸收的 $CO_2$ 得以脱除排放，继续将浓缩溶液稀释，使其恢复初始碱度，重新吸收空气中的 $CO_2$ 并不断循环上述过程。通常用于产生纯净水的脱盐方法都可以实现溶液浓缩，如反渗透（RO）、电容去离子（CDI）及电渗析等方法，浓缩后溶液中的无机碳的绝对数量不会改变，只是将溶质限制在较少的溶剂中，从而增加了溶液浓度。与碱性氢氧化物溶液 DAC 技术相比，碱度浓度变化 DAC 技术不需要高温加热再生，因此，能耗显著降低。碱度浓度变化 DAC 技术所需能量可完全依靠可再生能源运行，且所涉及的各种材料也相对简单、对环境无污染，还可利用海水淡化行业的成果实现溶液浓缩。

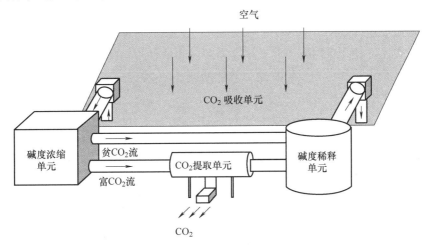

**图 7-9**　碱度浓度变化 DAC 技术流程示意

# 7.3 变压式极稀浓度二氧化碳捕集技术

变压吸附法（Pressure Swing Adsorption，简称为 PSA）捕集 $CO_2$ 是利用吸附材料对二氧化碳、氢气和一氧化碳等组分吸附性能的差异，通过二氧化碳在高压下被吸附，在低压下解吸的变压循环，实现与其他组分的分离。吸附剂、程控阀是变压吸附工艺的核心部分，通过程控阀的定时启闭可以控制吸附塔内的吸附和再生步骤。PSA 捕集 $CO_2$ 不需要再生热源，只需通过压力变化即可进行，能耗相对较低；无液体吸收剂参与，不会造成二次污染，对环境友好；该工艺装置简单，易于实现自动控制，具有工业化优势。

## 7.3.1 变压二氧化碳吸附材料

设计制备高性能固体多孔吸附材料是变压吸附分离的核心，因为吸附过程的本质是气体分子与多孔固体吸附剂表面活性位点之间的相互作用，所以需要根据不同气体的理化性质和实际应用情况来最终决定吸附剂类型。通常变压二氧化碳吸附材料需要同时具备以下性能：

（1）高吸附量　吸附容量是吸附剂最重要的性能指标，通常吸附剂比表面积的大小决定了吸附容量，若吸附剂的吸附容量大，则设备可以缩小设备尺寸。

（2）高选择性　所谓的选择性就是分离因子，以 $\alpha_{AB}$ 表示，它代表了利用吸附剂把某一成分从混合气体中分离出来的难易程度，其定义式为

$$\alpha_{AB} = (X_A / X_B)(Y_A / Y_B) \tag{7-1}$$

式中　$X_A$、$X_B$——平衡条件下吸附相中成分 A、B 的摩尔分数；

$Y_A$、$Y_B$——平衡条件下气相中成分 A、B 的摩尔分数。

当 $\alpha_{AB} = 1$ 时表示吸附剂对 A、B 两成分的吸附力相当，$\alpha_{AB}$ 值越大，吸附剂对 A 成分的吸附能力越高；当 $\alpha_{AB} > 3$ 时，吸附过程即具有较好的经济竞争力；当 $\alpha_{AB} < 2$ 时，说明该吸附剂经济性差。

（3）快速的吸脱附速率　有助于加快工艺流程，提高整体操作效率。

（4）易于再生　使得吸附剂可以在多个循环中重复使用，降低操作成本。

（5）高机械稳定性和热力学稳定性　表明吸附剂可以在恶劣的工业环境中保持性能稳定，从而延长其使用寿命并保证安全运行。

（6）低合成成本　有助于提高吸附技术实用性。

（7）具有良好的使用寿命　对于气体中其他成分（如 $SO_2$、$NO_x$ 和 $H_2O$ 等）耐受性好，易再生。若吸附剂活性太低或稳定性不够，则不具备商业化价值。

常用的变压二氧化碳吸附材料主要包括多孔碳材料、沸石分子筛、硅基材料、MOFs 材料等。

为了使吸附分离法经济、有效地实现，除了吸附材料要有良好的吸附性能外，吸附材料再生方法也很关键。吸附材料的再生时间决定了吸附循环周期的长短，也决定了吸附材料用量。因此，选择合适的再生方法，对吸附分离法的工业化起着重要的作用。变压吸附工艺中

常用的再生目的都是降低吸附材料上被吸附组分的分压，使吸附材料得到再生。具体的再生方法包括：

1）降压：降压是指降低吸附床总压。吸附床在较高的压力下完成吸附操作，然后降到较低的压力，通常接近于大气压，这时一部分被吸附组分解吸出来。该方法操作简单，但被吸附组分的解吸不充分，吸附材料再生程度不高。各种变压吸附工艺几乎都采用了这种再生方法。

2）抽真空：吸附床降到大气压后，为了进一步减小吸附组分的分压，可用抽真空的方法来降低吸附床的压力，以得到更好的再生效果，但该方法需要使用真空泵，增加了动力消耗。在变换气脱碳、提纯 CO、提纯 $CO_2$、浓缩乙烯等变压吸附工艺中通常采用这种再生方法。

3）冲洗：利用弱吸附组分气体或其他适当的气体通过需再生的吸附床，被吸附组分的分压随冲洗气通过而下降。吸附材料的再生程度取决于冲洗气的用量和纯度。该方法常常用在变压吸附法提氢工艺中。

4）置换：用一种吸附能力较强的气体把原先被吸附的组分从吸附材料上置换出来，该方法常用于产品组分吸附能力强而杂质组分吸附能力弱，即从吸附相获得产品的场合。

在变压吸附过程中，根据被分离的气体混合物各组分的性质、产品要求、吸附材料特性以及操作条件来选择再生方法，通常结合实施几种再生方法。无论采用何种方法再生，再生结束时吸附床内吸附质的残余量不会等于零，即床内吸附材料不可能彻底再生，而只能将吸附床内的吸附质的残余量降到最小。

## 7.3.2  变压二氧化碳吸附工艺

变压 $CO_2$ 吸附工艺是一种利用压力变化实现 $CO_2$ 的捕集和回收的技术。其基本步骤如下：

1）吸附阶段：在相对较低的压力下，将含有 $CO_2$ 的气体通入吸附器中。吸附器中填充了吸附剂，如活性炭或分子筛等。$CO_2$ 分子通过物理吸附或化学吸附与吸附剂表面相互作用，并被吸附剂捕集和固定。

2）吸附剂再生：当吸附剂饱和后，需要进行再生以释放吸附的 $CO_2$。此时，逐渐增加吸附器的压力，使得吸附剂中的 $CO_2$ 逐渐解吸并释放到高压下的系统中。

3）$CO_2$ 回收：经过吸附剂再生后，释放的 $CO_2$ 可以被收集和回收利用。可以采用压缩、冷却等方法将 $CO_2$ 转化为液态或超临界态，便于储存和运输。

变压 $CO_2$ 吸附工艺通过利用压力的变化来实现 $CO_2$ 的吸附和释放，从而达到捕集和回收 $CO_2$ 的目的。

典型的变压吸附法碳捕集工艺流程示意如图 7-10 所示。原料气从塔底部管道进入变压吸附系统，根据程序预设，此时吸附塔 A 若处于吸附阶段，则 A 塔原料气程控阀开启，原料气自下而上通过吸附剂床层，通常是多种吸附剂的组合，$CO_2$ 被吸附于床层中，其他吸附塔由再生程控阀控制处于不同再生阶段，不同功能的程控阀位于不同的管道，互不干扰。当 A 塔吸附饱和后，A 塔原料气程控阀关闭，再生程控阀开启，控制 A 塔进行多次均压降、顺放、逆放等步骤，直至塔内压力降至常压左右，最后通过真空泵对塔内抽真空，使吸附的 $CO_2$ 充分解吸并从塔底送出，抽空解吸气与逆放气混合得到含高浓度 $CO_2$ 的富碳气。A～E 塔依次进行吸附步骤，保证了任意时刻均有吸附塔在吸附，持续产出脱碳气和富碳气。

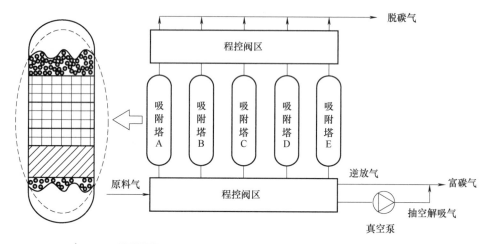

图 7-10　典型的变压吸附法碳捕集工艺流程示意

变压吸附法流程简单、自动化程度高，当气源为轻烃转化后的变换气（≈2.50MPa）、二氧化碳浓度在 30.00%～85.00% 的低压、低硫气体，以及只有二氧化碳、甲烷、一氧化碳、氮气和氢气等小分子组分的原料气时，选用变压吸附作为提纯工艺比较合适。变压吸附法耦合液化精馏法制备食品级液体 $CO_2$ 工艺流程示意如图 7-11 所示。

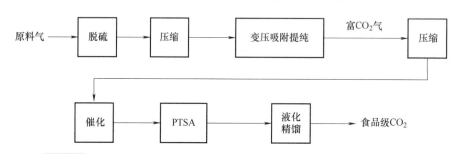

图 7-11　变压吸附法耦合液化精馏法制备食品级液体 $CO_2$ 工艺流程示意

变压吸附也可设置于其他碳捕集技术之后，对 $CO_2$ 进行再提纯，或者直接应用两段变压吸附法，实现低浓度 $CO_2$ 捕集，其工艺流程示意如图 7-12 所示，图中的两段变压吸附系统均包含图 7-10 中介绍的工艺配置。$CO_2$ 浓度为 10.00%～20.00% 的原料气通过 I 段变压吸附系统得到初步提浓的富碳气（30.00%～40.00%），经压缩机增压后，通过 II 段变压吸附系统，获得 $CO_2$ 浓度大于 90.00% 的富碳气。

低压变压吸附（VPSA）与变压吸附法的吸附过程基本一样，只是吸附压力较低，只要 0.03～0.05MPa，这样风机的电耗应该有较大幅度的降低。

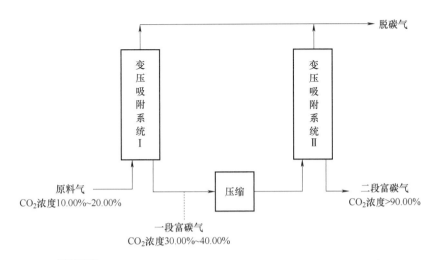

**图 7-12**　两段变压吸附法实现低浓度 $CO_2$ 捕集的工艺流程示意

## 7.4　其他极稀浓度二氧化碳捕集技术

吸收式 $CO_2$ 捕集技术已实现规模化应用，但存在吸收速率低、溶剂消耗大、设备管道腐蚀严重和再生能耗高等缺点。变压式 $CO_2$ 捕集技术有高效的捕集能力，且能在工业过程中及从大气中直接捕集二氧化碳，但是此种捕集技术成本高、能耗大的问题仍有待解决。生物法、矿化固定法、风化法及天然碱固碳法等新型的低浓度二氧化碳捕集技术因其无须二次排放从而在环保和能耗方面具有显著优势。

### 7.4.1　生物法

生物捕集二氧化碳是利用植物的光合作用将大气中的 $CO_2$ 转化为碳水化合物，并以有机碳的形式固定在植物体内或土壤中，提高生态系统的碳吸收和储存能力，从而减少二氧化碳在大气中的浓度，减缓全球变暖的趋势。生物法是地球上最古老的固碳方式，也是最经济、安全、有效的方式。生物捕集二氧化碳包括通过土地利用变化、造林、再造林以及加强农业土壤吸收等措施，增加植物和土壤的固碳能力。

**1. 森林固碳**

森林约占陆地植物现存量的 90%，另外，与草原、农田植物相比，森林具有较高的碳储存密度（即与别的土地利用方式相比，单位面积内可以储存更多的有机碳）。全球植物每年固定大气中 11% 左右的 $CO_2$，其中森林每年固定 4.6%。森林通过光合作用吸收 $CO_2$，制造碳氢化合物，即生物量，从而将 $CO_2$ 以有机碳的形式固定于森林植物中。森林不但能储存大量的碳，且与大气间的碳交换也十分活跃，平均每 7 年陆地植被就可消耗掉大气中全部的 $CO_2$，其中 70% 的交换发生在森林生态系统中。森林在陆地植物中拥有最高的生物量，是陆地生物光合产量的主体，碳循环过程如图 7-13 所示。因此，森林具有 $CO_2$ 储存库的重要地位，其光合作用过程为

$$6CO_2 + 6H_2O \rightarrow C_6H_{12}O_6 + 6O_2 \tag{7-2}$$

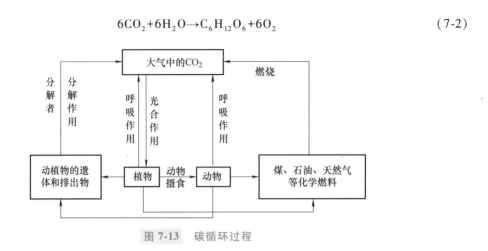

图 7-13　碳循环过程

森林生态系统的固碳作用取决于两个对立过程，即碳素输入过程和碳素输出过程。植物首先通过光合作用吸收 $CO_2$，生成有机质储藏在体内，形成总初级生产量（GPP），再通过植物自养呼吸作用（Ra）释放出一部分碳素，GPP 减去这一部分即为净初级生产量（NPP）。NPP 可以反映森林生态系统的碳素输入能力。植物以枯枝落叶、根系碎屑等形式把碳储藏在土壤中，土壤中的碳有一部分会被微生物和其他的异养生物通过分解和异养呼吸作用（Rh）释放到大气中，这是碳素输出过程，NPP 减掉这一部分即为净生产量（NEP），它可以反映森林生态系统的固碳能力，即

$$NEP = GPP - Ra - Rh \tag{7-3}$$

森林生态系统在碳循环中的作用主要取决于以下方面：

1）生物量：森林生态系统的生物量储存着大量的碳素，如果按植物生物量的含碳量为 45%~50% 计，整个森林生态系统的生物量将近一半是碳素含量。森林的生物量与其成长阶段的关系最为密切，通常根据森林的年龄不同，森林可分为幼龄林、中龄林、近熟林、成熟林/过熟林，其中碳的累积速度在中龄林生态系统中最大，而成熟林/过熟林由于其生物量基本停止增长，其碳素的吸收与释放基本平衡。从森林的年龄结构来估算吸收碳素的潜力，是决定森林生态系统碳汇功能的一个主要方面。

2）林产品：森林生态系统林产品的固碳量是个变化很大的因子。根据其使用寿命，一般林产品可分为短期产品和长期产品。像燃料用木、纸浆用木等属于短期产品，而胶合板、建筑用木则属于长期产品。林产品使用寿命的长短在很大程度上也决定着森林生态系统的碳汇功能。使用寿命长的林产品可以延缓碳素释放，缓解全球大气碳浓度的增加，通常，耐用林产品的使用寿命可达 100~200 年。

3）植物枯叶和根系碎屑：这一部分含碳量在整个森林生态系统中占的比例虽少，但也是一个不容忽略的碳库。减缓它的沉淀和分解，对于森林生态系统的固碳量也起到一定的作用。

4）森林土壤：森林土壤是森林生态系统中最大的碳库。不同的森林，其土壤含碳量具有很大的差别。例如，在地球北部森林中，森林土壤的含碳量占森林系统总碳量的 84%，温带森林土壤的含碳量占森林系统总碳量的 62.9%；在热带森林中，土壤的含碳量占整个

热带森林生态系统碳储量的一半。

**2. 微生物固碳**

微生物固碳主要依赖于微生物将大气中的二氧化碳转化为有机物的能力。微生物在地球上广泛分布，数量庞大，广泛存在于土壤、水体、大气等环境中，并且能够迅速繁殖。微生物的种类和功能多样，不同类型的微生物具有不同的代谢特性和生命周期。这种多样性使得微生物能够适应不同环境和条件，并在全球范围内发挥其捕集 $CO_2$ 的功能。因此，微生物捕集 $CO_2$ 的潜力较大，是重要的 $CO_2$ 捕集者和生态平衡调节者。固定 $CO_2$ 的微生物一般有两类：光能自养型微生物和化学能自养型微生物。前者主要包括微藻类、蓝细菌和光合细菌，它们都含有叶绿素，以光为能源，$CO_2$ 为碳源合成菌体物质或代谢产物；后者以 $CO_2$ 为碳源，以 $H_2$、$H_2S$、$S_2O_3^{2-}$、$NH_4^+$、$NO_2^-$、$Fe^{2+}$ 等为能源。固定 $CO_2$ 的微生物种类见表 7-4。

表 7-4　固定 $CO_2$ 的微生物种类

| 碳源 | 能源 | 好氧/厌氧 | 类别 |
| --- | --- | --- | --- |
| 二氧化碳 | 光能 | 好氧 | 藻类 |
| | | 好氧 | 蓝细菌 |
| | | 厌氧 | 光合细菌 |
| | 化学能 | 好氧 | 氢细菌 |
| | | 好氧 | 硝化细菌 |
| | | 好氧 | 铁细菌 |
| | | 厌氧 | 甲烷菌 |
| | | 厌氧 | 醋酸菌 |

微生物固定 $CO_2$ 途径主要有卡尔文循环、还原三羧酸循环及乙酰辅酶 A 途径。

（1）卡尔文循环　卡尔文循环可分为三部分：$CO_2$ 的固定、固定的 $CO_2$ 还原和 $CO_2$ 受体的再生。其中由 $CO_2$ 受体 1,5-二磷酸核酮糖到 3-磷酸甘油酸是 $CO_2$ 的固定反应；由 3-磷酸甘油醛到 1,5-二磷酸核酮糖是 $CO_2$ 受体的再生反应，这两步反应是卡尔文循环所特有的。通常光合细菌和蓝细菌都是以卡尔文循环固定 $CO_2$ 的。卡尔文循环过程如图 7-14 所示。

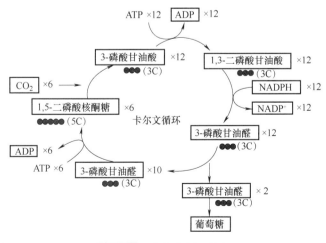

**图 7-14**　卡尔文循环过程

（2）还原三羧酸循环　几乎所有生命形式都利用三羧酸循环，经由丙酮酸、草酰乙酸、2-酮戊二酸辅酶 A、柠檬酸和乙酰辅酶 A（Acetyl-CoA）等物质将氨基酸、糖和脂类分子转化为能量和 $CO_2$。而有些细菌能以相反的方向进行该循环（称为还原三羧酸循环），将 $CO_2$ 和氢（$H_2$）结合形成氨基酸、糖和脂类分子。还原三羧酸循环如图 7-15 所示，这个循环每旋转一次，便有四个 $CO_2$ 分子被固定。现已发现嗜热氢细菌、绿色硫磺细菌、嗜硫化硫酸绿硫菌等都是以还原三羧酸循环固定 $CO_2$ 的。

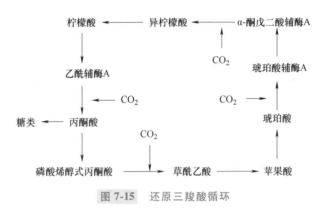

图 7-15　还原三羧酸循环

（3）乙酰辅酶 A 途径　甲烷菌、厌氧酸酸菌等厌氧细菌一般以乙酰辅酶 A 途径固定 $CO_2$，乙酰辅酶 A 途径固定 $CO_2$ 过程如图 7-16 所示。

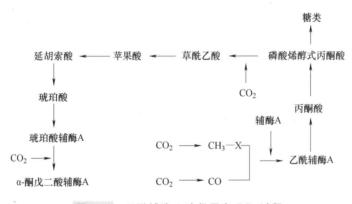

图 7-16　乙酰辅酶 A 途径固定 $CO_2$ 过程

## 7.4.2　矿化固定法

$CO_2$ 矿化是指 $CO_2$ 与碱/中性金属组分发生反应，形成矿物碳酸盐的过程。$CO_2$ 气体呈酸性，理论上所有碱（土）金属氧化物均可与其反应，使 $CO_2$ 矿化。相比其他反应方式，具有热力学自发特性（$\Delta G < 0$）的 $CO_2$ 矿化反应具有显著的优势。与其他的 $CO_2$ 储存技术相比，矿物碳酸化有较大的优势：首先，碳元素最稳定存在的形式是碳酸根而不是 $CO_2$，因此，矿化固定后 $CO_2$ 泄漏重新进入大气的环境风险小，碳酸化之后 $CO_2$ 可以实现永久固化；其次，可碳酸化的矿石种类多且储量丰富，可以大量固化化石燃料燃烧排放的 $CO_2$；再次，

如果利用固体废弃物碳酸化处理 $CO_2$ 还可以固定一些有毒有害的重金属元素。

　　$CO_2$ 矿化在地质封存中的应用通常是将高压 $CO_2$ 与水注入地下富含钙镁硅酸盐的岩层，使其发生矿化反应，生成稳定碳酸盐。该技术对封存点的地质条件要求较高，以富含可溶性钙镁金属离子的橄榄石、硅灰石、蛇纹石、玄武岩等为主，并且要求其具有合适的孔隙率，以提供良好的 $CO_2$ 注入通道及碳酸盐产物生成空间。$CO_2$ 矿化利用的反应原料通常为富含碱性钙镁组分的水泥、固废或天然矿石等，可在实现永久封存 $CO_2$ 的同时具有良好的环保与经济价值。根据反应环境、界面特性等因素的不同，$CO_2$ 矿化利用按反应介质不同可分为气-固反应和气-液反应，按反应步骤不同可分为直接反应和间接反应，具体 $CO_2$ 矿化利用技术路径与代表性技术如图 7-17 所示。

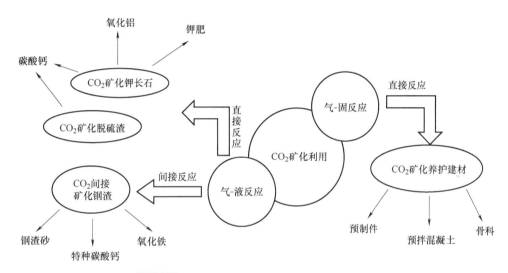

**图 7-17**　$CO_2$ 矿化利用技术路径与代表性技术

**1. $CO_2$ 矿化直接气-液反应工艺**

　　直接湿法碳酸化是最适合矿物碳酸化的技术路线，该路线是针对橄榄石和蛇纹石的碳酸化过程提出的，反应实质是 $CO_2$ 溶解在水中形成碳酸，在碳酸作用下矿石逐渐溶解并形成碳酸盐。其他矿物直接湿法碳酸化的过程与橄榄石碳酸化的过程类似，也可以概括为 $CO_2$ 的溶解——矿石中钙、镁等离子的电离——碳酸钙或者碳酸镁的沉淀析出。矿化直接气-液反应的早期设计是使 $CO_2$ 在高压下（100~159bar）在含有橄榄石或蛇纹石的水溶液中反应，反应过程包括 $CO_2$ 溶解、金属阳离子析出与 $CO_3^{2-}$ 离子形成碳酸钙沉淀等步骤。该工艺与传统的浸取-矿化间接工艺相比节省了浸取原料试剂的消耗，提供了另一种处理工业废料的有效方法。但是该技术方法的反应速率很慢，导致反应速率降低的原因：在碳酸化过程中在矿物表面会形成富硅的钝化层，阻止了碳酸化反应的进一步进行。通常是适当地提高温度或增加 $CO_2$ 压力来提高碳酸化速率，提高反应温度可以加速 $CO_2$ 的溶解速度，同时降低碳酸钙和碳酸镁的溶解度，有利于碳酸化反应的正向进行，但温度升高，使得 $CO_2$ 的溶解度减小，不利于碳酸化反应的进行，因此，矿物碳酸化存在最佳反应温度。橄榄石的最佳反应温度为185℃，蛇纹石的最佳反应温度为155℃。另外，与直接气固反应相比，在温和的条件下液

相介质可以加速 $CO_2$ 矿化过程，且 $CO_2$ 矿化直接气-液反应效果明显优于直接气-固反应。

**2. $CO_2$ 矿化直接气-固反应工艺**

$CO_2$ 矿化直接气-固反应为 $CO_2$ 气体直接与固体矿物原料发生反应的过程。无任何预处理的直接 $CO_2$ 矿化反应理论上可以自发进行。但该过程反应慢，转化率低，通常需要在较高温度（>600℃）和压力（>100bar）的环境下进行，或将原料磨细保证反应效率。而由于固体原料反应后表面的产物层难以剥离，并显著限制 $CO_2$ 继续与内部未反应核进行反应，导致直接气-固反应转化率普遍不高，因此，进一步降低了其工艺可操作性与经济性。为了在相对温和的环境下提高反应活性和反应效率，在气-固反应范畴中衍生出一种半干法直接气-固反应，即原料在表面润湿的条件下与 $CO_2$ 发生反应。通常使用水或者其他溶剂（如铵盐、有机弱酸等）在物料颗粒表面形成合适的离子反应环境。因此，在该条件下 $CO_2$ 矿化主要集中在矿物颗粒表面的液膜中发生，包括矿物金属离子的浸出、$CO_2$ 的溶解扩散，以及二者的离子反应。$CO_2$ 矿化半干法直接气-固反应的代表性技术之一为 $CO_2$ 矿化混凝土技术，该技术通过快速的碳酸化反应实现对混凝土建材宏观性能的强化，矿化生成的钙镁碳酸盐可以实现永久封存并改善微观力学结构，因此，被认为是实现 $CO_2$ 减排和高值化、大规模利用的具有潜力的技术之一。

**3. $CO_2$ 矿化间接反应工艺**

与直接矿化反应不同，间接矿化反应涉及离子的浸取和矿化两个步骤。间接 $CO_2$ 矿化是指首先将矿石中的活性镁或活性钙从酸性溶液或者其他媒介中溶出，然后在浸取液中进行碳酸化反应，生成碳酸钙/镁和媒介物质。固体矿物如天然矿石（如生石灰、石灰石等）或工业废弃（如钢渣、粉煤灰、电石渣等），首先被酸或者盐溶液溶解、浸出，形成 $Ca^{2+}$ 和 $Mg^{2+}$ 等金属离子，然后加入碱性物质调节 pH 值，间接与 $CO_2$ 发生矿化反应。典型代表性技术有钢渣的液相间接矿化、磷石膏和钾长石矿化等技术，考虑到矿物浸出过程和碳酸盐沉淀所适宜的 pH 值范围不同，前者需要在较低 pH 值条件下进行，而后者需要环境 pH 值较高，因此，间接矿化工艺往往通过分步调节 pH 值实现矿物转化率和矿化速率的最大化。间接碳酸化技术的技术关键在于一方面媒介物质要有利于活性钙/镁的溶出，另一方面要有利于回收再循环。间接碳酸化的优点是媒介溶液可以循环使用，碳酸化产物比较纯，因为其他杂质成分在碳酸化之前过滤过程中已经除去。HCl、$H_2SO_4$、$HNO_3$ 和 $CH_3COOH$ 等酸溶液均可用于矿物中钙镁离子的浸出，开发了多相复合反应介质体系稳定化处理钢渣技术，实现活性钙镁高效脱除，研发烟气 $CO_2$ 与活性钙镁高效矿化反应技术，制备特种碳酸钙产品。根据萃取液种类的不同，间接 $CO_2$ 矿化又可分为盐酸萃取、熔盐法、生物萃取和 NaOH 萃取。

盐酸萃取是以盐酸为媒介的碳酸化处理工艺，它应用于矿物碳酸化过程中，是为了从蛇纹石中提取镁离子而逐渐发展起来的，其碳酸化过程如式（7-4）~式（7-7）所示。该过程中盐酸可以回收利用，但是能耗和成本较高，而且矿物中的杂质铁等也可以被碳酸化。它是其他几种溶出法碳酸化技术的基础。比较具有工业化前景的是以乙酸为媒介的间接碳酸化工艺，主要的反应过程见式（7-8）~式（7-9）。该路线的优点是以弱酸代替强酸，媒介物质醋酸的回收成本低，降低了整个碳酸化过程的能耗和费用。例如，以硅灰石为原料，乙酸为媒介的碳酸化工艺处理 100MW 的火电排放的 $CO_2$ 所需能耗为 20.4MW，碳酸化 1t $CO_2$ 的费用约为 200 美元，比盐酸为媒介的碳酸化工艺能耗小。

$$Mg_3Si_2O_5(OH)_4(s)+6HCl(aq)+H_2O \rightarrow 3MgCl_2 \cdot 6H_2O(aq)+2SiO_2(s) \tag{7-4}$$

$$MgCl_2 \cdot 6H_2O(aq) \rightarrow MgCl(OH)(aq)+HCl(aq)+5H_2O \tag{7-5}$$

$$2MgCl(OH)(aq) \rightarrow Mg(OH)_2(s)+MgCl_2(aq/s) \tag{7-6}$$

$$Mg(OH)_2(s)+CO_2(g) \rightarrow MgCO_3(s)+H_2O \tag{7-7}$$

$$CaSiO_3+2CH_3COOH \rightarrow Ca^{2+}+2CH_3COO^-+H_2O+SiO_2 \tag{7-8}$$

$$Ca^{2+}+2CH_3COO^-+CO_2+H_2O \rightarrow CaCO_3 \downarrow +2CH_3COOH \tag{7-9}$$

盐酸萃取过程中，能耗集中于 $Mg(OH)_2$ 生成步骤，为了降低能耗，利用熔盐（$MgCl_2 \cdot 3.5H_2O$）可以替代盐酸进行间接碳酸化反应。与此同时，熔盐还可循环使用，相比于以盐酸为媒质的间接过程，熔盐法使得水的蒸发量减少，有效降低了能耗。然而，熔盐本身具有腐蚀性，以及工艺过程需要补充大量损失的熔盐等缺点还难以克服。

生物萃取是利用细菌加速钙/镁离子从矿物中溶出的速率。细菌在自然界中可以诱导或控制无机矿物沉积形成，加速碳酸盐沉积及岩石形成过程。生物萃取用来加速碳酸化的研究还较少，尽管碳酸化速率比其他间接碳酸化的速率要低，但该方法成本低、无害，是一种可持续的方法。

NaOH 萃取是以 NaOH 为萃取媒制硅灰石的碳酸化过程，反应如式（7-10）~式（7-12）所示。在 NaOH 处理硅灰石的间接过程中，硅灰石一般不需要活化等预处理过程，使得能耗降低。但是，NaOH 萃取也存在一些缺点，主要缺点：反应时间长、反应温度高，能耗大；原料矿石中硅含量高，需消耗大量的碱；产物的分离困难等。

$$CaSiO_3(s)+NaOH(aq) \rightarrow NaCaSiO_3OH(s) \tag{7-10}$$

$$2NaOH(aq)+CO_2 \rightarrow Na_2CO_3(aq)+H_2O \tag{7-11}$$

$$Na_2CO_3(aq)+3NaCaSiO_3OH(s)+H_2O \rightarrow 4NaOH(aq)+CaCO_3(s)+NaCa_2Si_3O_8(OH)(s) \tag{7-12}$$

## 7.4.3　风化法

### 1. 硅酸盐岩风化

在全球长期碳循环中，随着碳元素在岩石圈、水圈、生物圈和大气圈中的迁移转化和重新分配，大陆风化过程通过水或者大气等介质参与了碳元素的这一循环，其中大陆硅酸盐作为一个重要碳汇，在化学风化过程中对大气二氧化碳净消耗发挥着极其重要的作用。由于硅酸盐矿物风化过程中消耗的大气 $CO_2$ 将部分固定于湖泊和海洋沉积物中，在短时间尺度内无法返回大气体系，因此，自气候变化的岩石风化控制学说提出至今，普遍认为是硅酸盐的化学风化碳汇作用控制着长时间尺度的气候变化。在地质时间尺度上，硅酸盐岩的化学风化作用是调节大气 $CO_2$ 含量重要的负反馈机制，碳酸盐岩的化学风化可缓解由于太阳光强度不断增加导致的气温升高，主要是由于碳酸盐岩风化过程中消耗大气中二氧化碳，通过长时间尺度最终形成了一个净碳汇，因此，该过程可认为是对地表气温的一个负反馈。其典型反应过程如下：

$$CaAl_2Si_2O_8+8CO_2+8H_2O \rightarrow 2H_4SiO_4+8HCO_3^-+2Al^{3+}+Ca^{2+} \tag{7-13}$$

$$CaSiO_3+2CO_2+3H_2O \rightarrow Ca^{2+}+2HCO_3^-+H_4SiO_4 \tag{7-14}$$

增强硅酸盐岩风化（Enhanced Silicate Rock Weathering，简称为 ERW）作用是通过人为施加硅酸盐岩/矿物粉体，加快其化学风化速率，将大气中的 $CO_2$ 直接移除并储存在海洋中，可减缓海洋酸化，并促进珊瑚和硅藻等动植物的生长。ERW 不仅可以缓解海洋环境问题，还可应用于农田和森林，如提高农业土壤的固碳量、缓解土壤酸化、为植物提供生长必要微量元素 K、P 和非必需元素 Si，以及提高植物对堆肥效果和氮肥利用效率。此外，通过 ERW 增加 $CO_2$ 固定的潜力很大。我国拥有分布广泛的玄武岩，玄武岩是一种基性喷出岩，主要由易风化的基性硅酸盐矿物组成，包括辉石和基性斜长石，有的还含橄榄石和碱性长石，其风化时消耗大气 $CO_2$ 的同时还可溶解离子，将其作为植物所需要的营养。据统计，玄武岩风化过程消耗的 $CO_2$ 占大陆硅酸盐风化消耗 $CO_2$ 总量的30%以上，因此，其固碳潜力巨大。

**2. 碳酸盐岩风化**

岩石风化碳汇，特别是碳酸盐岩风化碳汇在全球碳循环研究中一直被忽略。主要因素之一是稳定性问题。虽然碳酸盐岩风化过程能够快速消耗大气中的 $CO_2$，但是这部分二氧化碳会通过碳酸盐岩矿物沉积返回到大气中，该过程只有百年到千年尺度，即碳汇不稳定。由于碳酸盐的快速溶解的特性，碳酸盐岩风化产生的碳汇强度远高于其他岩石类型。与硅酸盐相比，碳酸盐矿物的快速风化速率大约是硅酸盐的 $10 \sim 20$ 倍，这导致 $CO_2$ 碳酸盐风化在控制全球碳循环方面具有比硅酸盐风化更显著的短时间尺度去除潜力。碳酸盐风化作用机理主要是将捕获的 $CO_2$ 溶解，并以 $HCO_3^-$ 的形式进入水域，具体反应过程为

$$Ca_xMg_{1-x}(CO_3)_2 + CO_2 + H_2O \Longrightarrow xCa^{2+} + (1-x)Mg^{2+} + 2HCO_3^- \tag{7-15}$$

全球大型河流中，较少的全球碳酸盐岩分布（占 15.2%）贡献了大部分的溶解无机碳（DIC）通量。非岩溶区碳酸盐的该特性也起到了重要的作用。富含碳酸盐的土壤可产生类似于岩溶区的碳汇通量，历史干旱区累积的高土壤碳酸盐含量导致一些硅酸盐岩为主的流域受到碳酸盐矿物风化的显著控制。微量碳酸盐的重要性也在人类活动中得到了体现，如过去几十年在一些河流流域中发现了 DIC 通量增加与流域碳酸盐岩粉体的使用（即"撒石灰"）呈较强的关系，因此，人为碳酸盐岩粉体的播撒被认为是一种增加风化碳汇的潜在手段。基于对碳酸盐岩的化学风化所产生的碳汇效应的逐渐认可，碳酸盐岩的碳汇通量也得到进一步的精准计算。通过对全球 142 个国家碳酸盐岩碳汇进行研究和估算得出，碳酸盐岩风化碳汇占全球 74.50% 净森林碳汇及陆地中遗失碳汇的 46.81%，同时俄罗斯、加拿大、中国和美国贡献了全球一半以上的碳酸盐岩风化碳汇通量。

## 7.4.4 天然碱固碳法

我国西北干旱-半干旱地区绝大多数为碱性土壤，土壤中有机碳含量低是影响其自然生产力的重要限制因素。盐碱地土壤中含有过多的盐分和碱性物质，使得土壤的 pH 值过高，土壤结构松散、透气性差。这种土地不仅对农作物生长不利，还会导致环境污染和生态失衡。然而碱性土壤中碳酸盐含量大大超过有机碳含量，因此，可以通过土壤吸收 $CO_2$，并采用一种无机的、非生物的过程来固定碳，而且其规模相当大，对全球碳收支计算有重要意义。陆地生态系统中存在着"有机碳—二氧化碳—无机碳"的微碳循环系统。有机碳以 $CO_2$ 为介质转化为无机碳，该过程是干旱-半干旱地区碱性土壤碳转化及固持的重要机制，

对大气 $CO_2$ 吸附固定、减缓气候变化具有重要意义。碱性土壤固碳主要是由于其富含钙离子，在 $CO_2$ 分压高的土壤中，钙离子溶解于土壤水，向下迁移到分压低的下部时，形成 $CaCO_3$ 沉淀。我国干旱-半干旱地区常见的钙板、黄土高原地区常见的钙结合（如料姜石）、新疆地区地层中膏岩层的出现即由此过程形成。碱性土壤吸收二氧化碳是一个无机的、非生物的过程，而高盐度和高碱度对土壤的 $CO_2$ 吸收强度有正向影响，高温度和高含水量对土壤的 $CO_2$ 吸收强度有负向影响。

## 7.4.5　直接海洋捕集法

海洋是一块巨大的"碳海绵"，它每年可吸收地球上约 30% 的碳排放，海水中的碳浓度也是大气的 150 倍。$CO_2$ 浓度直接影响着碳捕集成本和效率，$CO_2$ 浓度越高，其捕集则更高效且成本更低。与传统空气捕集技术相比，直接海洋捕集（Direct Ocean Capture，简称为 DOC）在应用成本与效率上更具优势：海洋作为一个巨大的天然吸收器，既不需要人工制造反应器，也不需要化学吸收剂，整个捕集过程中也没有副产品需要处理。除了海水过滤费用之外，最大的成本是用于抽水和电渗析的能耗，但仍比现有的空气捕获技术成本低。此外，海洋中的 $CO_2$ 浓度过高会加剧海水酸化，威胁珊瑚礁和贝类的生存。因此，从海水中直接捕集 $CO_2$，在减碳的同时还可解决部分海洋地区存在的海水酸化问题，维护生态平衡。

DOC 系统的工作原理主要是利用电渗析技术从海水中提取 $CO_2$，将其封存或重新用于生产其他低碳材料或产品。整个捕集流程就像一个大型的海水淡化厂，仅使用可再生电力和海水作为原料，被脱碳的水在经过特殊处理后，会重新释放回海洋。这种脱碳水位于海洋顶层，继续与大气反应，吸收同等体量的 $CO_2$。该过程首先将经过过滤后的海水吸入设施，其中不到 1% 的海水被转移并进行预处理，将海水净化为纯盐水。随后，这些盐水在电渗析技术中被处理，通过解离，电渗析使用可再生电力将盐和水分解成酸和碱。然后，将获得的酸添加到海水中，引发化学反应，从而实现从水中提取 $CO_2$。使用气液接触器和真空泵可加速该反应过程，从而产生可重复使用或隔离的纯化 $CO_2$。系统中留下的酸性、脱碳的海水则通过添加碱性物质来实现中和，中和后的海水流可返回海洋中，重新捕获大气中的 $CO_2$。总之，该技术完全使用可再生的电力和海水，从大气中清除 $CO_2$，没有任何副产品和吸收剂，是一种极为理想的碳捕集技术。

## 思 考 题

1. 什么是直接空气捕集技术？并简述其主要原理。
2. 简述直接空气捕集技术的发展趋势。
3. 简述固态胺吸附剂的分类及区别。
4. 简述变压吸附法捕集 $CO_2$ 的原理与基本步骤。
5. 变压二氧化碳吸附材料应同时具备哪些性能？
6. 简述生物法捕集 $CO_2$ 的原理与类型。
7. 什么是矿化固碳？相比于其他固碳方式其优势有哪些？
8. 简述 $CO_2$ 矿化利用工艺及原理。

# 参考文献

[1] 王献红. 二氧化碳捕集与利用 [M]. 北京：化学工业出版社，2016.

[2] 高学睿，史云鹏，王雪松，等. 欧美电力行业低碳发展路径分析及启示 [J]. 热力发电，2023，52（7）：48-55.

[3] 王新东，上官方钦，邢奕，等. "双碳"目标下钢铁企业低碳发展的技术路径 [J]. 工程科学学报，2023，45（5）：853-862.

[4] 甘凤丽，江霞，常玉龙，等. 石化行业碳中和技术路径探索 [J]. 化工进展，2022，41（3）：1364-1375.

[5] 付立娟，杨勇，卢静华. 水泥工业碳达峰与碳中和前景分析 [J]. 中国建材科技，2021，30（4）：80-84.

[6] 郑诗礼，叶树峰，王倩，等. 有色金属工业低碳技术分析与思考 [J]. 过程工程学报，2022，22（10）：1333-1348.

[7] 丁民丞，吴缨. 碳捕集和储存技术（CCS）的现状与未来 [J]. 中国电力企业管理，2009（31）：15-18.

[8] 谢辉. 二氧化碳捕集技术应用现状及研究进展 [J]. 化肥设计，2021，59（6）：1-9.

[9] 唐强，李金惠，邹建伟，等. 二氧化碳捕集技术研究现状与发展综述 [J]. 世界科技研究与发展，2023，45（5）：567-580.

[10] 章高霞，李志涛，林常枫. 高耗能行业富氧燃烧技术的前景分析 [J]. 能源研究与管理，2023（4）：91-98.

[11] 邢伟，徐汝隆，高贺同，等. 专利视角下空气中直接捕集 $CO_2$ 技术发展分析 [J]. 洁净煤技术，2023，29（4）：86-97.

[12] YANG M J，JING W，SONG Y C，et al. Promotion of hydrate-based $CO_2$ capture from flue gas by additive mixtures THF（tetrahydrofuran）+TBAB（tetra-n-butyl ammonium bromide）[J]. Energy，2016，106：546-553.

[13] ZHAI H B，RUBIN. Systems analysis of physical absorption of $CO_2$ in ionic liquids for pre-combustion carbon capture [J]. Environmental Science & Technology，2018，52（8）：4996-5004.

[14] 王键，杨剑，王中原，等. 全球碳捕集与封存发展现状及未来趋势 [J]. 环境工程，2012，30（4）：118-120.

[15] 桂霞，王陈魏，云志，等. 燃烧前 $CO_2$ 捕集技术研究进展 [J]. 化工进展，2014，33（7）：1895-1901.

[16] 江蓉，张进，李小姗，等. 基于富氧燃烧的 $CO_2$ 压缩纯化技术研究进展 [J]. 煤炭学报，2022，47（11）：3914-3925.

[17] 廖昌建，张可伟，王晶，等. 直接空气捕集二氧化碳技术研究进展 [J]. 化工进展，2023，43（4）：2031-2048.

[18] WILCOX J. 碳捕集 [M]. 西安热工研究院，译. 北京：中国电力出版社，2015.

[19] YANG R T. 吸附法气体分离 [M]. 王树森，等译. 北京：化学工业出版社，1991.

[20] YANG R T. 吸附剂原理与应用 [M]. 马丽萍，宁平，田森林，译. 北京：高等教育出版社，2010.

[21] 徐飞. 物理化学 [M]. 12版. 武汉：华中科技大学出版社，2020.

［22］唐中华. 通风除尘与净化［M］. 北京：中国建筑工业出版社，2009.

［23］李振山，蔡宁生. 气固反应原理［M］. 北京：科学出版社，2020.

［24］王中平，孙振平，金明. 表面物理化学［M］. 上海：同济大学出版社，2015.

［25］童志权. 工业废气净化与利用［M］. 北京：化学工业出版社，2001.

［26］郭庆杰. 温室气体二氧化碳捕集和利用技术进展［M］. 北京：化学工业出版社，2010.

［27］郭锴，唐小恒，周绪美. 化学反应工程［M］. 3 版. 北京：化学工业出版社，2017.

［28］骆仲泱. 二氧化碳捕集、封存和利用技术［M］. 北京：中国电力出版社，2012.

［29］朱世勇. 环境与工业气体净化技术［M］. 北京：化学工业出版社，2001.

［30］许世森，李春虎，郜时旺. 煤气净化技术［M］. 北京：化学工业出版社，2006.

［31］刘有智，申红艳. 二氧化碳减排工艺与技术：溶剂吸收法［M］. 北京：化学工业出版社，2013.

［32］江霞，汪华林. 碳中和技术概论［M］. 北京：高等教育出版社，2022.

［33］大滝仁志，田中元治，舟桥重信，等. 溶液反应的化学［M］. 俞开钰，译. 北京：高等教育出版社，1985.

［34］方梦祥，王涛，张翼，等. 烟气二氧化碳化学吸收技术［M］. 北京：化学工业出版社，2023.

［35］SHUKLA S K, KHOKARALE S G, BUI T Q, et al. Ionic liquids：potential materials for carbon dioxide capture and utilization［J］. Frontiers in Materials, 2019, 6：42.

［36］LI K K, LEIGH W, FERON P, et al. Systematic study of aqueous monoethanolamine（MEA）-based $CO_2$ capture process：Techno-economic assessment of the MEA process and its improvements［J］. Applied Energy, 2016（C）：648-659.

［37］张朵. 醚基氨基酸功能化离子液体合成、表征及性质研究［D］. 沈阳：辽宁大学，2020.

［38］SANCHEZ F E, HEFFERNAN K, VAN DER HAM L V, et al. Conceptual design of a novel $CO_2$ capture process based on precipitating amino acid solvents［J］. Industrial & Engineering Chemistry Research, 2013（34）：12223-12235.

［39］ZHUANG QUAN, BRUCE C, DAI J Y. Ten years of research on phase separation absorbents for carbon capture：achievements and next steps［J］. International Journal of Greenhouse Gas Control, 2016（C）：449-460.

［40］ZHANG W D, JIN X H, TU W W, et al. Development of MEA-based $CO_2$ phase change absorbent［J］. Applied Energy, 2017（C）：316-323.

［41］KEMPER J, SUTHERLAND L, WATT J, et al. Evaluation and analysis of the performance of dehydration units for $CO_2$ capture［J］. Energy Procedia, 2014（C）：7568-7584.

［42］何卉，方梦祥，王涛，等. 燃煤烟气化学吸收碳捕集系统分析与优化［J］. 化工进展，2018，37（6）：2406-2412.

［43］陆诗建，刘苗苗，刘玲，等. 烟气胺法 $CO_2$ 捕集技术进展与未来发展趋势［J］. 化工进展，2023，42（1）：435-444.

［44］唐思扬，李星宇，鲁厚芳，等. 低能耗化学吸收碳捕集技术展望［J］. 化工进展，2022，41（3）：1102-1106.

［45］张卫风，周武，王秋华. 相变吸收捕集烟气中 $CO_2$ 技术的发展现状［J］. 化工进展，2022，41（4）：2090-2101.

［46］许咪咪，王淑娟. 液-液相变溶剂捕集 $CO_2$ 技术研究进展［J］. 化工学报，2018，69（5）：1809-1818.

［47］刘大李，王聪，刘新伟，等. 用于二氧化碳捕集的化学吸收剂研究进展［J］. 低碳化学与化工，

2024，49（1）：94-104；112.

［48］张士汉，邵培静，叶杰旭，等.基于酶促反应的二氧化碳捕集技术研究进展［J］.能源环境保护，2023，37（2）：205-214.

［49］刘辉，王辛龙，杨秀山.热钾碱法脱碳与NHD脱碳系统运行总结与对比［J］.中氮肥，2019（2）：36-40.

［50］杨力，董跃，张永发，等.中国焦炉煤气利用现状及发展前景［J］.山西能源与节能，2006（1）：1-4.

［51］王新频.水泥工业几种$CO_2$捕获工艺介绍［J］.水泥，2019（7）：4-6.

［52］张剑锋.液相氧化还原法脱硫工艺的现状与发展［J］.石油与天然气化工，1992（3）：142-149.

［53］王开岳.试论砜一胺溶液中环丁砜之作用［J］.石油与天然气化工，1980（4）：49-57.

［54］韩联国，杜刚，杜军峰.填料塔技术的现状与发展趋势［J］.中氮肥，2009（6）：32-34.

［55］刘春明，董飞跃，陈浦，等.阿克气田$CO_2$液化及管道输送技术［J］.化学工程与装备，2014（7）：114-116.

［56］赵文浩.双列叶片式气体分布器的性能研究［D］.天津：天津大学，2009.

［57］张赛，刘庆华，LEMMON J，等.锂基$CO_2$高温吸附剂研究进展［J］.现代化工，2019（3）：64-68.

［58］吴凯.类水滑石基复合材料的制备及其$CO_2$吸附性能研究［D］.北京：北京工业大学，2022.

［59］袁苑，魏建文，耿琳琳，等.掺杂改性锂基材料吸附$CO_2$的研究进展［J］.化工新型材料，2021，49（2）：56-59.

［60］许春辉，王峰，凌长见，等.熔盐改性的金属氧化物捕获二氧化碳研究进展［J］.无机盐工业，2023，55（5）：1-7.

［61］许汐龙，方嘉，衣程程，等.金属有机骨架材料吸附$CO_2$的研究进展［J］.西华大学学报（自然科学版），2024，43（2）：39-49.

［62］陈久弘，王毅，王恺华，等.二氧化碳捕集用吸附分离技术及其吸附材料研究进展［J］.低碳化学与化工，2023，48（5）：62-70.

［63］张平，王塑，赵乐，等.$NH_2$-MIL-125（Ti）光催化剂的研究进展［J］.精细化工，2023，40（8）：1656-1666.

［64］吴悦，万祥龙，钱艳峰，等.二氧化碳捕集与分离技术研究进展［J］.化工新型材料，2023，51（3）：247-251.

［65］于航，孟洪，杨祥富，等.碳基二氧化碳吸附材料研究进展［J］.洁净煤技术，2023，29（11）：35-48.

［66］田煦杨，邓静倩，张晨.用于二氧化碳捕集的固体吸附材料研究进展［J］.中国石油和化工标准与质量，2019，39（1）：178-179；181.

［67］黄鑫，杨丽娜.多孔碳吸附分离$CO_2$研究进展［J］.炭素，2018（3）：17-20.

［68］李灿灿，朱佳媚，任婷，等.改性活性碳纤维对$CO_2$的吸附性能［J］.化工进展，2018，37（9）：3520-3527.

［69］茹静，耿璧垚，童聪聪，等.纳米纤维素基吸附材料［J］.化学进展，2017，29（10）：1228-1251.

［70］冯孝庭.吸附分离技术［M］.北京：化学工业出版社，2000.

［71］何柳.二氧化碳高温吸附剂的固定床研究［D］.陕西：西北大学，2017.

［72］任慧云.固载离子液体吸附剂制备及其超重力吸附$CO_2$特性研究［D］.太原：中北大学，2022.

[73] 申屠佩兰. 二氧化碳膜分离材料研究进展 [J]. 能源化工, 2021, 42 (5): 27-32.

[74] 岳庆友, 王宝珠, 李存磊, 等. 二氧化碳膜分离材料及其性能研究进展 [J]. 精细化工, 2024, 41 (6): 1230-1245.

[75] TENG Y, WU F, WANG H, et al. Research progress of polymeric material of gas separation membrane for gas pair $CO_2/CH_4$ [J]. Chemical Industry and Engineering Progress, 2007, 26: 1075-1079.

[76] BUDD P, MSAYIB K, TATTERSHALL C, et al. Gas separation membranes from polymers of intrinsic microporosity [J]. Journal of Membrane Science, 2005, 251 (1-2): 263-269.

[77] 甄寒菲, 王志, 李保安, 等. 用于分离 $CO_2$ 的高分子膜 [J]. 高分子材料科学与工程, 1999 (6): 29-31.

[78] 陈曦, 王耀, 江雷. $CO_2$ 选择性透过膜材料的制备 [J]. 高等学校化学学报, 2013, 34 (2): 249-268.

[79] 陆诗建. 碳捕集、利用与封存技术 [M]. 北京: 中国石化出版社, 2020.

[80] 贺永德. 现代煤化工技术手册 [M]. 北京: 化学工业出版社, 2004.

[81] 邱灶杨, 肖立, 黄宇, 等. 常用二氧化碳移除技术特点及应用 [J]. 农业工程, 2023, 13 (1): 53-57.

[82] 任保增, 李爱勤, 李玉, 等. 二氧化碳、甲烷分离工艺述评 [J]. 河南化工, 2002 (4): 7-8.

[83] 凌江华. 工业烟气中二氧化碳吸附捕集过程的研究 [D]. 沈阳: 东北大学, 2015.

[84] MEHRPOOYA M, SHAFAEI A. Advanced exergy analysis of novel flash based Helium recovery from natural gas processes [J]. Energy, 2016, 114: 64-83.

[85] HART A, GNANENDRAN N. Cryogenic $CO_2$ capture in natural gas [J]. Energy Procedia, 2009, 1 (1): 697-706.

[86] 秦翠娟, 沈来宏, 肖军, 等. 化学链燃烧技术的研究进展 [J]. 锅炉技术, 2008, 39 (5): 64-73.

[87] 李亚平, 刘金昌, 黄卢洁, 等. 低浓度 $CO_2$ 的捕集技术及吸附法在碳捕集中的应用 [J]. 山东化工, 2022, 51 (22): 155-159.

[88] 曾涛. 乙醇胺法与冷冻氨法二氧化碳捕集技术对比分析 [D]. 武汉: 华中科技大学, 2012.

[89] 韩中合, 肖坤玉, 赵豫晋, 等. MEA 法与冷冻氨法脱碳工艺对比分析 [J]. 华北电力大学学报 (自然科学版), 2016, 43 (4): 87-93.

[90] 任德刚. 冷冻氨法捕集 $CO_2$ 技术及工程应用 [J]. 电力建设, 2009, 30 (11): 56-59.

[91] 吕晨. $CO_2$ 含量升高对深冷处理的影响及工艺改造措施 [J]. 硅谷, 2013, 6 (14): 148; 153.

[92] 杨同. 二氧化碳的分离回收技术与综合利用 [J]. 化工设计通讯, 2023, 49 (5): 42-44.

[93] 段松. 合成氨脱碳气低温回收二氧化碳工艺模拟 [D]. 北京: 北京化工大学, 2020.

[94] 李纪财, 曾成碧, 肖利. IGCC 发电技术及主要设备分析 [J]. 四川电力技术, 2008 (2): 75-77; 84.

[95] 李振. IGCC 热力性能的发展潜力分析 [D]. 北京: 中国科学院研究生院, 2013.

[96] 王波. 基于输运床气化炉的 IGCC 系统集成研究 [D]. 北京: 中国科学院研究生院, 2009.

[97] 张语, 郑明辉, 井璐瑶, 等. 双碳背景下 IGCC 系统的发展趋势及研究方法 [J]. 南方能源建设, 2022, 9 (3): 127-133.

[98] 李延兵, 廖海燕, 张金升, 等. 基于富氧燃烧的燃煤碳减排技术发展探讨 [J]. 神华科技, 2012, 10 (2): 87-91; 96.

[99] LI S, GAO L, ZHANG X S, XLIN H, JIN H G. Evaluation of cost reduction potential for a coal based

polygeneration system with $CO_2$ capture [J]. Energy, 2012, 45 (1): 101-106.

[100] HAN L, DENG G Y, LI Z, WANG Q H, et al. Integration optimisation of elevated pressure air separation unit with gas turbine in an IGCC power plant [J]. Applied Thermal Engineering, 2017, 110: 1525-1532.

[101] SHI BIN, WU E D, WU, KUO PO-CHIH. Multi-objective optimization and exergoeconomic assessment of a new chemical-looping air separation system [J]. Energy Conversion and Management, 2018, 157: 575-586.

[102] 李振山, 陈虎, 李维成, 等. 化学链燃烧中试系统的研究进展与展望 [J]. 发电技术, 2022, 43 (4): 544-561.

[103] 吴志强, 张博, 杨伯伦. 生物质化学链转化技术研究进展 [J]. 化工学报, 2019, 70 (8): 2835-2853.

[104] 刘行磊, 韦耿, 林山虎, 等. 化学链燃烧技术工程化应用的探索 [J]. 东方电气评论, 2023, 37 (2): 79-84.

[105] 朱晓. 煤化学链燃烧塔式流化床反应器气固流动特性及数值模拟研究 [D]. 南京: 东南大学, 2021.

[106] SABATINO F, GRIMM AI, GALLUCCI F, et al. A comparative energy and costs assessment and optimization for direct air capture technologies [J]. Joule, 2021, 5 (8): 2047-2076.

[107] CUSTELCEAN R, WILLIAMS N J, GARRABRANT K A, et al. Direct air capture of $CO_2$ with aqueous amino acids and solid bisiminoguanidines (BIGs) [J]. Industrial & Engineering Chemistry Research, 2019, 58 (51): 23338-23346.

[108] RINBERG A, BERGMAN A M, SCHRAG D P, et al. Alkalinity concentration swing for direct air capture of carbon dioxide [J]. ChemSusChem, 2021, 14 (20): 4439-4453.

[109] WALTER C W, KAIL B W, JONES C W, et al. Spectroscopic investigation of the mechanisms responsible for the superior stability of hybrid class 1/class 2 $CO_2$ sorbents: A new class 4 category [J]. ACS Applied Materials & Interfaces, 2016, 8 (20): 12780-12791.

[110] SADIQ M M, BATTEN M P, MULET X, et al. A pilot-scale demonstration of mobile direct air capture using metal-organic frameworks [J]. Advanced Sustainable Systems, 2020, 4 (12): 2000101.

[111] WANG T, LACKNER Kl S, WRIGHT A. Moisture swing sorbent for carbon dioxide capture from ambient air [J]. Environmental Science & Technology, 2011, 45 (15): 6670-6675.

[112] CHAE J P, ABDALLAH M, SANDERSON C, et al. Dual function materials (Ru+$Na_2O/Al_2O_3$) for direct air capture of $CO_2$ and in situ catalytic methanation: The impact of realistic ambient conditions [J]. Applied Catalysis (B: Environmental), 2022, 307: 120990.

[113] 范佳佳, 陈钰什, 代杨. 发展 DAC 技术, 从"彩虹碳"中发现"白碳" [J]. 可持续发展经济导刊, 2023 (Z2): 69-72.

[114] 熊波, 陈健, 李克兵, 等. 工业排放气二氧化碳捕集与利用技术进展 [J]. 低碳化学与化工, 2023, 48 (1): 9-18.

[115] 李新宇, 唐海萍. 陆地植被的固碳功能与适用于碳贸易的生物固碳方式 [J]. 植物生态学报, 2006 (2): 200-209.

[116] SANNA A, UIBU M, CARAMANNA G, et al. A review of mineral carbonation technologies to sequester $CO_2$ [J]. Chemical Society reviews, 2014, 43 (23): 8049.

[117] DANANJAYAN R R T, KANDASAMY P, ANDIMUTHU R. Direct mineral carbonation of coal fly ash

for $CO_2$ sequestration [J]. Journal of Cleaner Production, 2016, 112: 4173-4182.

[118] 何民宇, 刘维燥, 刘清才, 等. $CO_2$ 矿物封存技术研究进展 [J]. 化工进展, 2022, 41 (4): 1825-1833.

[119] LI H, HU J, WANG Y, et al. Utilization of phosphogypsum waste through a temperature swing recyclable acid process and its application for transesterification [J]. Process Safety and Environmental Protection, 2021, 156: 295-303.

[120] BEERLING D J, LEAKE J R, LONG S P, et al. Farming with crops and rocks to address global climate, food and soil security [J]. Nature Plants, Nature Publishing Group, 2018, 4 (3): 138-147.

[121] 高伟斌, 陈旸, 王浩贤. 增强硅酸盐岩风化: "碳中和" 之新路径 [J]. 地球科学进展, 2023, 38 (2): 137-150.

[122] 惠武卫, 姬存民, 赵合楠, 等. 低浓度 $CO_2$ 捕集技术研究进展 [J]. 天然气化工 (C1 化学与化工), 2022, 47 (4): 19-24; 98.

[123] 方梦祥, 王涛, 张翼, 等. 烟气二氧化碳化学吸收技术 [M]. 北京: 化学工业出版社, 2023.

[124] 王维波, 汤瑞佳, 江绍静, 等. 延长石油煤化工 $CO_2$ 捕集、利用与封存 (CCUS) 工程实践 [J]. 非常规油气, 2021, 8 (2): 1-7; 106.

[125] 李鹏程, 梁金莺, 江志华, 等. 丽水 36-1 气田 $CO_2$ 回收利用技术研究 [J]. 广东化工, 2017, 44 (1): 68-69.

[126] 刁保圣, 顾欣, 冯琰磊. 大规模二氧化碳捕集及综合利用示范 [J]. 锅炉技术, 2021, 52 (6): 76-80.

[127] 生态环境部规划院, 中国科学院武汉岩土力学研究所, 中国 21 世纪议程管理中心. 中国二氧化碳捕集利用与封存 (CCUS) 年度报告 (2021): 中国 CCUS 路径研究 [R/OL]. (2021-07-25) [2024-07-17]. http://www.caep.org.cn/sy/dqhj/gh/202107/W020210726513427451694.pdf.

[128] 梁锋. 碳中和目标下碳捕集、利用与封存 (CCUS) 技术的发展 [J]. 能源化工 2021, 42 (5): 19-26.

[129] 邓一荣, 汪永红, 赵岩杰, 等. 碳中和背景下二氧化碳封存研究进展与展望 [J]. 地学前缘, 2023, 30 (4): 429-439.

[130] 杨旅涵, 施泽明, 吴蒙, 等. 碳封存技术研究进展 [J]. 中国煤炭地质, 2023, 35 (6): 44-50.

[131] 高志豪, 夏菖佑, 廖松林, 等. 玄武岩 $CO_2$ 矿化封存潜力评估方法研究现状及展望 [J]. 高校地质学报, 2023, 29 (1): 66-75.

[132] 李林坤, 刘琦, 黄天勇, 等. 基于水泥基材料的 $CO_2$ 矿化封存利用技术综述 [J]. 材料导报, 2022, 36 (19): 82-90.

[133] 贾子奕, 刘卓, 张力小, 等. 中国碳捕集、利用与封存技术发展与展望 [J]. 中国环境管理, 2022, 14 (6): 81-87.

[134] 郭雪飞, 孙洋洲, 张敏吉, 等. 油气行业二氧化碳资源化利用技术途径探讨 [J]. 国际石油经济, 2022, 30 (1): 59-66.

[135] 魏延丽, 王金虎, 李静, 等. 碳中和背景下微藻生物固碳技术的研究进展 [J]. 环境生态学, 2023, 5 (5): 42-48.

[136] 阳平坚, 彭栓, 王静, 等. 碳捕集、利用和封存 (CCUS) 技术发展现状及应用展望 [J]. 中国环境科学, 2024, 44 (1): 404-416.

[137] 张丽, 马善恒. $CO_2$ 资源转化利用关键技术机理、现状及展望 [J]. 应用化工, 2023, 52 (6):

1874-1878.

[138] 李阳，王锐，赵清民，等. 中国碳捕集利用与封存技术应用现状及展望 [J]. 石油科学通报，2023，8（4）：391-397.

[139] 袁士义，马德胜，李军诗，等. 二氧化碳捕集、驱油与埋存产业化进展及前景展望 [J]. 石油勘探与开发，2022，49（4）：828-834.

[140] 王传军，周久穆. CCS-EOR 技术展望 [J]. 现代化工，2023，43（2）：12-16.

[141] 顾永正. 煤基能源碳捕集利用与封存技术研究进展 [J]. 现代化工，2023，43（9）：38-41；46.

[142] 王光大. 钢铁工业碳捕集、利用与封存（CCUS）技术发展现状及未来展望 [J]. 品牌与标准化，2023（S1）：147-149.

[143] 刘江枫，张奇，吕伟峰，等. 碳捕集利用与封存一体化技术研究进展与产业发展策略 [J]. 北京理工大学学报（社会科学版），2023，25（5）：40-53.

[144] 苗玲，冯连勇. 碳投入回报（CROI）视角下 CCUS 技术评价研究 [Z]. 2023.